特低渗透—致密油藏有效开发关键技术理论与应用

TEDI SHENTOU—ZHIMI YOUCANG
YOUXIAO KAIFA GUANJIAN JISHU LILUN YU YINGYONG

王国锋　杨正明　杨铁军　王文明　张亚蒲　等著

石油工业出版社

内容提要

本书针对特低渗透—致密油藏开发技术难题，介绍了该类油藏有效开发关键技术理论与应用方面的研究成果，主要包括特低渗透—致密油藏关键物性参数测试方法、油藏开发物理模拟实验方法、提高采收率技术、油藏直井缝网改造增产机理及压裂效果评价等方面，同时以大庆榆树林油田为例，介绍了研究成果的实际应用，现场生产数据显示增产效果显著。

本书可供从事石油工程、石油开发专业的生产人员、教学人员及科研人员参考，也可作为石油工程专业研究生的学习用书。

图书在版编目（CIP）数据

特低渗透—致密油藏有效开发关键技术理论与应用 / 王国锋等著. -- 北京：石油工业出版社，2024.12.
ISBN 978-7-5183-4927-2

Ⅰ. TE348

中国国家版本馆 CIP 数据核字第 2024LW8752 号

出版发行：石油工业出版社
　　　　　（北京安定门外安华里 2 区 1 号楼　100011）
　　网　　址：www.petropub.com
　　编辑部：（010）64523829　　图书营销中心：（010）64523633
经　　销：全国新华书店
印　　刷：北京中石油彩色印刷有限责任公司

2024 年 12 月第 1 版　2024 年 12 月第 1 次印刷
787 毫米 ×1092 毫米　开本：1/16　印张：13.25
字数：320 千字

定价：80.00 元
（如出现印装质量问题，我社图书营销中心负责调换）
版权所有，翻印必究

前言

随着我国经济快速发展，石油等能源的消费总量大幅度增加。中国 2022 年原油消费量 7.13 亿吨，中国原油产量 2.05 亿吨，进口原油 5.08 亿吨，原油进口量占总消耗量的 71.2%。石油对外依存度过高已经成为影响我国能源安全的重大问题。特低渗透—致密油藏资源潜力大，已成为我国石油储量接替和新建产能的重要来源，其规模有效开发具有重要战略意义。但特低渗透—致密油藏储层微纳米级孔隙发育，注采之间难以建立有效驱动压力体系，导致采收率低、经济效应差等瓶颈问题。因此，亟须攻关特低渗透—致密油藏有效开发关键技术理论，支撑现场开发。

本书针对典型特低渗透—致密油藏，创建了关键物性参数测试方法，介绍了开发物理模拟实验系统，揭示了特低渗透—致密油藏不同注入介质驱替和吞吐开采机理。在此基础上，选择榆树林特低渗透—致密油藏作为典型实例进行分析。榆树林油田属于大庆外围典型特低渗透—致密油藏，于 1991 年投入开发。榆树林油田开发过程中暴露出一系列矛盾和问题，即注水压力高、吸水能力差、油水井间难以建立起有效的水驱压力系统等问题。特别是近十年来发现的致密油储量越来越多，受开发技术所限不能转变为效益储量，成为制约榆树林油田持续健康发展的难题。针对以上问题，榆树林油田经过十余年攻关，形成了榆树林特低渗透砂岩油藏CO_2非混相驱提高采收率和以直井缝网压裂为核心的有效开发关键技术，支撑了榆树林特低渗透—致密油藏效益开发。其研究成果对同类油田有效开发具有借鉴作用。

全书共分八章。第一章和第二章由王国锋、杨正明、李海波、骆雨田、张亚蒲、刘学伟、熊生春、王学武、陈挺、马壮志和黄辉等人撰写；第三章和第四章由王国锋、杨铁军、王文明、张英芝、任磊、李荣华、牟广山、杨正明、唐立根、李文举、任葛、姚林儒、刘普国、周洪亮、刘慧等人撰写；第五章至第八章由王国锋、杨铁军、王文明、杨正明、张亚蒲、张安顺、夏德斌、骆雨田、任磊、李荣华、刘普国、牟广山、徐文博、许克卫、肖伟超、支树宝等人撰写。

本书的出版得到了中国石油天然气股份有限公司科技管理部课题"提高采收率实验新方法与新技术研究（2023ZZ0401）"的支持。在撰写过程中本书引用和参考了大量相关文献与有关资料，在此特向资料数据提供者和文献作者表示感谢。因笔者水平有限，书中内容难免存在不足之处，敬请读者批评指正！

目 录

第一章 特低渗透—致密油藏关键物性参数测试方法及储层特征研究 ········ 1

第一节 特低渗透—致密油藏关键物性参数测试方法 ··· 1
第二节 特低渗透—致密油藏储层特征 ··· 25

第二章 特低渗透—致密油藏开发物理模拟实验研究 ································ 39

第一节 特低渗透—致密油藏开发物理模拟实验系统 ·· 39
第二节 特低渗透—致密油藏有效动用开采机理 ·· 46

第三章 CO_2 非混相驱油提高采收率机理 ·· 74

第一节 CO_2 对原油物性参数影响 ·· 74
第二节 CO_2 与榆树林油田原油相态 ·· 81
第三节 CO_2 驱油相渗特征 ··· 89
第四节 CO_2 驱油效率 ··· 90

第四章 特低渗透砂岩油藏 CO_2 驱开发技术 ·· 93

第一节 榆树林油田 CO_2 驱油开发技术 ··· 93
第二节 榆树林油田 CO_2 驱油矿场试验 ··· 108

第五章 特低渗透—致密砂岩油藏直井缝网改造增产机理 ······················· 112

第一节 微观剩余油分布规律 ·· 112
第二节 岩心尺度下缝网改造增产机理 ·· 116

第三节　平面大模型尺度下缝网改造增产机理 120

第四节　油藏尺度下缝网改造增产机理 128

第六章　特低渗透—致密油藏直井缝网改造数学模型 144

第一节　油藏数值模拟网格剖分 144

第二节　直井缝网压裂渗流数学模型 145

第三节　油藏边界条件 154

第四节　模型验证 155

第五节　参数敏感性分析 157

第六节　基于物质平衡的缝网压裂产能预测方法 162

第七章　直井缝网改造全生命周期压裂效果评价 167

第一节　直井缝网改造压裂区域划分 167

第二节　直井缝网改造全生命周期压裂效果评价的三种数值方法 168

第三节　缝网改造导流能力新定义 173

第四节　缝网改造压裂效果评价软件编制 174

第五节　矿场实例分析 179

第八章　特低渗透—致密油藏直井缝网有效开发技术 185

第一节　衰竭式开采与注水驱替开采 185

第二节　连通程度的表征 186

第三节　衰竭式开采条件下的全藏联动 187

第四节　注采井网条件下的全藏联动 193

第五节　现场应用效果 200

参考文献 204

第一章 特低渗透—致密油藏关键物性参数测试方法及储层特征研究

第一节 特低渗透—致密油藏关键物性参数测试方法

一、全尺度孔喉测试方法

当前广泛应用于特低渗透—致密油藏储层孔隙结构特征研究的有高压压汞、低温吸附、核磁共振及离心等测试方法，各种测试方法的有效范围不一样，侧重点也不同。致密岩样孔隙半径跨越 3 个数量级，跨度大，很难全面展现整个孔隙空间的分布规律。因此，有必要深入研究，建立致密岩样孔隙半径全尺度分布测试方法。

如图 1.1 所示，有很多孔隙半径分布测试方法，且不同测试方法的精度范围各异。从现有技术来看，满足建立岩样孔隙全尺度分布测试方法的必要条件。因此，本书选用高压压汞、恒速压汞、气体吸附、离心—NMR 等测试技术来建立致密岩样孔隙半径全尺度分布测试方法。

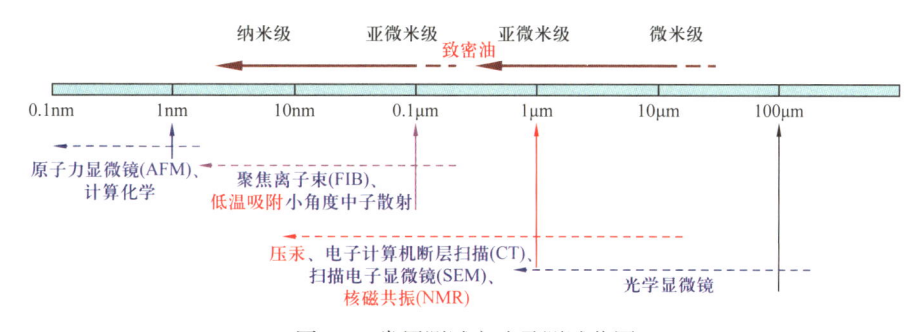

图 1.1 常用测试方法及测试范围

在对这些测试技术进行对比分析的基础上，通过优选数据，并对优选出的数据进行适当的验证，结合数学方法及油层物理方面的认识，最终建立行之有效的全尺度分布测试方法。

表 1.1 罗列了不同测试方法的优点及缺点，通过对这些优缺点的综合分析，可提供优选数据的思路。首先对具体数据进行对比分析，并试图优选出可靠、有效的数据，以求建立孔隙半径全尺度分布测试方法。

表 1.1　不同测试方法优缺点对比

测试方法	有效孔隙半径范围	优点	缺点
低温吸附	1～25nm（介孔）	精细刻画纳米级孔隙分布	有效范围窄，跳跃性大
高压压汞	1.8nm～500μm	可较大范围反映孔隙分布情况	① 高压汞造成人工裂隙 ② 测试微小孔隙误差大
常规压汞	7nm～200μm	技术成熟，广泛应用于中高渗透率岩样	数据点少，误差大
恒速压汞	≥0.1μm	能区分孔、喉	① 范围窄，只能测到 0.1μm ② 致密岩样进汞饱和度<10%
离心—NMR	由离心力大小定 （1μm、0.5μm、0.1μm、50nm）	大致反映不同尺度空间含量	束缚水造成孔隙含量偏大

首先对比以纳米级孔隙半径分布测试为主的低温氮气吸附和孔隙半径范围接近全尺度的高压压汞。

为对比两种方法对于纳米级孔隙的测试精度，本研究将低温氮气吸附孔隙半径分布数据及高压压汞孔隙半径分布数据的坐标进行互换，以更加直观地进行对比。坐标变换方法如下：

（1）高压压汞纳米级孔隙半径分布数据转换到低温氮气吸附孔隙半径分布数据坐标方法：因为气体吸附测试所得吸附量为某一孔隙半径区间吸附量累加到某一孔隙半径区间的孔隙含量上，从而反映该孔隙含量（图 1.2），高压压汞以同样的方法进行处理，即利用某一孔隙半径区间进汞量反映某一孔隙半径区间孔隙含量，只不过高压压汞的点分布得更密一些而已，因此可以将高压压汞的孔隙半径区间以吸附数据点为基准拉大，以吸附数据点为基准，将多余的数据点的含量累加到某一点上，进而实现高压压汞孔隙半径分布数据坐标转换到低温氮气吸附孔隙半径分布数据坐标。

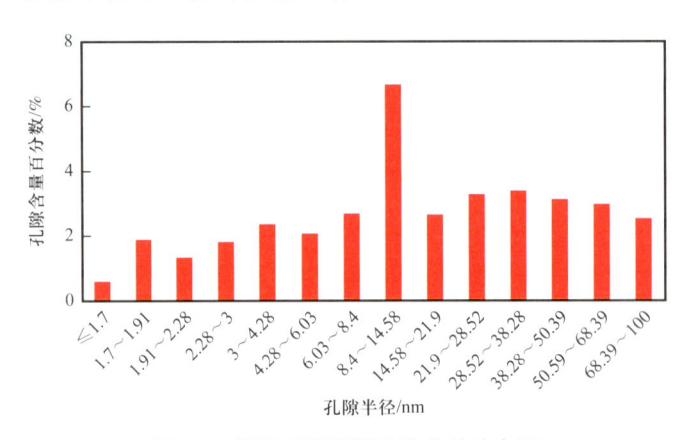

图 1.2　低温吸附原始孔隙含量分布图

（2）吸附数据转换到高压压汞数据坐标方法：将吸附孔隙半径分布曲线绘制成累积分布曲线，然后在累积分布曲线上将高压压汞点插入到吸附孔隙半径累积分布曲线

（图1.3），然后再将插值后的累积分布曲线绘制成孔径分段分布曲线，这就实现了吸附孔隙半径分布曲线到高压压汞孔隙半径分布曲线的坐标转换。

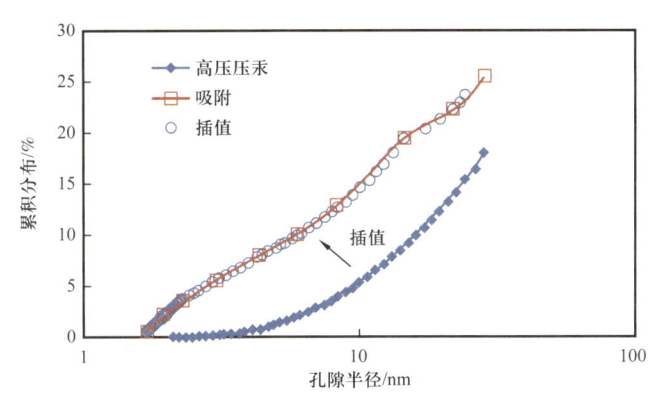

图1.3 插值将吸附坐标转换到高压压汞坐标

图1.4、图1.5、图1.6为不同渗透率级别岩样低温氮气吸附数据与高压压汞数据进行坐标互换后的对比。其中图1.4（a）、图1.5（a）、图1.6（a）为压汞数据转换到吸附坐标，然后与吸附数据对比；图1.4（b）、图1.5（b）、图1.6（b）为吸附数据转换到压汞坐标，然后与压汞数据对比。从图1.4（a）、图1.5（a）、图1.6（a）中可以看出，高压压汞数据接近介孔区间以后基本一路下滑，而吸附数据依然正常波动，同等级别孔隙含量一直保持在高压压汞孔隙含量之上。从图1.4（b）、图1.5（b）、图1.6（b）吸附数据转换到压汞数据与压汞数据的对比图同样可以看出，介孔区间吸附孔隙含量一直保持在高压压汞孔隙含量之上。这充分说明在介孔区间的测试中，低温吸附更有优势，更能正确体现介孔区间孔隙分布规律。而高压压汞虽然进汞压力已经很高，但是依然很难准确地展现介孔区间孔隙分布规律。

另外，当孔隙半径超出介孔区间，进入宏孔区间后，可以发现，高压压汞孔隙含量超出低温吸附孔隙含量，跃升到吸附曲线之上。吸附数据转换到压汞坐标后展现了同样的规律。这说明在宏孔区间的测试中，高压压汞比低温氮气吸附更有优势，更准确地体现了宏孔区间孔隙分布规律。

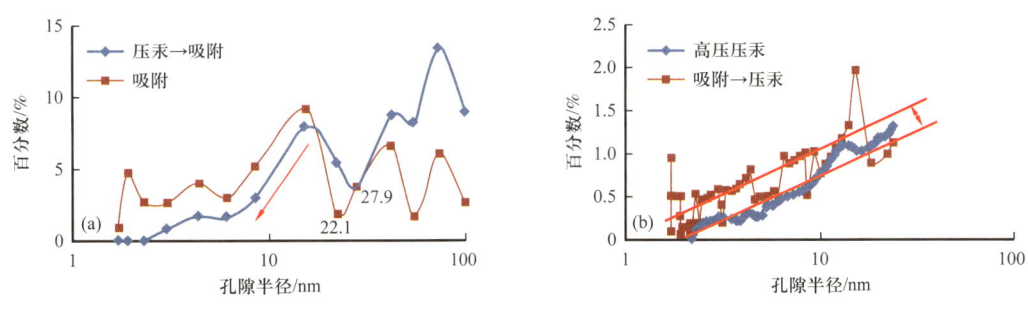

图1.4 0.078mD级别岩样吸附—压汞坐标互换对比

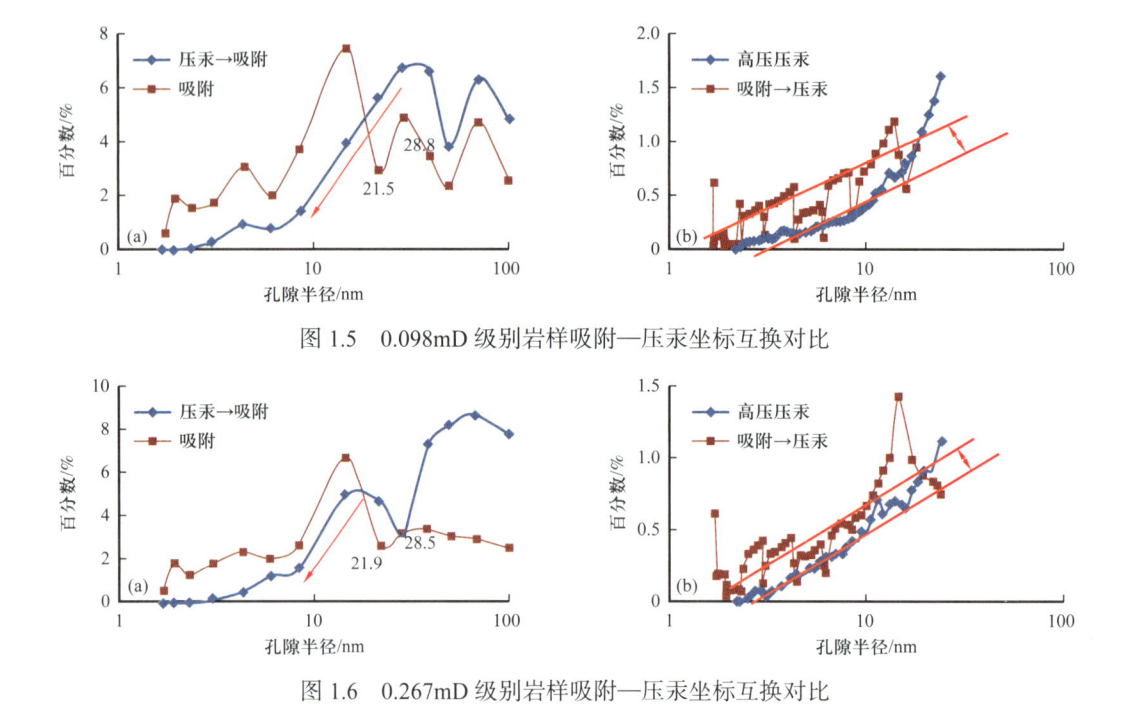

图 1.5　0.098mD 级别岩样吸附—压汞坐标互换对比

图 1.6　0.267mD 级别岩样吸附—压汞坐标互换对比

虽然，低温吸附在介孔区间的测试体现绝对的优势，但是其具有明显的缺陷。从图 1.7 可以看出低温氮气吸附的数据点明显少于高压压汞的数据点，这将会导致低温吸附数据点跳跃性非常大。这是因为，低温吸附是将某一区间的气体吸附来记作某一孔隙半径区间的孔隙含量，因此数据点少代表区间跨度大，因此记到某一点的量就会偏大，跳跃性也就会越大。常规压汞同样是因为数据点太少，造成其比高压压汞孔隙半径分布曲线偏右，且抬升偏高。

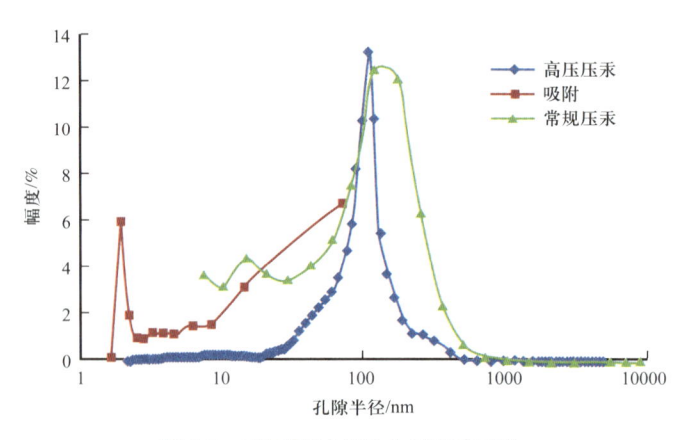

图 1.7　不同测试方法曲线形态对比

解决此问题的方法是将吸附数据绘制成累计分布曲线，然后进行插值，然后与高压压汞曲线进行对比检验，这样既没有增加总的孔隙含量，数据点也增多了，解决了数据点跳跃性大的问题。在插值时需要注意的是，插入点应选择高压压汞点插入到优选出的低温

— 4 —

吸附累积分布曲线上。之所以选择高压压汞点，是因为这些点在压汞测试中已经监测出来了，说明那个大小的孔隙是存在的，从而插入到低温吸附累积分布曲线中去求得该孔隙的体积含量；或者将优选出的低温氮气吸附数据按照前文提出的方法转换到高压压汞坐标。只有这样选择插值点才更科学，千万不能随意插入一些点。

综上所述，介孔区间采用低温吸附数据，宏孔区间采用高压压汞数据，两种数据在宏孔和介孔的分界点——孔隙半径25nm处进行连接，同时介孔区间利用插值转换到压汞坐标。需要注意的是，孔隙半径25nm处也需要进行插值连接，因为在实际测试中不一定恰好在孔隙半径25mm处有数据点。最终处理后发现，有的数据累积孔隙含量有高于100%的现象出现，这时可以采用离心—NMR数据进行检验。

岩样饱和模拟地层水状态下进行21psi、42psi、209psi、417psi分别离心，并在每次离心前后进行核磁共振测试，可以获得孔隙半径在1μm以下、0.5μm以下、0.1μm以下、0.05μm以下的孔隙含量。但是由于束缚水的存在将会造成同一点的累计含量比实际累积含量偏高（图1.8），正是因此才对其他数据范围有个大致的界定。但是随着孔径变大这种差别逐渐减小，最终两条曲线趋于重合。因此，可以利用离心—NMR获得的孔隙含量累积曲线来进行相关的数据检验。如果得到的曲线超过了离心—NMR曲线，则认为是有问题的，进而需要查找原因，并进行相应的数据修正。

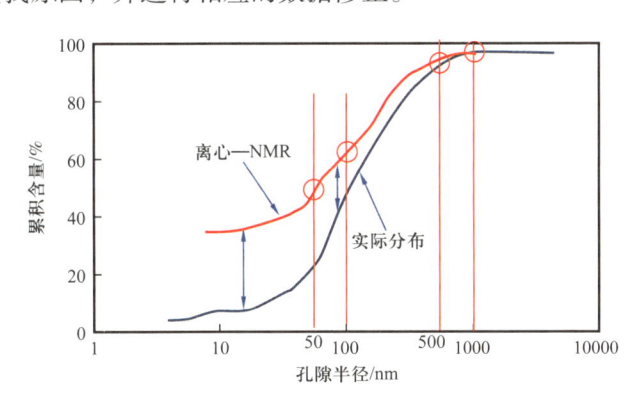

图1.8 离心—NMR与实际分布理论关系示意图

图1.9为按照上文提出的方法得到的吸附—高压压汞组合曲线与离心—NMR曲线的对比图，从图中明显可以看出，处理完成后的曲线（吸附—压汞25nm处连接）在100nm处非常接近离心—NMR曲线，同时累积含量为102%，已经超过了100%，此时得到的吸附—压汞组合曲线就需要修正。

修正方法为：删掉2nm以下的孔隙含量或者将2nm以下的孔隙含量调为0。之所以采用这样的修正方法，主要有两方面的理由：（1）从分子大小角度来讲，如前所述，储层孔隙中流体分子半径在0.3~2nm，2nm以下空间对流动已无实际意义，孔渗测试时流体也无法进入，所以可以直接删掉；（2）从测试手段来讲，由于低温氮气吸附测试主要针对介孔，其次是宏孔，因此对于更小的微孔（孔隙半径小于1nm）区间，在测试过程中会将其所有孔隙含量累加到孔隙半径1~2nm的孔隙上，此时误差会明显偏大。同时从低温氮

气吸附得到的孔隙含量分布图也可以看出，在孔隙半径 2nm 左右总会出现一个非常突兀的波峰。因此，为更准确体现实际分布，可以直接删掉或者调为 0。

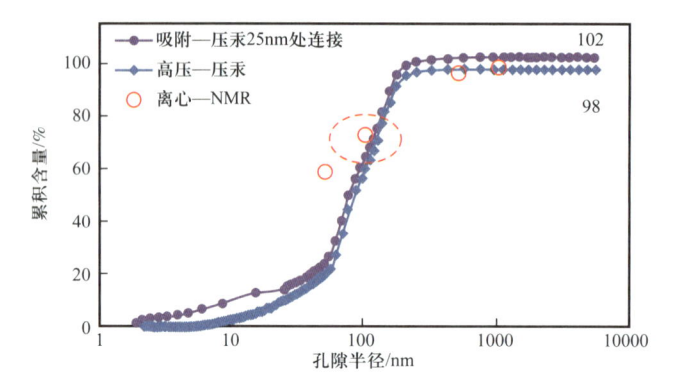

图 1.9 处理后的曲线与离心—NMR 对比

按照以上方法修正后得到的图谱如图 1.10 所示。从图 1.10 可以看出，通过上文提出的修正方法进行修正后，实际分布曲线与离心—NMR 分布曲线的关系不再违背图 1.9 所提出的理论关系，将此累积分布曲线绘制成分段孔隙分布曲线就可以得到全尺度分布图谱。

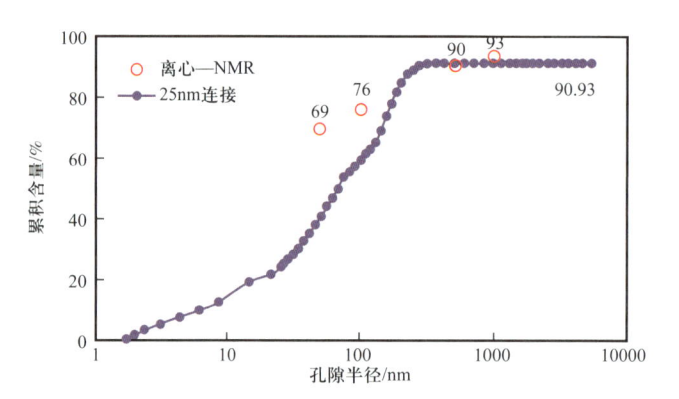

图 1.10 检验修正后得到的累积分布曲线

通过以上数据的对比分析，基本已经建立了全尺度的测试方法。具体的测试流程如图 1.11 所示，处理完成后得到的图谱如图 1.12 所示。

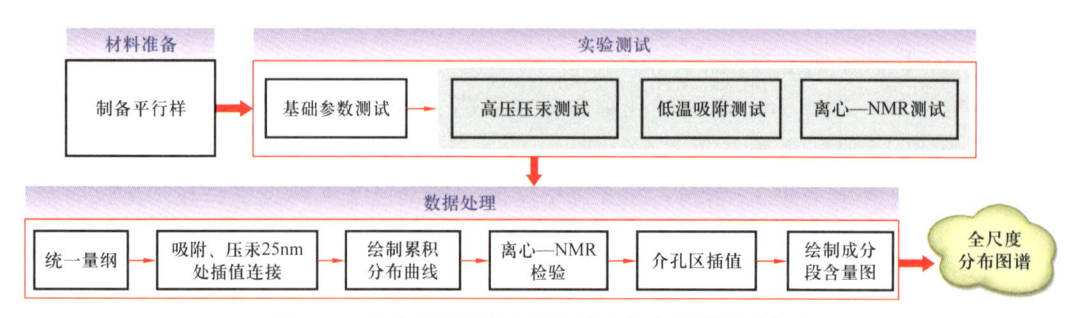

图 1.11 致密岩样孔隙半径全尺度分布图谱测试方法

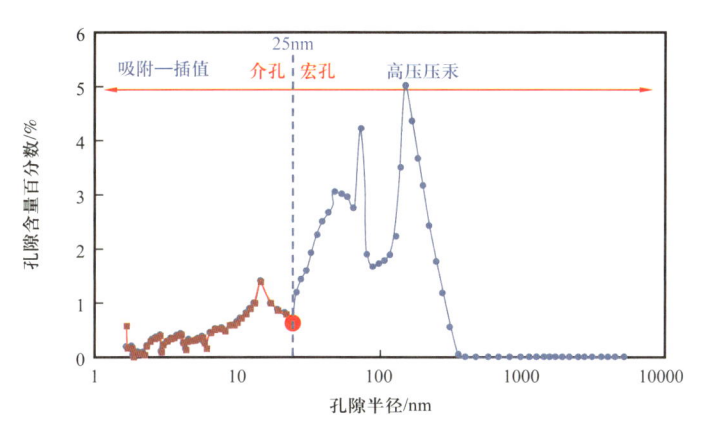

图1.12 全尺度图谱及核心处理方法

数据处理中会有两次插值计算，孔隙半径 25nm 处插值，另外就是介孔区间的插值计算，特别是介孔区间的插值比较麻烦，因为涉及的数据相当多，工作量较大。所选用的插值方法为线性回归插值。计算方法如下：

$$\begin{cases} y = a + bx \\ a = \bar{y} - b\bar{x} \end{cases} \quad (1.1)$$

$$b = \frac{\sum(x - \bar{x})(y - \bar{y})}{\sum(x - \bar{x})^2} \quad (1.2)$$

式中 x——孔隙半径，nm，为给定的孔隙半径值，需要预测此半径大小孔隙所对应的体积含量；

y——孔隙含量百分数，为需要预测的目标值，为体积含量百分数；

$\bar{x}$，$\bar{y}$——样本点平均值，或已知量的平均值；

a，b——线性回归系数。

在选择样本点的时候需要注意以下两点：（1）预测 25nm 孔隙含量的样本来自高压压汞和低温吸附两个数据体，需要注意的在选择高压压汞样本点的时候需要选用孔隙半径在 25nm 以上压汞数据临近 25nm 的波峰到 25nm 之间的数据，如果样本点里面含有多个波峰，计算出来的趋势误差较大。低温氮气吸附的样本选择不宜过多，选择临近 25nm 以下 3 个点左右为宜；（2）介孔区间的插值预测，这是数据处理过程中工作量最大的环节，因为将高压压汞获得的孔径插入吸附累积分布曲线中，涉及的数据点很多。插值的时候选择两点间线性插值，即只选择目标点上下两个已知点为样本点进行插值预测。由于数据点比较多，出现个别奇异点时可以舍去，不影响整体分布规律。

全尺度图谱测试方法基本可以概括为两次插值，一次连接，一次检验，一共三个核心步骤。此方法的难点在于至少需要三段平行岩样，同时数据处理量大。但其优点非常明显，可以将跨越几个数量级的孔隙分布一次性呈现，全方位地展现了微观孔隙结构特征。按照纳米材料定义及学界常规认识，界定微米级孔隙半径为大于 1μm，亚微米级孔隙半径

为 0.1~1μm，纳米级孔隙半径为小于 100nm。下文将利用全尺度图谱对不同尺度空间孔隙结构特征进行深入分析。

本部分内容对不同致密油区岩样孔隙半径全尺度分布图谱、单个喉道渗透率贡献率等进行了对比分析。

从图 1.13 可以看出四大油区致密岩样全尺度分布图谱具有以下特征：

（1）致密砂岩样品孔隙半径 100nm 左右孔隙居多，峰值较高，分布比较集中；而致密碳酸盐岩大孔隙部分拖拽较长，跨度较大，说明微裂缝发育明显。大港致密白云岩基质孔隙基本分布在纳米级，极其致密；川中石灰岩和砂岩孔隙半径的区别非常明显，石灰岩跨度大，从纳米级到微米级跨越了 3 个数量级，而川中砂岩孔隙半径的主要分布在 100nm 左右。

（2）从分布曲线形态来看，致密砂岩孔隙含量分布呈现一峰高耸，局部凸起的现象，而致密碳酸盐岩孔隙含量呈现单峰或双峰分布，同时跨度较大。

（3）随着渗透率增大，不同岩性的致密岩样孔隙含量分布图谱右侧波峰都抬高或右移。

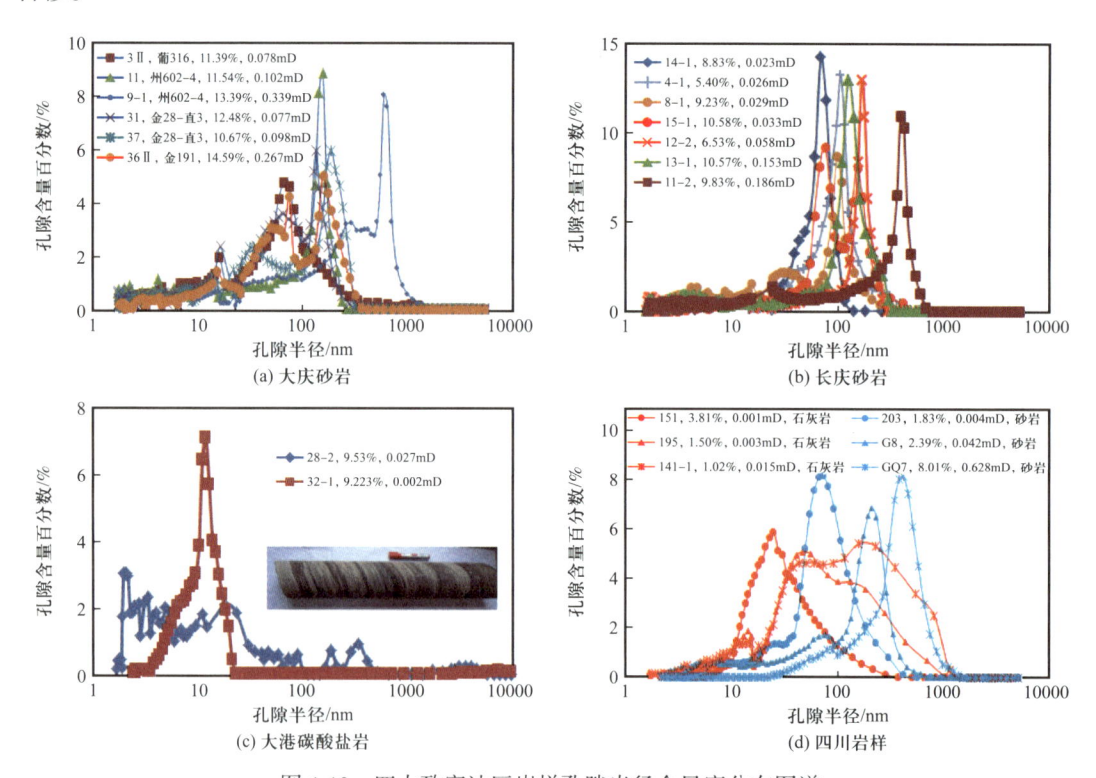

图 1.13 四大致密油区岩样孔隙半径全尺度分布图谱

通过全尺度图谱还可以得到单个孔隙对渗透率的贡献率。

从图 1.14 可以看出，大庆致密储层渗透率贡献主要来自亚微米级孔隙，少量来自纳米级。渗透率 0.08mD 以下储层开发难度极大，渗流能力仅靠少量大孔隙。

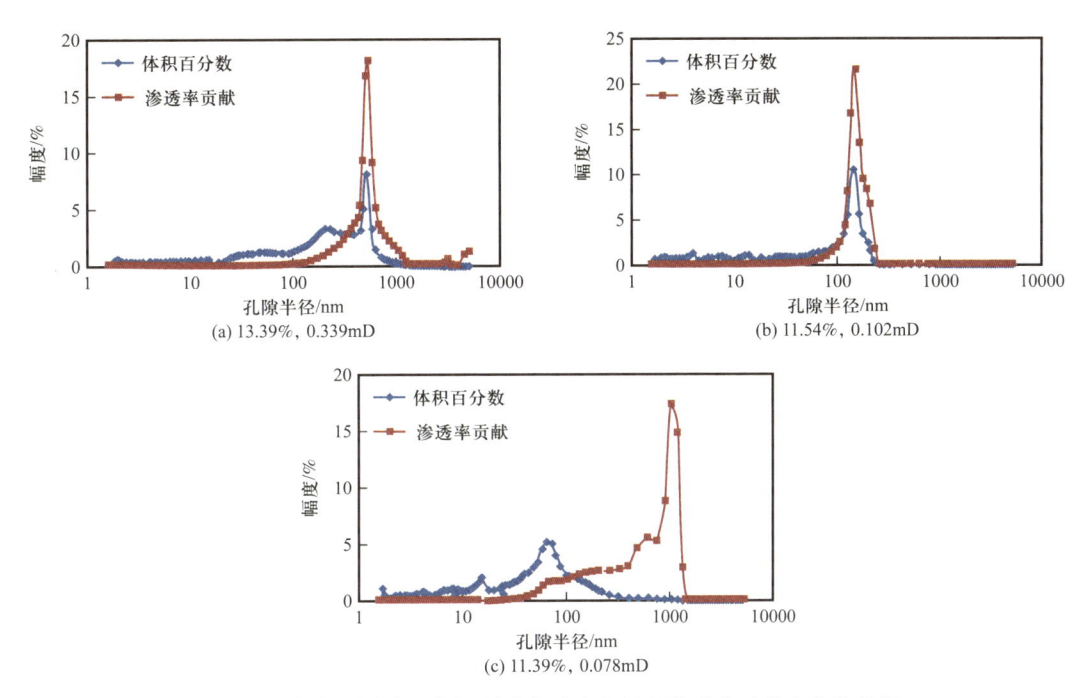

图 1.14　大庆不同渗透率级别致密砂岩全尺度渗透率贡献率变化特征

图 1.15 为长庆不同渗透率级别致密砂岩全尺度渗透率贡献率变化特征图。长庆致密砂岩渗透率贡献主要来自亚微米级孔隙，少量来自纳米级。渗透率 0.03mD 以下储层开发难度极大，渗流能力仅靠少量大孔隙，或孔隙基本为纳米级。

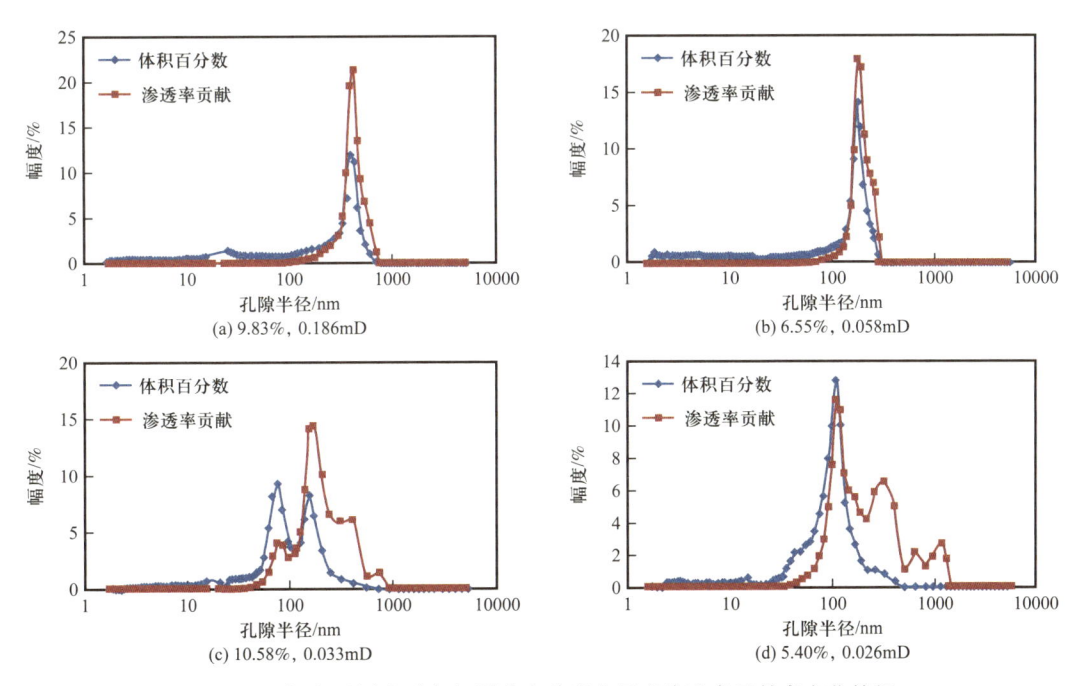

图 1.15　长庆不同渗透率级别致密砂岩全尺度渗透率贡献率变化特征

如图 1.16 所示，大港致密碳酸盐岩仅依靠少量微裂隙提供渗流能力，但是储层广泛分布的层理缝为工业开发提供了可能性。大港致密岩样层理缝极为发育，且脆性强，因此具有工业开采的可能性。

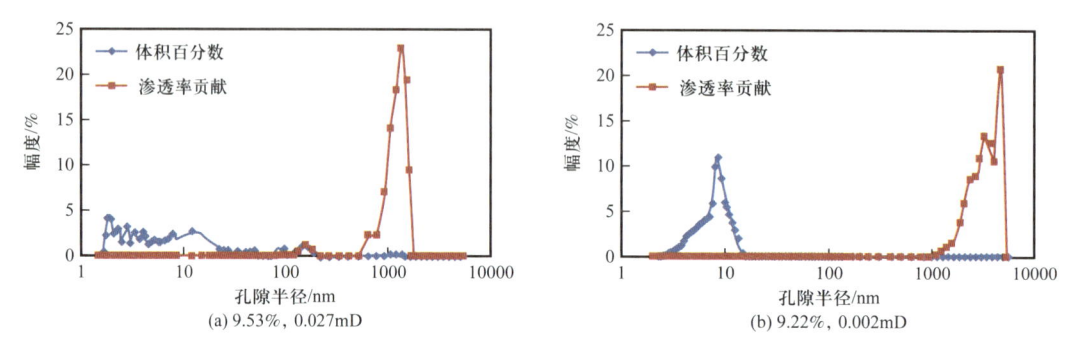

图 1.16　大港不同渗透率级别致密碳酸盐岩全尺度渗透率贡献率变化特征

如图 1.17 所示，四川砂岩渗透率贡献主要来自亚微米级孔隙，少量来自纳米级孔隙，渗透率 0.004mD 以下极难动用。

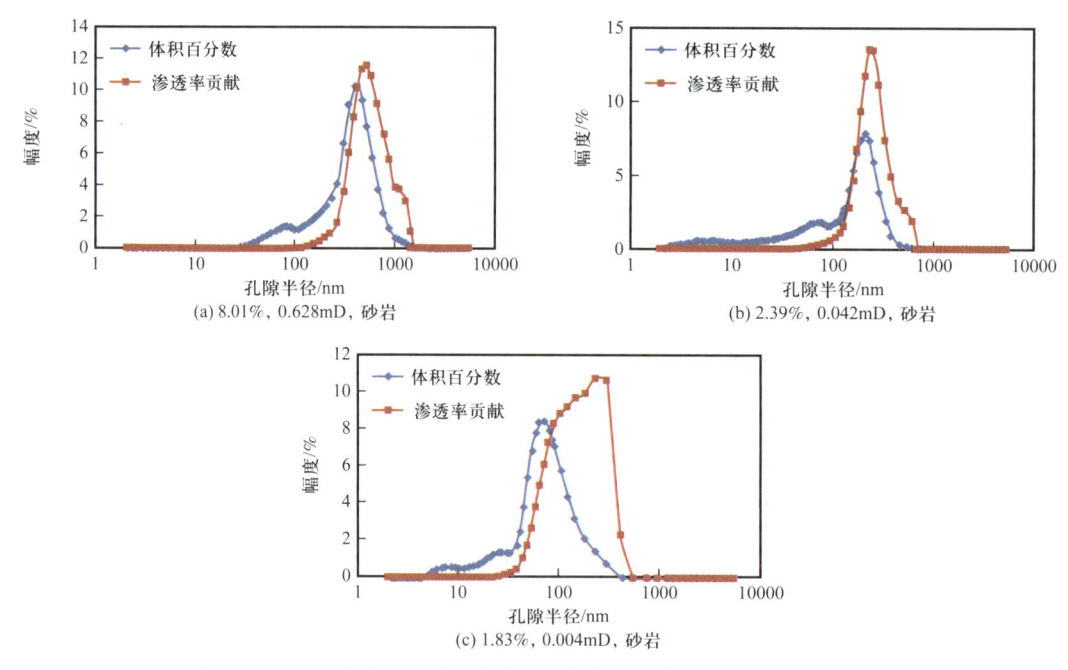

图 1.17　四川不同渗透率级别致密砂岩全尺度渗透率贡献率变化特征

从图 1.18 可知，四川石灰岩渗透率贡献主要来自亚微米级孔隙及微裂缝，动用界限比四川砂岩低。

通过全尺度图谱可以统计不同尺度空间含量、渗透率贡献率，特别是制约开发的纳米级含量，也可定量描述，如图 1.19、图 1.20、图 1.21 及表 1.2 所示。研究表明，砂岩渗流能力 50% 以上来自亚微米级孔隙。碳酸盐岩主要依靠亚微米级孔隙和微裂缝渗流。

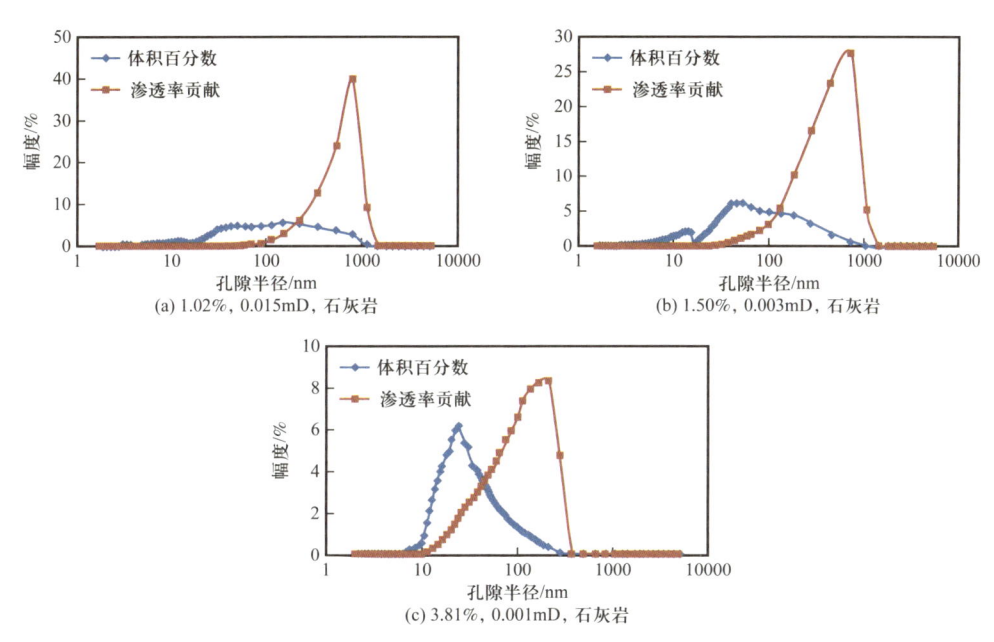

图 1.18 四川不同渗透率级别致密石灰岩全尺度渗透率贡献率变化特征

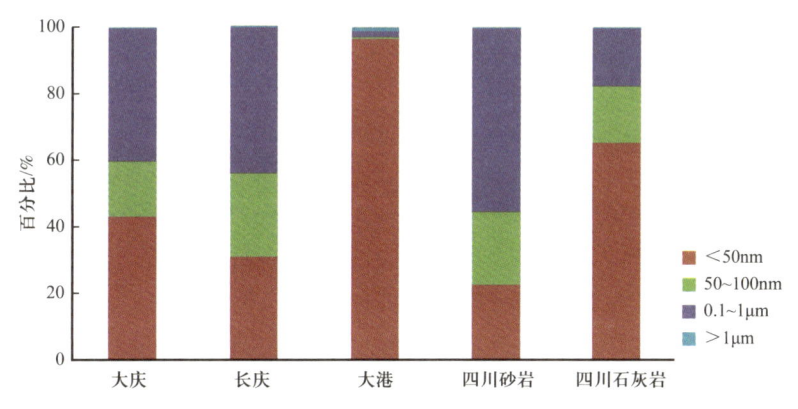

图 1.19 不同致密油区不同尺度空间百分比含量统计

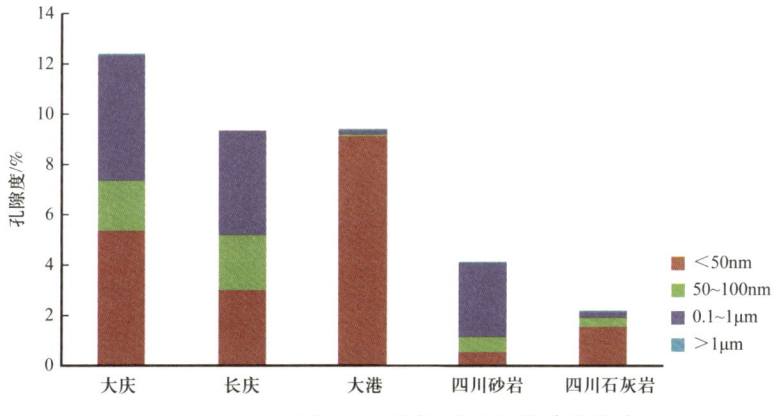

图 1.20 不同致密油区不同尺度空间孔隙度统计

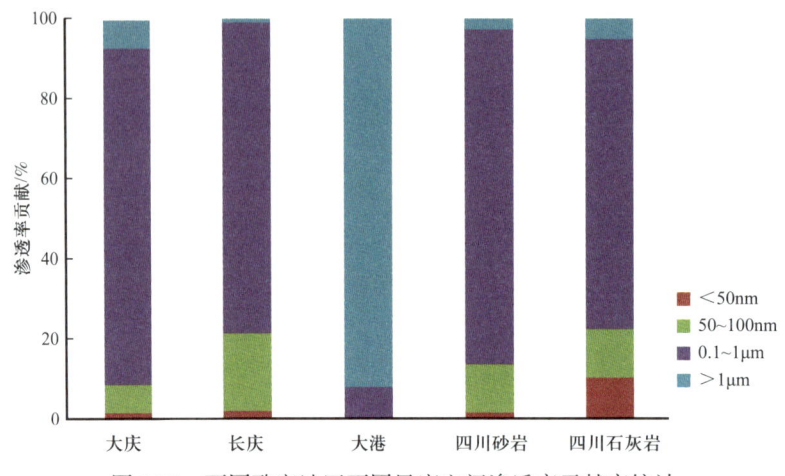

图 1.21 不同致密油区不同尺度空间渗透率贡献率统计

表 1.2 不同致密油区不同渗透率级别纳米级孔隙含量

渗透率 /mD	纳米级孔隙含量 /%				
	0.03	0.08	0.1	0.5	1
大庆		67.40	60.17	26.57	18.68
长庆	68.07	48.29	44.66	25.43	19.95
四川	39.51	28.06	25.95	14.80	11.62
大港	基质纳米级孔隙含量极高，主要依靠层理缝渗流				

通过不同渗透率岩样纳米级孔隙含量与渗透率间的相关关系，可以大致计算不同渗透率级别储层纳米级孔隙含量。按照现场反馈的信息，大庆致密砂岩储层渗透率动用界限在 0.1mD 左右。对应纳米级孔隙含量在 60% 以上时极难动用。按照这种规律，可以初步确定大庆的致密储层在渗透率低于 0.1mD 时极难动用，长庆的致密储层在渗透率低于 0.03mD 时极难动用。这与上文渗透率贡献率变化趋势的分析是吻合的。

但是对于裂缝非常发育的致密碳酸盐岩，这种规律的应用效果受到挑战。从表中可以看出，四川岩样渗透率即便低至 0.03mD 时，纳米级孔隙含量不到 40%，动用潜力依然十分可观。

因此，对于微裂缝较发育或者不发育的致密砂岩储层，基质孔隙性质决定了储层动用的难易程度，可以通过纳米级孔隙含量的计算来预估渗透率动用界限。而对于裂缝非常发育或者裂缝型储层，裂缝是控制动用难易程度的关键因素。如四川石灰岩，其孔隙度极低，可能整个孔隙就是一条裂缝，那么储层动用难易程度完全取决于裂缝的性质。又如大港致密白云岩，层理缝明显发育（肉眼可见），基质孔隙极其致密（在全尺度图谱中基本分布于纳米级孔隙），因此其渗流能力明显受制于层理缝性质。

二、混合润湿性测试方法

润湿性是超低渗透油藏极为关键的一个物性参数,对油田开发效果有很大的影响。超低渗透油藏矿物成分复杂且随机分布,极低的孔隙度和渗透率伴随着较强的非均质性,因而其润湿性也较为特殊。研究表明超低渗透砂岩的润湿性是混合润湿,即岩心内部一部分表面亲油,另一部分表面亲水。如果岩心表现为弱亲油性,则说明岩心内部亲油的表面要多于亲水的表面,反之亦然。

1. 混合润湿性核磁共振测试方法

常规的岩石润湿性测试方法有接触角法、Amott法、USBM法和自吸速率等方法,但这些方法应用于超低渗透油藏储层润湿性测量时,存在实验操作复杂、测试效率低及测试精度低等缺点,因此笔者结合超低渗透岩心特点,建立了超低渗透油藏混合润湿性测试新方法。

该方法是将超低渗透油藏物理模拟实验方法和核磁共振技术相结合,它主要利用核磁共振 T_2 弛豫时间图谱将多孔介质流体分为束缚流体和可动流体,束缚流体为小的 T_2 值对应的是小孔道和较大孔道壁中表面流体的份额,其测试原理如图1.22所示。

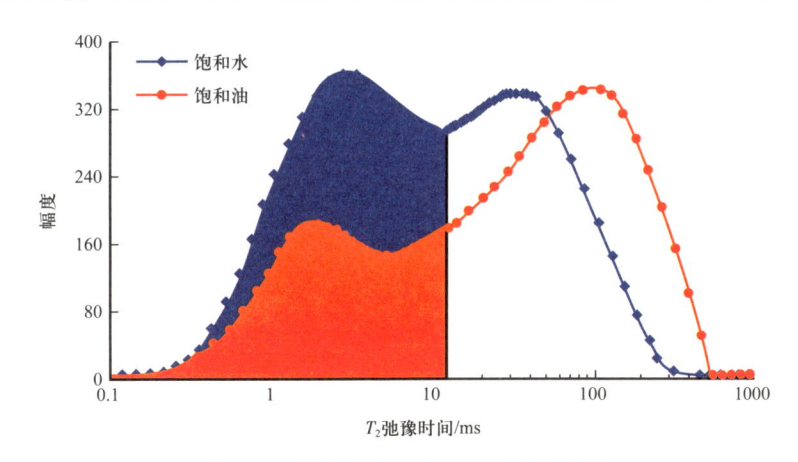

图1.22 混合润湿测试原理油水分布图

从图1.22中可以看出,在超低渗透岩心的核磁共振图谱中,左边表示的束缚流体既有油,也有水,表明在超低渗透岩心小孔道中和较大孔道壁表面既有油湿,也有水湿,为混合润湿。岩心如表现为弱亲油性,即表明岩心中亲油部分大于亲水部分;反之,如表现为弱亲水性,则表明岩心中亲水部分大于亲油部分。

定义混合润湿指数为:

$$\mathrm{MI}_{wo} = \frac{S_{ws} - S_{os}}{S_{ws} + S_{os}} \quad (1.3)$$

式中 MI_{wo} ——混合润湿指数;

S_{ws}——核磁共振谱亲水面积（图1.22左边蓝色部分），m²；

S_{os}——核磁共振谱亲油面积（图1.22左边红色部分），m²。

引入下面2个参数来描述岩心的混合润湿程度。

$$\begin{cases} F_w = \dfrac{S_{ws}}{S_{ws}+S_{os}} \\ F_o = \dfrac{S_{os}}{S_{ws}+S_{os}} \\ F_w + F_o = 1 \end{cases} \quad (1.4)$$

式中 F_w——亲水系数（表示岩心中水湿的面积占总面积的多少）；

F_o——亲油系数（表示岩心中油湿的面积占总面积的多少）。

因此，可以用式（1.3）、式（1.4）中的3个参数全面地表述超低渗透岩心的润湿特性。

根据上面形成的方法，对长庆某一区块的30块超低渗透岩心进行混合润湿指数测定，测试结果如图1.23所示。

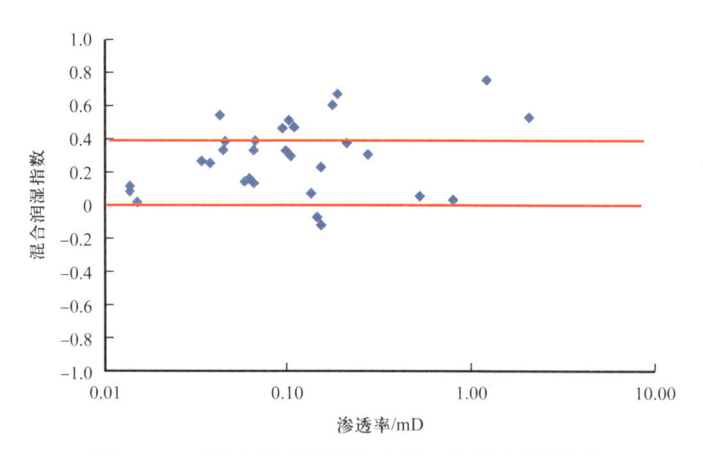

图1.23 不同渗透率超低渗透岩心的混合润湿指数

从图1.23可以看出：超低渗透岩心的混合润湿指数大多数处于0~0.4之间，为弱亲水性只有个别岩心是弱亲油性。

2. 岩心动态润湿性的测试方法

动态润湿性是指油藏内部高温高压下渗流过程中的润湿性，是随开发过程不断变化的润湿性。动态润湿性与常规润湿性的不同之处在于，常规测试润湿性是将岩心从地层取出后置于常温常压下测试其润湿性，内部流体渗流状态、温度、压力都与油藏原始状态有所不同，而动态润湿性考虑了以上关键物性参数，用来描述油藏开发过程中储层岩石内部润湿性的动态变化。

核磁共振在线测试技术将低场核磁与岩心物理模拟实验设备相结合，能够有效地测试岩心开发过程中的核磁 T_2 谱，为岩心动态润湿性的测试提供了条件。

针对开发过程中润湿性改变的动态过程，提出了动态润湿指数 I_{DW}，用于表征开发过程中润湿性的动态变化特征。动态润湿指数 I_{DW} 表达式为：

$$I_{DW} = \frac{A_{wc}F_{wj} - A_{oc}F_{oj}}{A_{wc}F_{wj} + A_{oc}F_{oj}} \tag{1.5}$$

式中 I_{DW}——动态润湿指数；

A_{wc}，A_{oc}——分别为饱和油状态下 T_2 谱上可动流体 T_2 截止值以下部分水相和油相的信号总和；

F_{wj}，F_{oj}——分别为饱和油及驱替过程中不同状态下孔隙内边界流体水相和油相与孔隙壁面分子间的作用力，N。

对三个典型超低渗透油区的 6 块岩心水驱过程中的核磁数据进行分析，计算岩心的动态润湿指数，如图 1.24 所示。

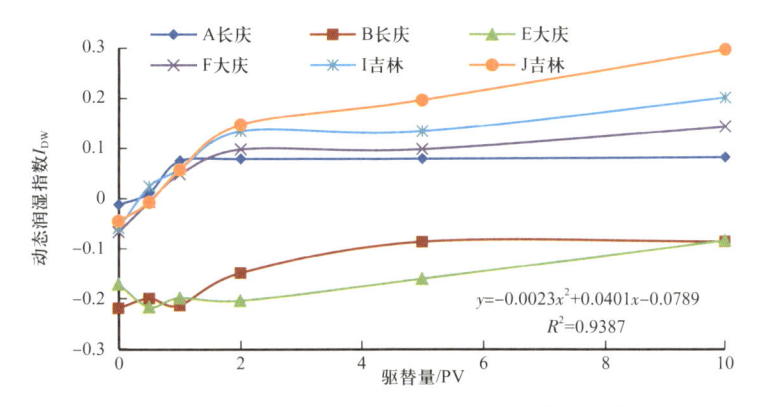

图 1.24 三个典型超低渗透油区岩心在开发过程中的动态润湿指数

从图 1.24 中可以看出：在原始饱和油状态下，平均润湿指数为 -0.095，多数岩心为中性润湿，长庆渗透率为 0.4mD 的岩心与大庆渗透率为 0.2mD 的岩心属于弱油湿性。随着开发的进行，各岩心的润湿指数整体上都有所提升，整体上平均动态润湿指数为 0.092，依然在中性润湿范围内。随着开发的进行，各岩心亲水性都有所增加。在开发过程中，在驱替量 2PV 之前，岩心的润湿性改变幅度较大，并有所波动；2PV 之后润湿指数增加幅度较缓。吉林超低渗透岩心在开发后的润湿性改变最大，驱替 10PV 后岩心润湿性由中性润湿性变为弱水湿性。大庆超低渗透岩心变化量其次，长庆超低渗透岩心的润湿性改变指数最低。

三、流体原位黏度表征及测试方法

原油的原位黏度是指原油在地层岩石内部的黏度。超低渗透油藏中的原油主要是低黏度的轻质油，但其黏度在微米—纳米级孔隙中会大幅上升，原位黏度远大于采出后所测黏

度。其原因是孔隙边界层对流体的固—液间作用力已不可忽略。孔道中流体分布与黏度变化如图 1.25 所示。多孔介质孔道中流体中央的为体相流体，贴近固体壁面的为边界流体，原位黏度就是体相流体黏度与边界流黏度体共同作用下的黏度。常规储层中由于孔隙较大，边界层体积占比极少，而致密储层内部边界流体占比极高，导致边界流体黏度对原位黏度的影响不可忽略。针对致密储层，关于其内部的原位黏度的研究较少，有必要建立适用于其微米—纳米尺度下的原位黏度模型，并找寻获取原位黏度的测量手段。

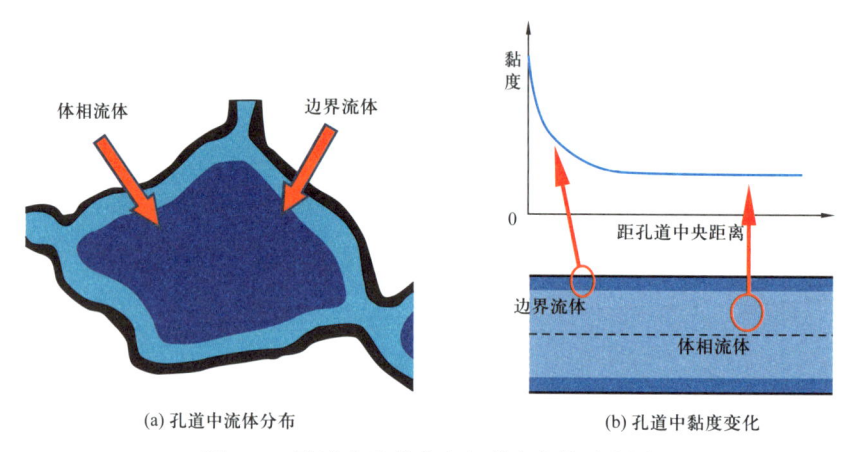

(a) 孔道中流体分布

(b) 孔道中黏度变化

图 1.25 孔道中流体分布与黏度变化示意图

测量流体黏度的常规方法对于岩心内部流体显然无法适用。核磁共振这一非接触测量方式从 1961 年起被用于测试流体黏度。随后人们使用核磁共振研究了不同溶液、聚合物等流体在静态及流动过程中的黏度。总体来说，流体黏度越高，分子间力越强，T_2 弛豫时间就越短。到 20 世纪 90 年代，核磁共振开始在测井过程中用于计算储层中的原油黏度。2003 年开始，核磁共振开始被用于测试物理模拟实验中岩心内流体的黏度，特别是针对稠油及油砂中原油的黏度测定。以上研究适用于常规储层，测试手段主要是核磁共振测井仪或常规岩心核磁共振分析仪。但无法精确获取与表征孔隙狭小的致密油藏微米—纳米孔隙中的边界流体黏度。

1. 原位黏度模型的建立

多孔介质内部渗流流体分布情况如图 1.26 所示。图 1.26（a）为局部模型，经过压裂后，储层内部从主裂缝延伸出了缝网，注入介质从主裂缝注入，将原油驱替出。图 1.26（a）右侧为原始状态地层，原油分布于裂缝与基质中；图 1.26（a）左侧为波及区，离裂缝越近原油越少，原油从远处的基质中渗流进入裂缝。图 1.26（b）为储层的微观模型，通过渗吸置换作用将基质中的原油采出到微裂缝中。图 1.26（c）为储层孔道内流体原位黏度模型。体相流体主要受流体间的分子间力，表现出在外界大空间中的性质；而边界流体不仅受流体分子间力，还受到孔隙壁面强烈的静电力，因而越靠近孔隙中央，孔隙中流体黏度越接近流体在外界的黏度，越靠近壁面则黏度越大。边界流体并不单指边界层上很薄的水膜或油膜，而是指受壁面分子静电力影响的一部分流体，静电力作用距离可达 10μm，但力的大小与分子间距的平方成反比。因而，边界流体包含不可动流体及一部分可动流体。

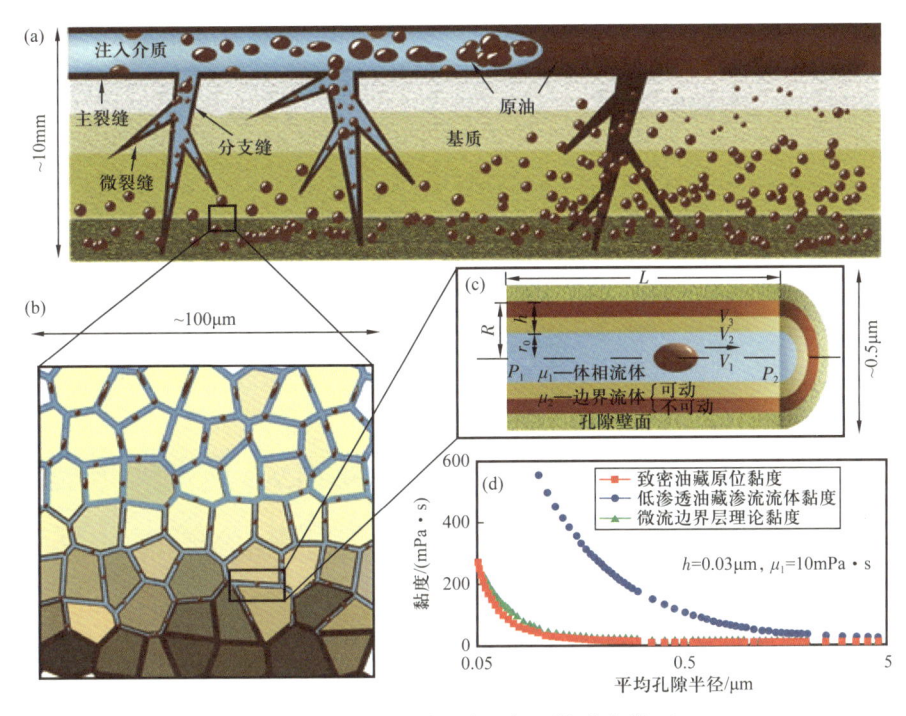

图 1.26　储层孔道示意图与原位黏度模型

建立针对超低渗透储层孔道的流体原位黏度模型，如图 1.26（c）所示，将孔道假设为中空圆管。为便于计算原位黏度，并加以实际应用，同样将孔道中黏度简化为两部分：一部分为孔道中央体相流体，黏度为 μ_1，另一部分为孔道边界流体，黏度为 μ_2。此模型针对致密储层原油，则原油体相黏度 μ_1 一般在 0.5～30mPa·s 之间，因壁面分子强大的静电力，边界黏度 μ_2 至少是 μ_1 的 10 倍以上。孔道的平均毛细管半径为 R，孔道长度为 L，孔道两端压力分别为 p_1 和 p_2，在此压差下的边界流体厚度为 h，一般情况下 $R>1.5h$，毛细管中央的体相流体为圆柱体，则体相流体半径为 $r_0=R-h$，中间体相流体的流速为 v_1，体相与边界交界处的流体流速为 v_2，紧贴边界处的流速为 v_3。

由图 1.26（c）可以看出，经本模型假设后黏度变化是不连续的。但是，经过假设后可以通过孔道中流量守恒，利用泊肃叶方程，列出原位黏度 μ_i、μ_1、μ_2 的关系表达式：

$$\frac{\pi R^4(p_1-p_2)}{8\mu_i L}=\int_0^{r_0}\pi r^2 \mathrm{d}v_1+\int_{r_0}^{R}\pi(R^2-r^2)\mathrm{d}v_2 \qquad (1.6)$$

式中　R——孔道的平均毛细管半径，μm；

　　　r_0——体相流体半径，μm；

　　　r——孔道的任意处毛细管半径，μm；

L——孔道长度，μm；

p_1，p_2——分别为孔道两端压力，MPa；

h——在此压差下的边界流体厚度，μm；

v_1——体相流体的流速，$\mu m/s$；

v_2——体相和边界流体交界处的流速，$\mu m/s$。

对于体相流体，根据驱替力等于黏滞力，有：

$$(p_1-p_2)\pi r^2 = \mu_1(2\pi rL)\frac{dv_1}{dr} \tag{1.7}$$

式中　μ_1——体相流体黏度，$mPa \cdot s$。

则有：

$$dv_1 = \frac{(p_1-p_2)r}{2\mu_1 L}dr \tag{1.8}$$

同样对于边界流体，根据驱替力等于黏滞力，有式（1.9）：

$$(p_1-p_2)\pi(R^2-r^2) + \mu_2(2\pi rL)\frac{dv_2}{dr} = \mu_2(2\pi RL)\frac{dv_3}{dr} \tag{1.9}$$

式中　v_3——紧贴边界处的流体流速，$\mu m/s$；

μ_2——边界流体黏度，$mPa \cdot s$。

由泊肃叶方程，毛细管中同种流体的流动速度呈抛物线分布，令 $n = \frac{r}{R}$，则在边界流体内部有：

$$\frac{dv_2}{dv_3} = \frac{r}{R} = n \tag{1.10}$$

式中　r——孔道的任意处毛细管半径，μm；

R——孔道的平均毛细管半径，μm；

n——设定值。

将式（1.10）代入式（1.9）化简可得：

$$dv_2 = \frac{(p_1-p_2)r}{2\mu_2 L}dr \tag{1.11}$$

将式（1.8）和式（1.11）代入式（1.6）有：

$$\frac{\pi R^4(p_1-p_2)}{8\mu_i L} = \int_0^{r_0} \pi r^2 \frac{(p_1-p_2)}{2\mu_1 L}dr + \int_{r_0}^R \pi(R^2-r^2)\frac{(p_1-p_2)r}{2\mu_2 L}dr \tag{1.12}$$

式中　μ_i——孔道流体原位黏度，$mPa \cdot s$。

对式（1.12）求解可得致密储层孔道的流体原位黏度公式：

$$\mu_{\mathrm{i}} = \frac{\mu_1 \mu_2 R^4}{(\mu_1 + \mu_2) r_0^4 + \mu_1 R^4 - 2\mu_1 R^2 r_0^2} \tag{1.13}$$

利用原位黏度公式可以求解连续的黏度变化情况。求解出的 μ_{i} 考虑了边界黏度和体相黏度两部分，以及平均孔道半径和边界层厚度。

2. 原位黏度相关参数的获取

体相黏度 μ_1 可以将原油采出后由黏度计测试得到。当孔道半径及流体固定时，边界层厚度主要与毛细管两端压力有关，且条件相同时边界层厚度的计算公式可以推广应用。边界层厚度 h 与毛细管半径 R 之比有如下关系：

$$\frac{h}{R} = 1 - \frac{\left[\dfrac{8\mu_1 L Q_{\mathrm{s}}}{\pi(p_1 - p_2)}\right]^{0.25}}{R} \tag{1.14}$$

式中 Q_{s}——单根毛细管内的流量，$\mu m^3/s$。

通过微管实验可以有效获取岩心孔道内边界层厚度与驱替压差及流量的关系。内径 2.5μm 的微米管，在 0.01MPa/m 的压力梯度下边界层厚度占内径比例为 60%。在岩心驱替实验中，将岩心等效成大量以平均毛细管半径为半径的毛细管的集合，则可以根据式（1.14）来得到随着流量变化边界层厚度的变化幅度，单根毛管流量可由式（1.15）近似计算：

$$Q_{\mathrm{s}} = \frac{Q}{N} = \frac{Q \pi R^4}{8KA} \tag{1.15}$$

式中 Q——驱替实验中岩心流量，cm^3/s；

N——岩心内等效毛细管数；

K——岩心液测绝对渗透率，D；

A——岩心截面积，cm^2。

边界层厚度可由式（1.16）计算：

$$h = \gamma \left\{ R - \left[\frac{Q \mu_1 L R^4}{KA(p_1 - p_2)}\right]^{0.25} \right\} \tag{1.16}$$

式中 γ——边界层厚度系数，与实验岩心均一度及测量精度有关。

可见直接计算单根毛细管流量及边界层厚度误差较大，但是边界层厚度随驱替流量变化之比却可以精确求得，则驱替实验中岩心内某一时刻的边界流体厚度 h_{i} 可由式（1.17）计算：

$$h_i = h_0 \left[\frac{R - \left(\dfrac{\mu_1 L Q_i R^4}{K A \Delta p_i}\right)^{0.25}}{R_0 - \left(\dfrac{8\mu_0 L_0 Q_0}{\pi \Delta p_0}\right)^{0.25}} \right] \quad (1.17)$$

式中　h_i——驱替实验中某一时刻的边界层厚度，μm；

　　　h_0——微管实验中的边界层厚度，μm；

　　　Q_i——驱替实验中某一时刻的流量，cm³/s；

　　　Q_0——微管实验中的流量，cm³/s；

　　　Δp_i——驱替实验中某一时刻岩心两端的压差，MPa；

　　　Δp_0——微管实验中两端的压差，MPa；

　　　μ_0——微管实验中流体的体相黏度，mPa·s；

　　　R_0——微管实验中微管半径，μm；

　　　L_0——微管实验中微管长度，cm。

平均毛细管半径可以由压汞法精确地求得，或者用式（1.18）转换得到近似值：

$$R = \sqrt{\frac{8K}{\phi}} \quad (1.18)$$

式中　ϕ——岩心孔隙度。

显然，如何求取边界黏度 μ_2 是获取原位黏度的关键。核磁共振由于反映的是原子核受力情况，因而可以用于测量黏度，在大空间中，黏度与核磁 T_2 谱有以下关系：

$$\mu_1 \propto \frac{1}{T_{2B}} \quad (1.19)$$

式中　T_{2B}——弛豫时间对应的回波幅值。

以上结论在1994年由Morriss通过大量核磁实验得以验证，当油变的黏度很大时，长弛豫组分逐渐减少，短弛豫组分逐渐增加。原油体相黏度与核磁弛豫时间成反比，原因就是随着黏度增加，流体分子间力增强，受到外加磁场影响后的恢复速度更快，进而弛豫时间变短。针对致密多孔介质的核磁 T_2 谱还受流体分子与孔隙壁面固体分子间力的影响，即既要考虑油的体相部分，又要考虑边界部分黏度。孔隙内流体赋存空间对应的尺度及弛豫时间可由图1.27直观地看出。孔道内部不同流体类似于不同孔径的孔隙中的流体，原位黏度由体相流体到不可动边界流体逐渐升高，磁化强度衰减速度变快，弛豫时间逐渐变短，在 T_2 谱上的分布逐渐向左移动。

致密储层的小孔隙中由于原油和壁面强大的分子作用力，导致原油原位黏度成百上千倍地提高。通过将致密岩心饱和轻质油 T_2 谱与高孔隙度、高渗透率岩心饱和稠油后的核磁图谱对比。可以发现纳米级孔隙、中饱和度、低黏度原油和稠油的 T_2 谱非常接近。高渗透稠油油藏饱和油水后，油水峰区分明显，油峰在左侧，约5ms以下的部分。致密油储层左

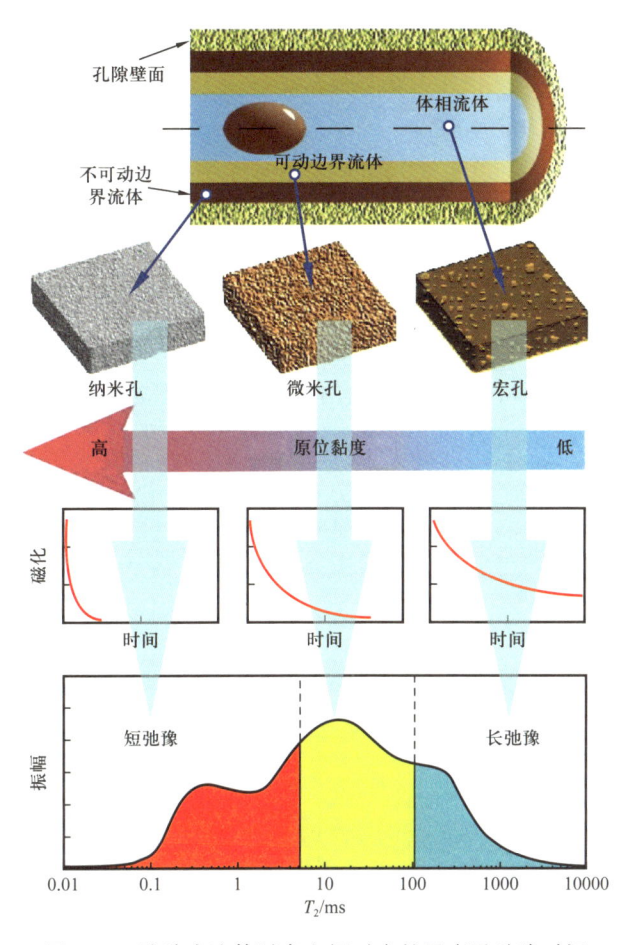

图 1.27　孔隙内流体赋存空间对应的尺度及弛豫时间

峰代表边界流体，这部分 T_2 截止值以下的流体也由于与壁面间分子间力很强导致黏度升高。显然，二者都是控制着左侧的核磁信号。从核磁原理入手解释以上现象，可以看出二者实质上是统一的，核磁共振实质上反映的是含氢质子的受力情况。黏度为几个毫帕·秒的油，在富含微米—纳米级孔道的致密岩心中，部分黏度变为类似稠油的性质，就是因为边界流体含量巨大，导致边界黏度不可忽略。因而可以用稠油在中高孔隙度、中高渗透率岩心中核磁测算黏度公式来计算致密油藏中边界流体的黏度。早已有学者对稠油在中高孔隙度、中高渗透率岩心中核磁测算黏度公式进行研究，边界黏度 μ_2 的核磁计算表达式如下：

$$\mathrm{AI} = \frac{\mathrm{Amplitude}}{\mathrm{Mass}} \tag{1.20}$$

$$\mathrm{RHI} = \frac{\mathrm{AI}_{油}}{\mathrm{AI}_{水}} \tag{1.21}$$

$$\mu_2 = \frac{1.15}{(\mathrm{RHI})^{4.55} T_{2\mathrm{cgm}}} \tag{1.22}$$

式中　AI（Amplitude Index）——某种流体的核磁振幅指数，g^{-1}；

　　　Amplitude——流体测试核磁共振的振幅；

　　　Mass——测试核磁的流体质量，g；

　　　RHI（Relative Hydrogen Index）——两相流体的相对含氢指数；

　　　T_{2cgm}——中高渗透率岩心中稠油的 T_2 弛豫时间分布的几何平均值，s。

T_{2cgm} 对应到致密岩心中为可动流体 T_2 截止值以下部分 T_2 弛豫时间分布的几何平均值。岩心的可动流体 T_2 截止值可由离心标定法获取。

这样原位黏度式（1.13）中所有的变量都有了获取方法，可以通过黏度计、高压压汞、核磁共振等仪器联合测得致密多孔介质内部单相流体的原位黏度。因而致密多孔介质中单相流体的原位黏度表达式为：

$$\mu_i = \left\{ \mu_1 \left[\frac{1.15}{\left(\frac{AI_{oil}}{AI_{water}}\right)^{4.55} T_{2cgm}} \right] R^4 \right\} \bigg/ \left(-2\mu_1 R^2 \left\{ R - h_0 \left[\frac{R - \left(\frac{\mu_1 L Q_i R^4}{K A \Delta p_i}\right)^{0.25}}{R_0 - \left(\frac{8\mu_0 L_0 Q_0}{\pi \Delta p_0}\right)^{0.25}} \right] \right\}^2 + \left[\mu_1 + \frac{1.15}{\left(\frac{AI_{oil}}{AI_{water}}\right)^{4.55} T_{2cgm}} \right] \left\{ R - h_0 \left[\frac{R - \left(\frac{\mu_1 L Q_i R^4}{K A \Delta p_i}\right)^{0.25}}{R_0 - \left(\frac{8\mu_0 L_0 Q_0}{\pi \Delta p_0}\right)^{0.25}} \right] \right\}^4 + \mu_1 R^4 \right) \tag{1.23}$$

油田开发过程中，地下渗流多为油水两相渗流，计算油水两相的原位黏度考虑以下两种情况。

第一种情况，孔道已处于注入介质波及区内部。此时孔道内体相流体已基本被注入介质驱替，体相黏度应改为注入介质的体相黏度。则相应的波及区内流体原位黏度计算式为：

$$\mu_i = \left\{ \mu_{w1} \left[\frac{1.15}{\left(\frac{AI_{oil}}{AI_{water}}\right)^{4.55} T_{2cgm}} \right] R^4 \right\} \bigg/ \left(-2\mu_{w1} R^2 \left\{ R - h_0 \left[\frac{R - \left(\frac{\mu_{w1} L Q_i R^4}{K A \Delta p_i}\right)^{0.25}}{R_0 - \left(\frac{8\mu_0 L_0 Q_0}{\pi \Delta p_0}\right)^{0.25}} \right] \right\}^2 + \left[\mu_{w1} + \frac{1.15}{\left(\frac{AI_{oil}}{AI_{water}}\right)^{4.55} T_{2cgm}} \right] \left\{ R - h_0 \left[\frac{R - \left(\frac{\mu_{w1} L Q_i R^4}{K A \Delta p_i}\right)^{0.25}}{R_0 - \left(\frac{8\mu_0 L_0 Q_0}{\pi \Delta p_0}\right)^{0.25}} \right] \right\}^4 + \mu_{w1} R^4 \right) \tag{1.24}$$

式中　μ_{w1}——注入介质的体相黏度，mPa·s。

第二种情况，孔道处于注入介质的波及前缘。此时孔道内体相流体混合着两相流体，处于不稳定状态，难以测算其混合黏度，由于此模型针对的是致密储层，其原油体相黏度平均值在 1~5mPa·s 之间变化，与注入介质黏度差距较小，因而在本研究中做相加取平均处理。则相应的波及区前缘流体原位黏度计算式为：

$$\mu_i = \left\{ \left(\frac{\mu_{w1} + \mu_{o1}}{2} \right) \left[\frac{1.15}{\left(\frac{AI_{oil}}{AI_{water}} \right)^{4.55} T_{2cgm}} \right] R^4 \right\} \Bigg/ \left(\frac{\mu_{w1} + \mu_{o1}}{2} \right) R^4 +$$

$$\left[\left(\frac{\mu_{w1} + \mu_{o1}}{2} \right) + \frac{1.15}{\left(\frac{AI_{oil}}{AI_{water}} \right)^{4.55} T_{2cgm}} \right] \left(R - h_0 \left\{ \frac{R - \left[\frac{(\mu_{w1} + \mu_{o1})LQ_iR^4}{2KA\Delta p_i} \right]^{0.25}}{R_0 - \left(\frac{8\mu_0 L_0 Q_0}{\pi \Delta p_0} \right)^{0.25}} \right\} \right)^4 -$$

$$2 \left(\frac{\mu_{w1} + \mu_{o1}}{2} \right) R^2 \left(R - h_0 \left\{ \frac{R - \left[\frac{(\mu_{w1} + \mu_{o1})LQ_iR^4}{2KA\Delta p_i} \right]^{0.25}}{R_0 - \left(\frac{8\mu_0 L_0 Q_0}{\pi \Delta p_0} \right)^{0.25}} \right\} \right)^2 \quad (1.25)$$

式中 μ_{o1} ——原油的体相黏度，mPa·s。

由于毛细管内径均匀，不存在岩心的非均质性，一束毛细管由于内径固定，能够较好地代替岩心用来印证原位黏度模型理论。下面通过极细的石英毛细管饱和流体测核磁实验及流变仪测试极低平板间隙下的黏度实验，来确定多孔介质内部渗流流体的黏度特性。

四、原油赋存空间和赋存状态定量测试分析方法

将核磁共振、高速离心、低温吸附及常规油驱水等实验相结合，建立了致密储层原油赋存空间定量分析方法。核磁共振实验利用 Reccore-04 型岩心核磁共振分析仪完成，气水高速离心实验利用 PC-18 型岩心离心机完成，低温吸附实验利用 Autosorb 6B 型低温吸附仪完成。离心及核磁共振实验、低温吸附实验步骤如下：（1）岩心准备：烘干，气测孔隙度和渗透率；（2）岩心饱和水状态核磁共振检测：对鄂尔多斯 15 块岩心抽真空并加压饱和模拟地层水，进行饱和水状态 T_2 谱检测；（3）岩心气驱水离心及核磁共振检测：对每块岩心进行 2.76MPa 离心力下的气驱水离心，离心后进行 T_2 谱检测；（4）岩心低温吸附实验：对 15 块离心岩心的平行样进行低温吸附分析，计算每块岩心 50nm 以下微孔分布等参数（低温吸附实验得到的岩心孔隙主要为 50~200nm 以下的微孔，经处理可获得 50nm 以下微孔分布）。

核磁共振油水饱和度三次测量实验方法参照石油天然气行业标准 SY/T 6490—2007

《岩样核磁共振参数实验室测量规范》，实验步骤和方法如下：（1）样品录取与保存：从15块密闭取心全直径岩心内部取样，取到后尽快开展实验；（2）第一次核磁共振测量：对初始岩样进行 T_2 谱检测；（3）样品饱和：用抽真空法对初始岩样饱和水，使岩样内充满水；（4）第二次核磁共振测量：对饱和状态岩样开展 T_2 谱检测；（5）第三次核磁共振测量：将岩样置于 $MnCl_2$ 水溶液中72h（作用为去除水相核磁信号），之后开展岩样油相 T_2 谱检测。

2.76MPa离心力与岩石50nm的喉道半径对应（图1.28），2.76MPa离心后 T_2 谱束缚水包括两部分，一部分为小于50nm喉道控制的束缚水（微毛细管束缚水），一部分为大孔隙空间表面束缚水膜（水膜束缚水）。

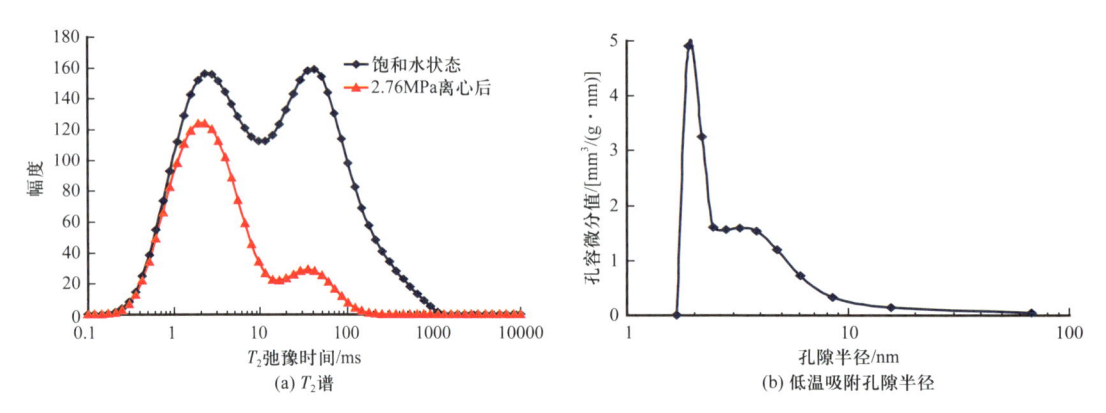

图1.28 1块岩心饱和水、2.76MPa离心后 T_2 谱及低温吸附孔隙半径分布（ϕ=10.57%，K_g=0.21mD）

依据核磁共振理论，T_2 弛豫时间与孔隙半径 r 有如下关系：

$$T_2 = \frac{1}{\rho_2 F_S} r = \frac{r}{C} \tag{1.26}$$

式中 ρ_2 ——弛豫率，其大小与岩石矿物组成、岩石表面性质等相关；

F_S ——孔隙形状因子；

C ——T_2 和孔喉半径的转换系数。

利用岩心低温吸附实验结果，可计算获得岩心微孔隙分布、50nm以下微孔隙百分数等参数。低温吸附获得的50nm以下微孔隙分布与岩心2.76MPa离心力后（对应50nm喉道）微毛细管束缚水 T_2 谱反映的孔喉分布一致。对比二者关系可获得岩心转换系数 C。计算公式见式（1.27）和式（1.28）。

$$\frac{H_{S_w}(S_w - R_{ps})}{C} + \frac{R_A R_{ps}}{C} = T_{2gS_w} S_w \tag{1.27}$$

可得：

$$C = \frac{H_{S_w}(S_w - R_{ps}) + R_A R_{ps}}{T_{2gS_w} S_w} \tag{1.28}$$

利用岩心平行样，分别进行气水高速离心核磁分析及低温吸附实验，获得每块岩心总束缚水饱和度、岩石比表面积及微孔隙百分数等参数，综合各参数计算获得式（1.27）中 H_{S_w}。式（1.27）中 H_{S_w} 取值为 15nm（取 15 块岩心 H_{S_w} 平均值）。

利用上述方法计算获得的转换系数分布介于 2.01~9.40nm/ms 之间，平均值为 5.80nm/ms。将 C 应用于油相 T_2 谱，可定量分析储层原油赋存空间。

对 15 块密闭取心岩心进行核磁油水饱和度测量，获得每块岩心油相 T_2 谱。密闭取心岩心能很好地反映原始地层实际状况，岩心内油相分布能很好地代表原始地层原油赋存状态，利用转换系数 C，将每块岩心油相 T_2 谱转换为油相分布（图 1.29）。15 块岩心原油最小赋存孔隙半径介于 0.73~7.35nm 之间，平均值为 3.56nm，原油最大赋存孔隙半径介于 363~8587nm 之间，平均值为 3195nm，原油平均赋存孔隙半径介于 50~316nm 之间（图 1.30），平均值为 166nm，原油主流赋存孔隙半径介于 97~535nm 之间，平均值为 288nm。储层微米级孔隙含量较少，其赋存的原油量也较少，15 块岩心微米级孔隙赋存原油百分数介于 0~11.59% 之间，平均值为 3.82%，亚微米级孔隙赋存原油百分数介于 12.85%~42.14% 之间，平均值为 28.58%，纳米级孔隙赋存原油百分数介于 7.02%~30.70% 之间，平均值为 18.78%。

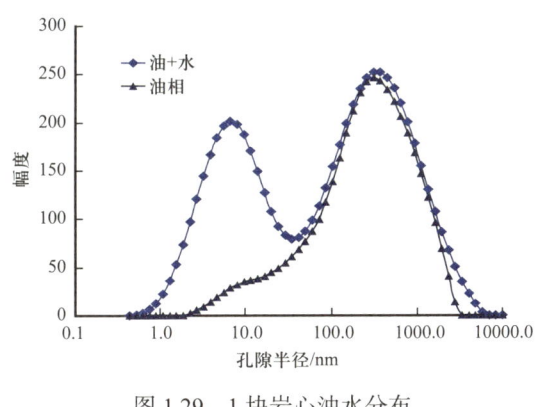

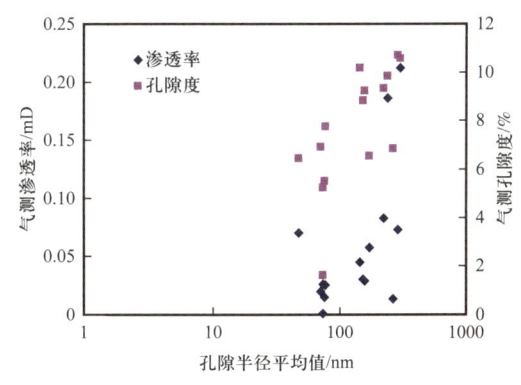

图 1.29　1 块岩心油水分布

图 1.30　15 块岩心孔隙度、渗透率与孔隙半径比较

第二节　特低渗透—致密油藏储层特征

超低渗透油藏储层微观孔隙结构复杂多样，从纳米级到微米级都有分布，裂缝发育改善了储层渗流能力，但同时增加了储层的非均质性。准确认识储层微观孔喉结构特征，是实现该类油藏有效开发的基础。

目前超低渗透油藏岩石孔隙结构研究手段主要有恒速压汞、高压压汞、低温吸附、核磁共振（NMR）、高速离心和高精度 CT 等，每种方法都有各自的优点和不足（表 1.3）。利用这些实验手段，可对储层岩心微裂缝、微米级孔/缝、孔喉连通性等进行可视化研

究，并对岩心不同尺度孔喉所占比例、孔喉发育特征、黏土类型及含量等进行定量研究。笔者以我国典型超低渗透油藏岩心为对象，开展了微观孔隙结构特征研究。

表1.3 超低渗透油藏岩心微观孔隙结构研究方法

方法	测试范围	优点	不足
核磁共振+离心	≥50nm	岩心伤害小，可进行重复性对比实验	高速离心只能测试50nm以上孔喉，间接测试孔隙空间，不能进行可视化分析
恒速压汞	≥100nm	能区分孔道和喉道	只能测试亚微米级以上孔喉，进汞饱和度低
高压压汞	1.8nm~100μm	进汞压力高，测试范围大	易形成微裂隙，测试微小孔隙误差大
低温氮吸附	0.35~50nm	能准确测定纳米级孔隙体积	测试范围小
CT	≥400nm	裂缝和孔隙的可视化分析	样品要求高，代表性有局限，测试范围小

一、超低渗透油藏孔喉特征

本节对超低渗透油藏定义采用长庆油田标准，即低渗透油藏是渗透率介于10~50mD的油藏；特低渗透油藏是渗透率介于1~10mD的油藏；超低渗透油藏是渗透率小于1mD的油藏。超低渗透油藏又分为Ⅰ类油藏（0.5~1mD）、Ⅱ类油藏（0.3~0.5mD）和Ⅲ类油藏（小于0.3mD）。

1. 不同渗透率储层孔喉特征

对不同渗透率储层岩心孔隙发育特征（图1.31）进行对比表明：特低渗透储层孔隙较发育且连通较好；超低渗透Ⅰ类、Ⅱ类储层孔隙较发育，孔隙连通程度与渗透率呈正相关关系；超低渗透Ⅲ类储层粒间孔发育少或不发育，渗透率越低，储层粒间孔连通性越差，胶结物间微孔隙或晶间孔发育，这类孔隙尺寸小且连通性差，虽有一定储集空间，但其内的流体很难动用。

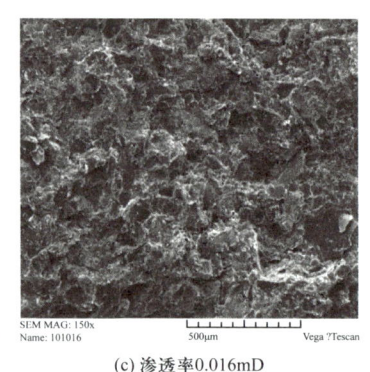

(a) 渗透率1.55mD　　(b) 渗透率0.32mD　　(c) 渗透率0.016mD

图1.31 不同渗透率岩心孔隙发育扫描电镜图片

依据李道品（2003）的喉道划分方案（半径大于4μm的喉道为粗喉道，2~4μm的喉道为中喉道，1~2μm的喉道为细喉道，0.5~1μm的喉道为微细喉道，0.025~0.5μm的喉道为微喉道，小于 0.025μm 的喉道为吸附喉道），对比了不同渗透率储层喉道分布特征（图 1.32）。特低渗透储层喉道分布范围宽，半径 2μm 以上的中—粗喉道占一定比例；随着渗透率降低，喉道分布范围逐渐变窄，较大喉道逐渐减小，小喉道逐渐增多，T_2 图谱随渗透率的减小而向左偏移；超低渗透Ⅰ类、Ⅱ类储层含少量半径在 1μm 以上的喉道，半径在 0.5～1μm 的微细喉道占比较高；超低渗透Ⅲ类储层以半径在 1μm 以下喉道为主，喉道以微喉道和吸附喉道为主，且分布范围窄。

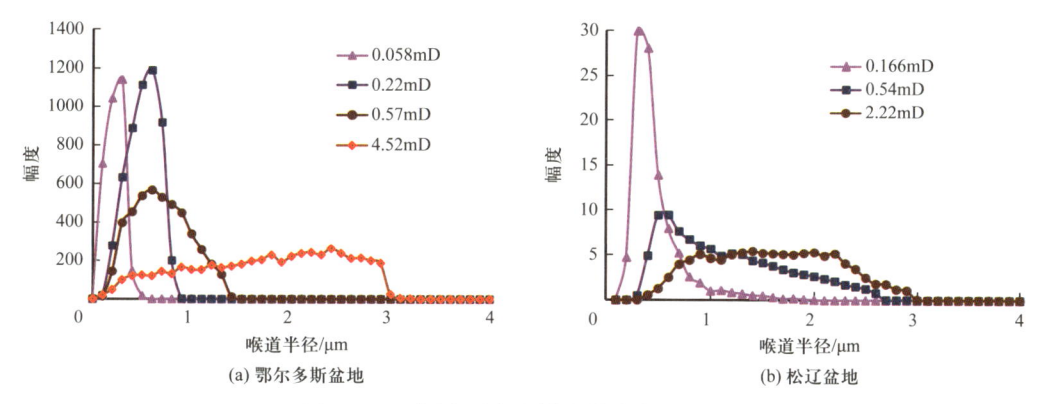

图 1.32 不同渗透率岩样喉道分布图谱对比

高压压汞与常规压汞原理基本相同，其最大进汞压力可达到 350MPa，对应最小喉道约 2nm，基本可以覆盖岩石主要喉道。通过毛细管压力曲线，一方面可分析储层孔隙结构类型、分选性等，另一方面还可定量表征岩石喉道半径、喉道分选性及均质性、岩石储集性及渗透性、岩石流体可动用性、孔隙喉道弯曲迂回程度等大量储层特征。本书利用高压压汞技术，定量对比了不同渗透率储层微米级、亚微米级和纳米级的喉道比例（表 1.4）。特低渗透储层微米级喉道比例约为 30%，微米级喉道是主要的渗流通道。超低渗透Ⅰ类、Ⅱ类储层微米级喉道含量较少，主要以亚微米级喉道比例为主（约 60%），亚微米级喉道是主要的渗流通道。超低渗透Ⅲ类储层喉道整体较小，亚微米级、纳米级喉道居主流地位（纳米级喉道比例大于 50%），且物性越差，微米级、亚微米级喉道比例越低，纳米级喉道比例越高。

表 1.4 不同渗透率储层喉道分布对比

油区	储层类型	纳米喉道 $r \leq 0.1\mu m$	亚微米喉道 $0.1 < r \leq 1\mu m$	微米喉道 $r > 1\mu m$	最大喉道/μm	主流喉道半径/μm
鄂尔多斯	特低渗透	28.78	41.12	30.10	5.60	1.65
	超低渗透Ⅰ类、Ⅱ类	40.47	58.32	1.21	1.09	0.47
	超低渗透Ⅲ类	62.22	37.55	0.23	0.41	0.20

表 1.5 给出鄂尔多斯超低渗透储层按渗透率统计的 15 块岩心高压压汞实验结果。15 块岩样最大进汞饱和度大部分超过 80%，平均进汞饱和度为 92.18%，岩心主要喉道与

孔隙都在测试范围内。从表 1.5 可以看出：0.1~0.3mD 岩心排驱压力平均为 0.79MPa，0.03~0.1mD 岩心为 1.39MPa，0.01~0.03mD 岩心为 2.87MPa。三个渗透率岩心主流喉道半径平均值分别为 0.44μm、0.18μm 和 0.14μm，渗透率越大，主流喉道半径越大。不同渗透率岩心的最大进汞饱和度没有太大差异，在 90% 左右，表明渗透率大于 0.01mD 时，高压压汞实验均能够达到较高的进汞饱和度，能够测量出极微细的孔隙半径分布。

表 1.5　鄂尔多斯超低渗透储层高压压汞实验结果（按渗透率）统计表

渗透率/mD	孔隙度/%	渗透率/mD	排驱压力/MPa	最大孔喉半径/μm	主流喉道半径/μm	分选系数	最大进汞饱和度/%	退汞效率/%
0.1~0.3	8.97	0.182	0.79	0.95	0.44	1.88	92.31	18.66
0.03~0.1	8.46	0.062	1.39	0.63	0.18	1.46	91.19	18.44
0.01~0.03	7.09	0.022	2.87	0.38	0.14	1.30	90.32	19.43

表 1.6 给出松辽盆地超低渗透储层按渗透率统计的岩心高压压汞实验结果。从表 1.6 中可看出：0.5~1mD、0.1~0.5mD 和小于 0.1mD 储层的最大喉道和平均喉道整体上均较小，三个储层最大喉道半径分别为 1.57μm、1.32μm、0.48μm，平均喉道半径分别为 0.40μm、0.28μm、0.14μm，渗透率小于 0.1mD 的储层明显低于其他两个储层，开发难度大。分选系数表征喉道大小的均匀程度，该值越小，喉道大小越均匀，分选性越好。由表 1.4 可知，分选系数和渗透率有一定正相关关系，说明渗透率越高，非均质性越强。渗透率级别高的储层，大孔喉孔隙空间增加，导致岩石非均质性增强，分选性变差。

表 1.6　松辽超低渗透储层高压压汞实验结果（按渗透率）统计表

渗透率区间/mD	平均喉道半径/μm	最大喉道半径/μm	分选系数	均质系数
1.0~0.5	0.40	1.57	2.73	0.26
0.5~0.1	0.28	1.32	2.44	0.21
小于 0.1	0.14	0.48	2.02	0.29

2. 不同油区储层喉道特征

图 1.33 对比了主要超低渗透油区喉道发育特征，结合表 1.7：（1）对于同一区块，主流喉道半径、平均喉道半径与渗透率在半对数坐标中具有较好的线性正相关关系，主流喉道半径、平均喉道半径随渗透率的增加而增加，表明喉道是控制渗流的主要因素；（2）不同油区不同渗透率所对应的主流喉道半径和平均喉道半径是不同的，在相同的渗透率下，长庆油区岩心所对应的主流喉道半径和平均喉道半径要高于大庆外围岩心所对应的主流喉道半径和平均喉道半径，吉林油区岩心所对应的主流喉道半径和平均喉道半径介于大庆外围和长庆油区之间；（3）特低渗透储层主流喉道半径和平均喉道半径一般均高于 1μm，超低渗透储层主流喉道半径和平均喉道半径一般均低于 1μm。

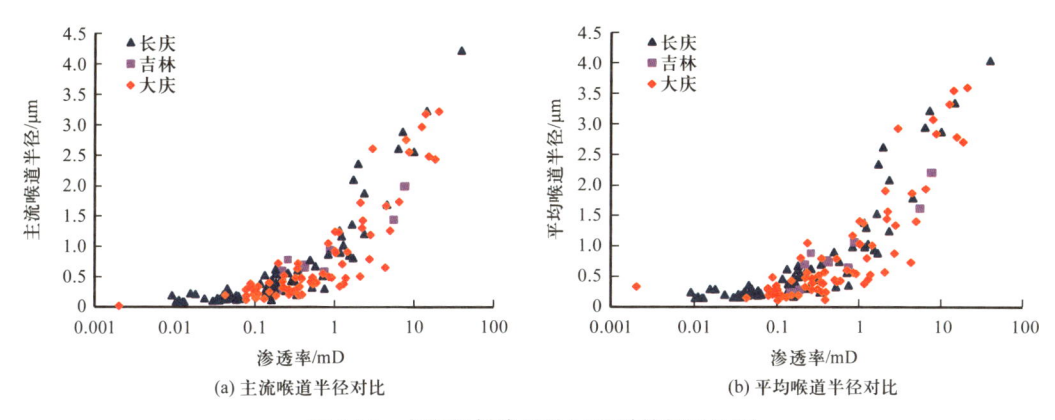

图 1.33 主要超低渗透油区喉道特征对比图

表 1.7 主要超低渗透油区喉道特征对比

长庆			大庆			吉林		
渗透率/mD	主流喉道半径/μm	平均喉道半径/μm	渗透率/mD	主流喉道半径/μm	平均喉道半径/μm	渗透率/mD	主流喉道半径/μm	平均喉道半径/μm
小于0.3	0.28	0.31	小于1	0.37	0.42	小于0.4	0.47	0.54
0.3~0.5	0.47	0.49	1~2	0.80	0.90	0.4~1	0.73	0.81
0.5~1	0.54	0.60	2~5	1.32	1.47	1.0~4	1.44	1.62
1~10	1.64	1.81	5~10	2.67	2.98	4~10	1.99	2.12

恒速压汞技术不仅能够获得岩样的总毛细管压力曲线，还能够将喉道和孔隙分开，分别获得喉道和孔隙的毛细管压力曲线。通过恒速压汞检测，不仅能够得到常规压汞的一些检测结果如阈压喉道半径、中值喉道半径等，还能够分别获得喉道半径分布、孔隙半径分布、孔隙—喉道半径比分布等重要的微观孔隙结构特征参数，从而对岩石孔隙与喉道之间的配套发育程度进行分析。

将鄂尔多斯超低渗透油藏不同渗透率岩心孔喉配套发育特征进行比较：（1）喉道发育程度高低与渗透率之间具有较好的相关性，岩心渗透率较大时，有效喉道半径加权平均值、阈压喉道半径及单位体积岩样有效喉道体积均较大，有效喉道个数较多，因此岩心喉道发育程度较高，反之亦然；（2）特低渗透岩心有效喉道半径加权平均值、阈压喉道半径均明显大于其他三个级别超低渗透岩心，有效喉道个数也明显最多，因此特低渗透岩心的喉道发育程度要明显高于超低渗透岩心；（3）渗透率小于0.3mD的超低渗透Ⅲ类岩心，其有效喉道半径加权平均值、阈压喉道半径均明显小于其他三个级别岩心，有效喉道个数也明显最少，因此超低渗透Ⅲ类储层岩心的喉道发育程度在四个不同级别岩心中明显最低。

将鄂尔多斯和松辽盆地超低渗透油藏岩心孔喉配套发育特征进行比较（表 1.8）：渗透率相当条件下，松辽盆地储层平均喉道半径比鄂尔多斯盆地储层小。以渗透率为 0.3~0.5mD 储层为例，松辽盆地超低渗透油藏岩心最大喉道半径为 0.90μm、有效喉道半

径平均值为0.44μm；而鄂尔多斯盆地超低渗透油藏岩心最大喉道半径为1.03μm、有效喉道半径平均值为0.57μm。

表1.8 鄂尔多斯和松盆地储层孔喉配套发育（按渗透率统计）

区块	渗透率/mD	进汞饱和度/%	最大喉道半径/μm	平均喉道半径/μm	孔喉半径比	孔喉个数/（个/cm³）
鄂尔多斯砂岩	大于1	51.37	2.67	1.24	155	3195
	0.5~1	60.60	1.30	0.66	261	2331
	0.3~0.5	61.34	1.03	0.57	325	2130
	小于0.3	39.03	0.47	0.31	654	1435
松辽盆地砂岩	大于1	—	2.33	1.27	—	—
	0.5~1	—	1.40	0.57	—	—
	0.3~0.5	—	0.90	0.44	—	—
	小于0.3	—	0.35	0.20	—	—

松辽盆地和鄂尔多斯盆地超低渗透储层岩心喉道半径分布对比见图1.34。同等渗透率级别下，鄂尔多斯盆地超低渗透储层较大孔喉分布更集中、峰值更高，更有利于流体流动，从此角度而言，鄂尔多斯盆地超低渗透油藏喉道发育好于松辽盆地。与石灰岩相比，超低渗透砂岩孔喉分布图谱峰值更集中，分布跨度小，均质性更好（图1.35）。

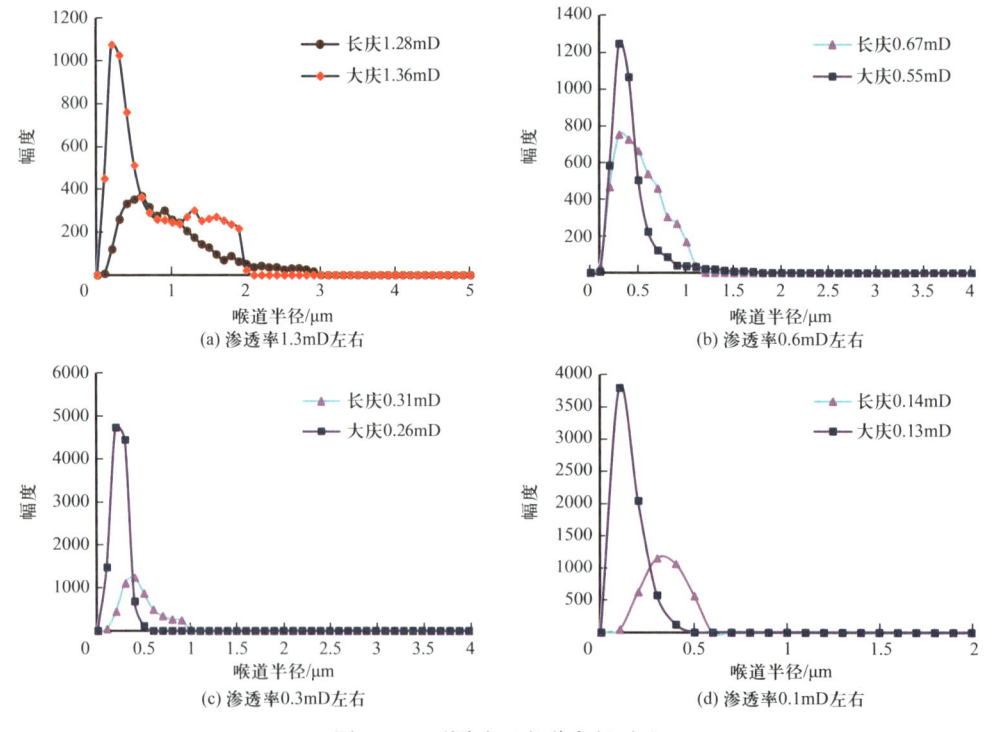

图1.34 不同油区喉道半径对比

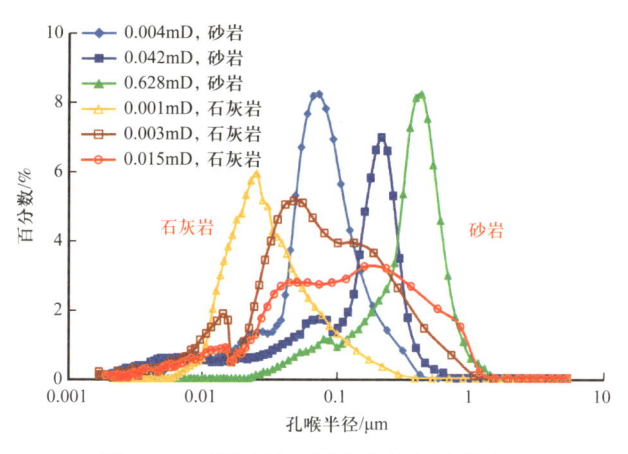

图 1.35 不同岩性岩样喉道分布图谱对比

对比了不同岩性的岩心受不同喉道控制的孔隙比例特征（图 1.36），不同渗透率岩心，纳米级喉道（小于 0.1μm）所控制的流体体积随渗透率减小而急剧增加，渗透率在 0.1mD 以下、小于 0.1μm 喉道控制了整个孔隙体积的 50%以上。随渗透率的降低，砂岩岩心微米级喉道比例逐渐减少，纳米级喉道比例逐渐增加，而石灰岩岩心在渗透率降低到某一数值后，亚微米级喉道比例急剧减少，纳米级喉道比例急剧增加。

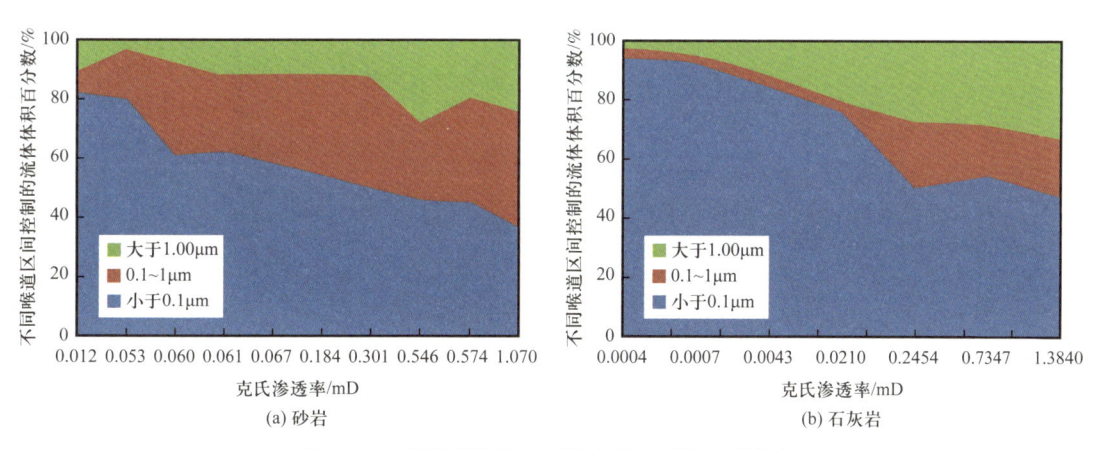

(a) 砂岩　　　　　　　　　　　　(b) 石灰岩

图 1.36 不同岩性岩心不同喉道控制的孔隙份额

3. 不同油区超低渗透储层微孔喉发育特征

低温气体吸附实验技术是适合检测纳米级孔隙的特色技术，可有效获得岩石纳米级孔喉所占比例、孔径分布等特征参数，其所测岩石孔径最大值约为 50~200nm。利用低温吸附技术，对超低渗透储层微孔隙发育特征进行研究。

吸附等温线形态反映了吸附质与吸附剂作用方式，是对吸附现象及固体的表面与孔隙进行研究的基本数据，是比表面积与孔径分布等孔隙结构特征参数的计算基础。在进行吸附—脱附实验过程中，因孔隙形态差异，脱附线往往不能与吸附曲线重合，有迟滞环形成，迟滞环的形状是孔隙形态的外在反映。典型超低渗透岩心具有代表性的等温吸附曲线

如图 1.37 和图 1.38 所示。从图中可见，不同地区岩石孔隙特征具有共性，但又有较大差别，主要表现以下几个方面：不同地区的超低渗透油砂岩等温吸附曲线主要是两型曲线的组合，孔隙形态均以平行板状孔为主，鄂尔多斯和松辽盆地超低渗透率孔隙形态较为单一，墨水瓶形孔形态不明显（图 1.37 和图 1.38）。

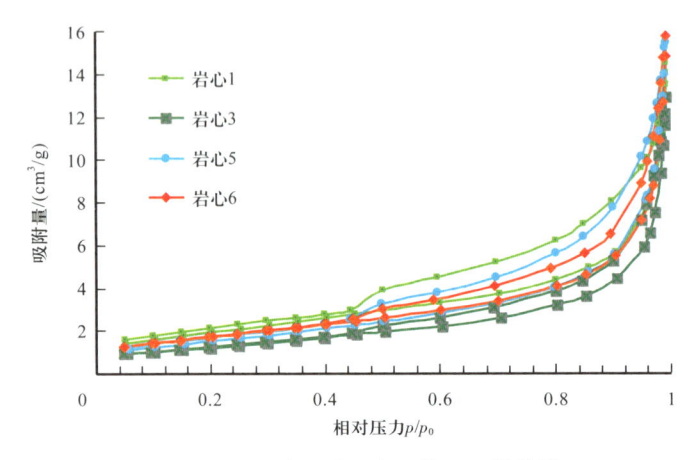

图 1.37　松辽盆地油区岩心等温吸附曲线

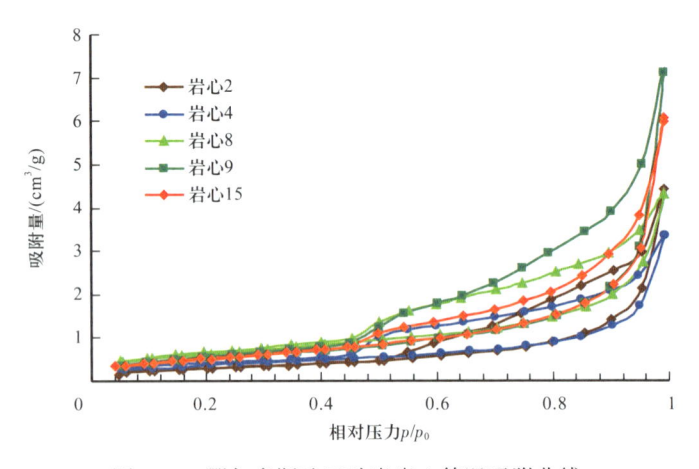

图 1.38　鄂尔多斯油区砂岩岩心等温吸附曲线

吸附量的多少直接表征了孔隙发育程度，等温吸附曲线的斜率变化规律可用于表征不同尺寸孔隙占全部孔隙的比例。从图 1.38 中可知，松辽盆地超低渗透储层的等温吸附曲线斜率变化缓慢且无突变，可知不同尺寸孔隙发育较为均匀，孔径分布图也得到类似结果（图 1.39），且整个目标区块的孔隙形态和孔隙发育程度差异性较少，表明目标区块的均质性较好；鄂尔多斯盆地超低渗透岩心之间的孔隙发育差异较大，孔隙空间最发育样品的孔隙度是最不发育样品的孔隙度的 2 倍，但不同岩心之间不同尺寸孔隙比例较为一致（图 1.40）。对比两地区可见，松辽盆地超低渗透储层的微介孔隙高于鄂尔多斯盆地储层。

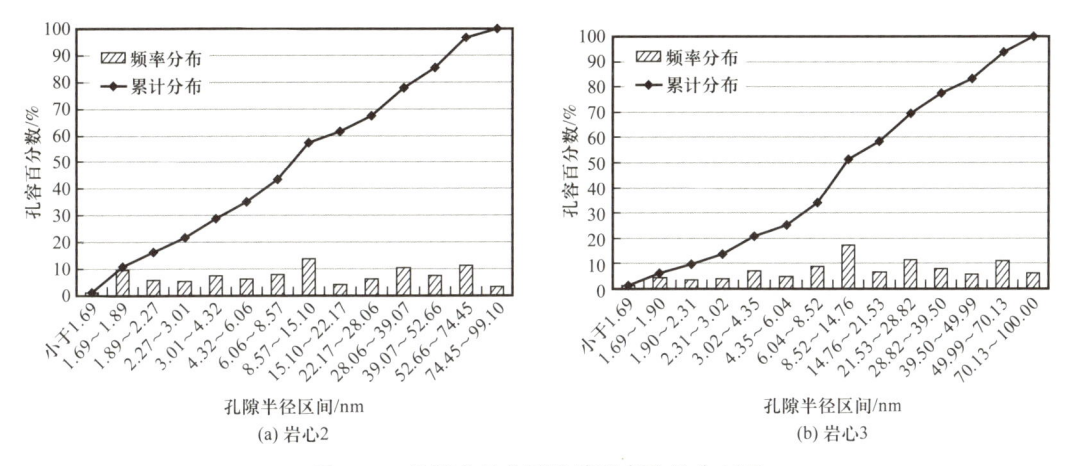

图1.39　松辽盆地典型孔隙形态孔径分布图

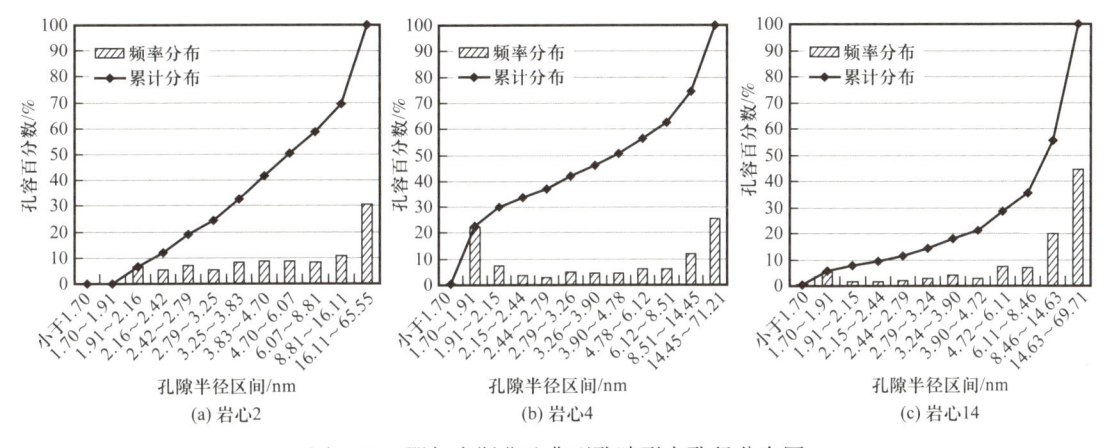

图1.40　鄂尔多斯盆地典型孔隙形态孔径分布图

利用低温吸附分析结果，可以给出储层岩心比表面（对应于所有孔隙）、孔容（半径0.35～100nm孔隙的体积）、平均孔隙半径（0.35～100nm的孔隙半径平均值）、孔隙率（0.35～100nm的孔隙半径占岩心总体积的百分比）和孔隙百分数（半径0.35～100nm孔隙占岩心总孔隙的百分比）等参数，来对岩样的纳米级孔隙特征进行定量分析。当孔容和平均孔隙半径较大，比表面、孔隙率和孔隙百分数较小时，岩样的纳米级孔隙含量就较少，纳米孔隙发育程度较低，反之，纳米级孔隙发育程度较高。

超低渗透储层微孔隙（此处微孔隙指低温吸附实验测试获得的200nm以下孔隙）所占比例较大，储层微孔隙百分数与渗透率及孔隙度之间都有较好相关性（图1.41和图1.42），储层孔隙度和渗透率越小、物性越差，微孔隙所占比例越大；鄂尔多斯（长庆）和松辽盆地（大庆）超低渗透储层微孔隙百分数大多介于20%～50%之间，鄂尔多斯盆地岩心渗透率分布范围较宽，微孔隙百分数分布范围也较宽，表明其储层非均质性较强。微孔隙内流体流动能力相对较差，微孔隙的大量存在降低了储层整体的渗流能力。

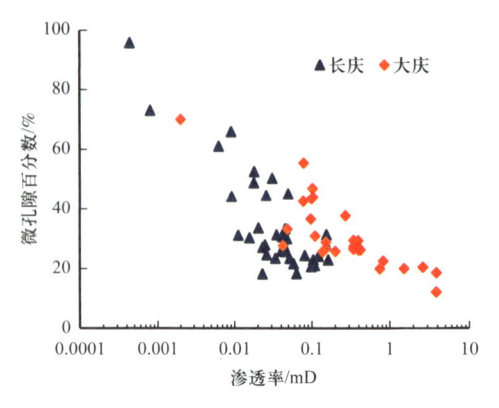

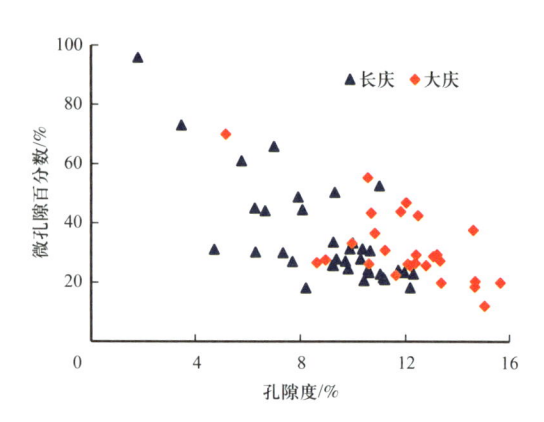

图1.41 微孔隙百分数与气测渗透率关系图　　图1.42 微孔隙百分数与孔隙度关系图

对鄂尔多斯36块超低渗透储层岩心、松辽盆地15块超低渗透储层岩心，按地区岩性进行纳米级孔隙含量分析统计，结果见表1.9。从表1.9中可以看出：在这两个区块储层中，松辽盆地储层岩心比表面积大于鄂尔多斯储层岩心。若储层孔隙度相当，微孔隙越多，则比表面积越大。孔容指单位质量下半径0.35～100nm孔隙的体积，松辽盆地储层的孔容大于鄂尔多斯储层，其平均孔隙半径小于鄂尔多斯储层。孔隙率指半径0.35～100nm孔隙占储层岩石总体积的百分比。松辽盆地和鄂尔多斯盆地超低渗透储层纳米级孔隙的孔隙率较高，纳米级孔隙的孔隙度分别为2.82%和2.96%，纳米级孔隙占总孔隙的比例分别为35.15%和24.02%。

表1.9 低温吸附实验（按地区统计结果）

地区岩性	岩心数	孔隙度/%	渗透率/mD	低温吸附实验结果				
				比表面积/(m²/g)	孔容/(mm³/g)	平均孔隙半径/nm	孔隙率/%	孔隙百分数/%
鄂尔多斯砂岩	36	8.94	0.050	3.00	11.63	17.21	2.82	35.15
松辽盆地砂岩	15	12.61	1.04	3.25	12.78	13.62	2.96	24.02

将鄂尔多斯超低渗透储层低温吸附结果分别按渗透率进行统计，结果见表1.10。从表1.10中可以看出：鄂尔多斯超低渗透储层纳米孔隙发育程度与渗透率之间具有较好的相关性，渗透率较大时，平均孔隙半径较大，而比表面积、孔容和孔隙率均较小，储层纳米级孔隙发育程度较低；渗透率较小时，平均孔隙半径较小，而比表面积、孔容和孔隙率均较大，储层纳米级孔隙发育程度较高。

二、储层黏土矿物类型及含量分析

鄂尔多斯超低渗透岩心X射线衍射实验全岩定量分析结果、黏土相对含量和黏土绝对含量按渗透率区间的分类统计表见表1.11、表1.12和表1.13。从中可以看出：（1）目标超低渗透储层岩石矿物中石英含量最高（分布范围为30%～70%，平均值为48%），斜长石含量次之（分布范围为10%~31%，平均值为21%），再次为黏土含量（黏土总量分布范围为11%~24%，平均值为17%），其余矿物如钾长石、方解石、白云石及普通辉石等的含量都很低（平均值均小于7%）；（2）黏土矿物以伊/蒙混层、绿泥石和伊利石为主，三种黏土矿物相对含量的平均值分别为36.31%、32.19%和31.00%，绝对含量的平均值分别为6.01%、5.51%和5.05%，而高岭石含量很低（相对含量平均值仅为0.50%，绝对含量平均值仅为0.086%）。超低渗透Ⅰ类、Ⅱ类、Ⅲ类储层岩心内的岩石矿物组分相差不大，黏土总量也相差不大，但小于0.1mD区间岩心内的伊/蒙混层及伊利石相对含量要略高于大于渗透率0.1mD区间岩心，绿泥石相对含量则略低于大于渗透率0.1mD区间岩心。总而言之，鄂尔多斯超低渗透油藏黏土含量较高，黏土矿物总量占岩石矿物组成的16%~20%，且储层渗透率越低，水敏矿物如伊利石和伊/蒙混层含量越高，其对储层水相渗透率影响越大。

表1.10 鄂尔多斯36块岩心低温吸附结果按渗透率统计

渗透率/mD	个数	孔隙度/%	渗透率/mD	低温吸附实验结果平均值				
				比表面积/(m^2/g)	孔容/(mm^3/g)	平均孔隙半径/nm	孔隙率/%	孔隙百分数/%
0.1~1.0	6	11.14	0.13	2.94	11.70	16.46	2.77	24.99
0.03~0.1	15	9.88	0.051	2.87	11.46	18.40	2.75	28.71
0.02~0.03	10	8.23	0.020	2.89	11.58	17.04	2.83	33.83
小于0.01	5	4.93	0.0051	3.71	12.14	14.87	3.08	69.35

表1.11 鄂尔多斯X射线衍射32块岩心全岩定量分析结果按渗透率统计表

渗透率/mD	岩心个数	黏土总量	石英	钾长石	斜长石	方解石	白云石	普通辉石
大于1	4	16	46	10	24	1	3	1
0.3~1	3	17	48	9	23	2	1	0
0.1~0.3	11	18	44	6	24	1	1	1
小于0.1	14	16	52	5	18	2	8	1

表1.12 鄂尔多斯X射线衍射32块岩心黏土矿物相对含量按渗透率统计表

渗透率/mD	岩心个数	高岭石	绿泥石	伊利石	伊/蒙混层	间层比
大于1	4	2	38	25	35	21
0.3~1	3	0	38	30	32	22
0.1~0.3	11	1	36	29	35	21
小于0.1	14	0	27	35	39	18

表 1.13　鄂尔多斯 X 射线衍射 32 块岩心黏土矿物绝对含量按渗透率统计表

渗透率/mD	岩心个数	高岭石	绿泥石	伊利石	伊/蒙混层	间层比
大于 1	4	0.37	6.19	3.92	5.52	21.25
0.3～1	3	0	6.17	5.26	5.57	21.67
0.1～0.3	11	0.11	6.54	5.14	6.48	20.91
小于 0.1	14	0	4.37	5.25	5.88	18.21

鄂尔多斯盆地特低渗透岩心，通常以绿泥石为主要胶结物，分布粒表居多，常见包覆粒表呈薄膜状，粒间伊/蒙混层、伊利石次之（图 1.43）。超低渗透Ⅰ类、Ⅱ类储层岩心，通常以粒间粒表绿泥石、伊/蒙混层和伊利石为主要胶结物（图 1.43）。超低渗透Ⅲ类油藏多数岩心以粒间伊/蒙混层和伊利石为主要胶结物，少数岩心以绿泥石为主要胶结物（图 1.43）。

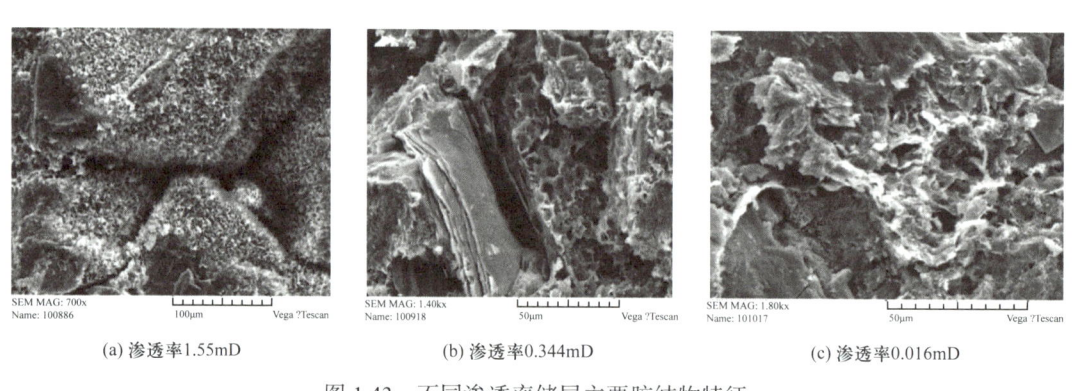

(a) 渗透率 1.55mD　　(b) 渗透率 0.344mD　　(c) 渗透率 0.016mD

图 1.43　不同渗透率储层主要胶结物特征

特低渗透岩心次生作用相对较弱，见少量石英加大、少量长石淋滤（图 1.44）。随着岩心渗透率降低，次生作用增强，超低渗透岩心次生作用相对较强，常见石英加大，部分呈加大式胶结，见少量长石淋滤（图 1.44）。次生矿物的发育减小了储层储集空间和渗流通道。

(a) 渗透率 1.32mD　　(b) 渗透率 0.150mD　　(c) 渗透率 0.041mD

图 1.44　不同渗透率储层次生作用特征

三、储层微裂缝和"微米级孔缝"发育特征

X-CT 图像亮度反映岩石密度,图像越亮表示岩石越致密,图像越暗表示岩石越疏松。由于含裂缝的岩石密度与不含裂缝的岩石密度通常有较大差别,因此利用 X-CT 图像能够直观地对岩石内部裂缝、微裂缝的发育特征进行可视化分析,超低渗透储层有一定量的微裂缝发育(图 1.45),微裂缝大幅改善了储层渗流通道,同时增加了储层非均质性。

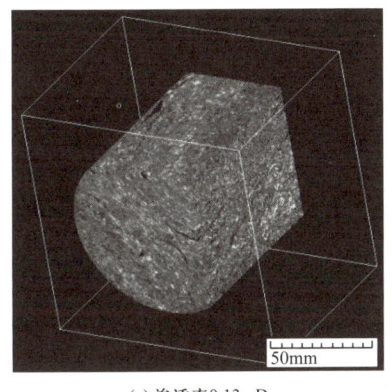

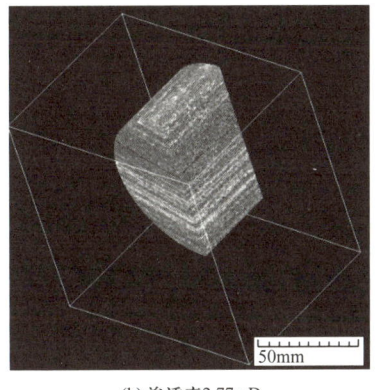

(a) 渗透率0.13mD   (b) 渗透率2.77mD

图 1.45　鄂尔多斯盆地 2 块岩心微裂缝发育特征(微焦点 CT)

本研究分别开展不同渗透率岩心纳米级 CT 研究,对岩心孔隙结构进行三维可视化分析(图 1.46),对岩心内裂缝、孔隙和喉道进行定量提取,定量分析裂缝、孔隙和喉道的特征(表 1.14),对岩石的孔喉形态、孔喉之间的连通性及储层非均质性进行统计和分析(图 1.47)。从图 1.46 中可看出,超低渗透岩心微米级孔隙比例远低于特低渗透储层,孔隙尺寸较小,连通性较差。表 1.14 给出 3 块岩心纳米级 CT 微观孔隙结构特征参数,从表 1.14 可看出,渗透率大于 1mD 的特低渗透储层岩心平均喉道半径和喉道体积分别为 1.36μm 和 2.89×10^{6}μm^3,远远高于渗透率 1mD 以下的超低渗透储层岩心,渗透率 0.15mD 岩心平均喉道半径和喉道体积分别为 0.78μm 和 0.25×10^{6}μm^3;渗透率 0.82mD 岩心平均喉道半径和喉道体积分别为 0.71μm 和 1.34×10^{6}μm^3。从图 1.47 可看出,特低渗透储层岩心局部发育连通性较好的大喉道,有利于流体流动;超低渗透储层岩心喉道尺寸较小,连通性较差,不利于流体流动。

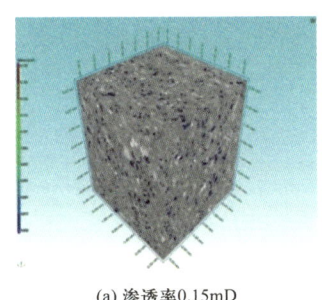

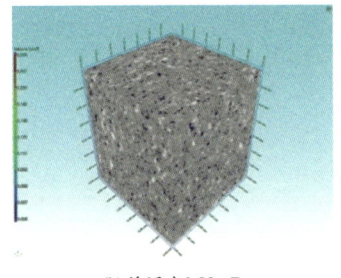

(a) 渗透率0.15mD   (b) 渗透率0.82mD   (c) 渗透率7.2mD

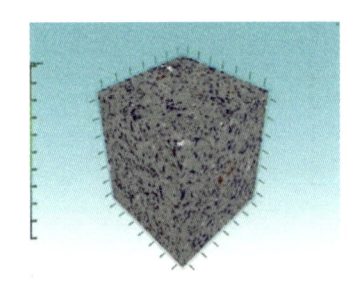

图 1.46　3 块岩心纳米级 CT 扫描

表 1.14　3 块岩心纳米级 CT 微观孔隙结构特征参数分析结果

序号	渗透率 / mD	气测孔隙度 / %	CT 孔隙率 / %	喉道个数 / 10^4	平均喉道半径 / μm	平均喉道长度 / μm	喉道总体积 / $10^6 μm^3$
1	0.15	10.5	3.77	0.121	0.78	12.96	0.25
2	0.82	10.38	2.59	0.241	0.71	11.35	1.34
3	7.2	13.8	8.64	0.247	1.36	16.21	2.89

(a) 渗透率 0.15mD　　(b) 渗透率 0.82mD　　(c) 渗透率 7.2mD

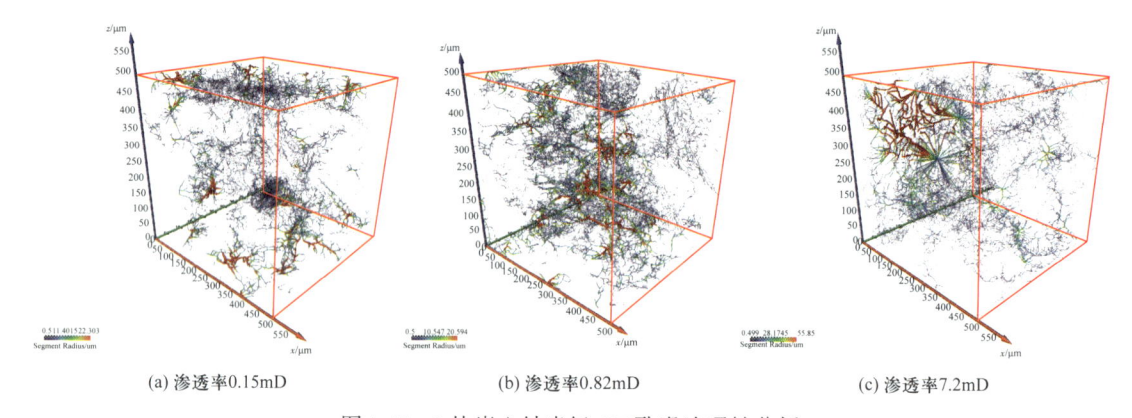

图 1.47　3 块岩心纳米级 CT 孔喉连通性分析

第二章 特低渗透—致密油藏开发物理模拟实验研究

第一节 特低渗透—致密油藏开发物理模拟实验系统

一、核磁共振在线测试系统

超低渗透率岩心在线核磁测试系统是进行研究的核心设备，首先介绍在线核磁设备各部分的组成与功能，以及针对致密岩心测试的特殊设计。

为实现能够对致密岩心内部流体进行探测这一目标，特别考虑岩心内非均质性强、孔喉狭窄、内部磁场梯度高，以及需要在高温高压驱替过程中检测核磁等难点，依托苏州纽迈分析仪器股份有限公司设计制造了致密岩心高温高压核磁共振在线分析系统（图2.1）。整个系统分为注入单元、检测单元（核磁共振谱仪）、核磁专用高温高压探头、高压循环加热单元、出口辅助单元等部分。

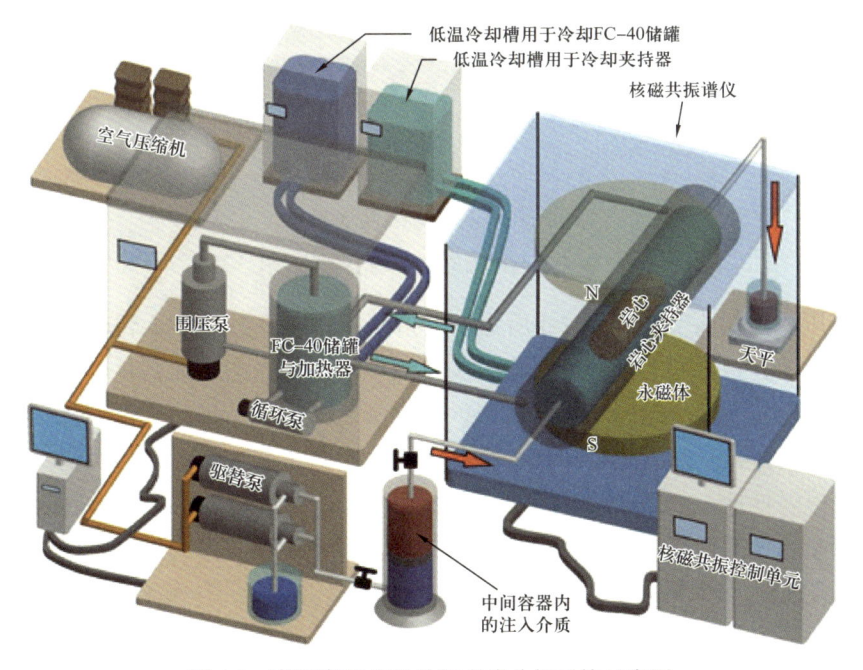

图2.1 高温高压核磁共振在线分析系统示意图

高温高压在线探头由高强度玻璃纤维岩心夹持器（非金属材料）、高灵敏度绝热探头（射频接收线圈）和内部冷却循环结构三部分集合组合而成，所以实现核磁共振在线检测。岩心夹持器结构示意图如图2.2（a）所示。夹持器外径60mm，以减少对最短回波的影响。夹持器能容纳直径1in、长10cm的岩心。为防止引入核磁信号，使用全氟胶套。夹持器内部采用同心圆环设计，岩心处于胶套包裹的最内层，围压液体注入处于管壁和岩心之间的围压腔，实现围压和温度的施加；热交换效率高、稳定度高。夹持器管壁的玻璃纤维材料背景信号弱且强度高，能够承压40MPa、耐温达到80℃。夹持器上的高灵敏度绝热探头，最短回波时间低至0.1ms，能够检测到更多纳米级孔隙中流体的信号，对致密储层分析至关重要。高温高压在线探头内部冷却循环结构如图2.2（b）所示，该探头使用恒温循环冷却槽（图2.3）循环氟化液冷却探头内部的电器元件，确保各元件温度恒定，能够隔离高温夹持器散发出的热量，确保采集信号稳定、可靠。

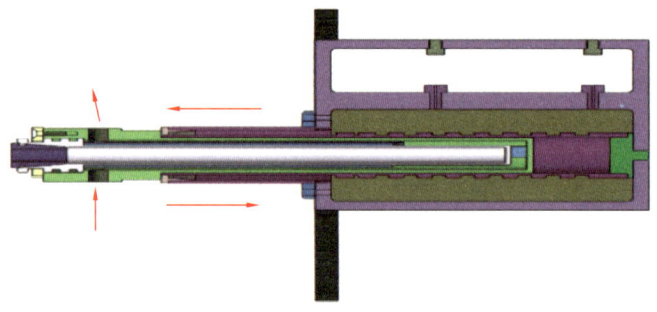

(a) 岩心夹持器结构（单位：mm）

(b) 恒温探头内部冷却循环结构示意图

图2.2 在线核磁探头结构示意图

高温高压在线探头实物如图2.4所示。夹持器采用多环腔设计，岩心位于中间，利用全氟胶套或热缩管将岩心与围压液隔离，围压液即实现围压的施加，且可以传递热量；夹持器材料选用低质子信号的玻璃纤维材料，可以降低对测试结果的干扰，又能实现高的耐压。为了防止夹持器受热后热量传递给检测探头，影响检测探头的信号稳定，创新性地对探头进行了恒温处理，确保各元件在恒定温度下工作，得到稳定、可靠的数据输出。

在线核磁系统的检测单元主要部件是自屏蔽大口径核磁共振成像分析仪，实现岩心中流体/气体的检测，能够做各种弛豫时间测试（T_1、T_2），分层T_2实验及MRI成像实验等。分析仪由大口径自屏蔽永磁体、控制柜、成像梯度单元、水冷大梯度单元、室温探头等硬件组成，采用专用的岩心分析软件和成像软件控制各部分协调工作。

图 2.3　低温循环氟化液冷槽

(a) 岩心夹持器内部

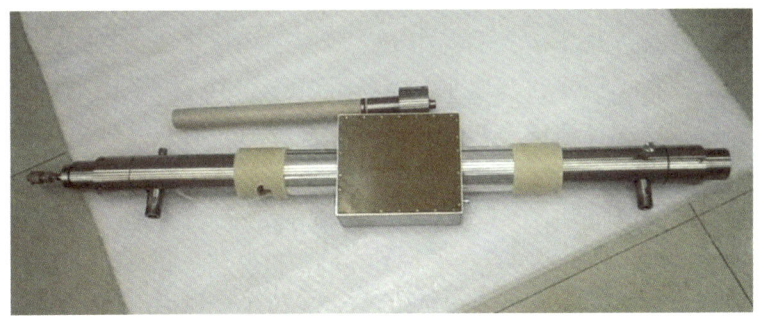

(b) 岩心夹持器外部

图 2.4　在线核磁探头实物图

质子在外加磁场中能够发生能级裂分，为后续射频激励创造条件，因而磁体部分是核磁共振设备的必备硬件。大口径自屏蔽永磁体如图 2.5 所示，大口径自屏蔽永磁体整体由大口径稀土永磁体、磁体箱、有源匀场线圈、磁体控温单元等构成。为提高设备的检测灵敏度，适用于致密岩心内部流体的检测，选择磁体主磁场为（0.3±0.05）T，质子共振频率 12MHz 左右。与传统的 2MHz 录井设备相比，可以提高约 10 倍的灵敏度，能够大幅度缩短实验时间，使得在线分析成为可能。磁体箱内置双层温度控制系统，非线性精准恒温控制，确保磁体温度稳定在 32℃，不受环境温度变化的影响。匀场技术分为有源匀场和无源匀场，其中有源匀场是指通过适当调整匀场线圈阵列中各线圈的电流强度，使周围的局部磁场发生变化来调节主磁场以提高磁场整体均匀性的过程。有源匀场设计方案基于分析法，通过通电导线产生的磁场分析来设计导线的位置参数，达到匀场的目的。

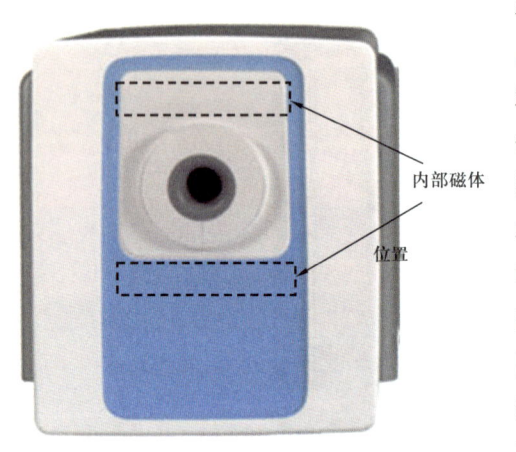

图 2.5　大口径自屏蔽永磁体外观图

致密岩心高温高压在线核磁共振检测系统使用主动匀场线圈，确保检测区域的磁场均匀度达到 50ppm，以提高设备的分辨率，均匀区空间大，有利于添加各种附件，灵活性高且扩展性强。匀场线圈均放置在永磁体的两极上，由两块极板组成，极板上有一阶匀场线圈。仪器采用 X、Y、Z 三阶匀场线圈的设计，设计的线圈产生的磁场需要有良好的线性度，线性度越好，则匀场效果越好。通过以上设计有效地保证了 MRI 成像的精度。

如图 2.6（a）所示，控制柜如图由射频单元（射频单元柜、前置放大器、射频功率放大器）、谱仪单元（时钟控制器、脉冲序列发生器、直接数字频率合成器、数模转换器、模数转换器）、温度控制系统、工业控制计算机等组成。为了能够采集到致密多孔介质孔隙中流体的信号，选用射频功率放大器的输出峰值为 300W，脉冲频率范围为 2～30MHz，频率控制精度 0.1Hz，脉冲精度 100ns，最大采样带宽为 2000kHz。全数字模数转换的采样速率为 50MHz，相位控制精度为 0.1°，时序分辨率为 20ns。成像梯度单元如图 2.6（b）所示，由梯度线圈、梯度功率放大器等组成。梯度磁场位于成像区域内，具备 X、Y、Z 三个独立梯度功放，根据需要动态地在主磁场附加一个 X、Y、Z 正交的三维空间线性变化的梯度磁场，使被检测体在中不同位置的质子具有不同的共振频率，实现成像的层面选择、相位编码和频率编码，为 MRI 设备提高线性度符合要求、可快速开关的梯度磁场。图像线性度大于 90%，层面内物理分辨率可以达到 0.5mm，能够用于观测致密岩心内部裂缝，以及对致密岩心的驱替和渗吸过程进行直观的定性分析。

高压循环加热单元是在线核磁的重要组成部分 [图 2.7（a）]，可控制流体注入精度，控制和读取岩心的温度与压力，能实现地层环境的模拟。该单元一是要实现氟油的加热（高温），二是能够高压传输到夹持器的围压腔中（高压）。此外通过电脑控制，该压力需要能够自动地跟踪注入压力，实现围压跟踪功能。如图 2.7（b）所示，高压循环加热单元由循环加热系统、围压跟踪泵、温度与压力传感器和控制部分构成。对循环加热部分进行了改进，使用氟化液循环，相比氟油循环更迅速，温度更稳定，可为致密岩心进行高温实验提供保障。

(a) 核磁共振仪控制柜　　　　　　　　(b) 梯度功率放大器柜

图 2.6　核磁共振控制柜与梯度柜实物图

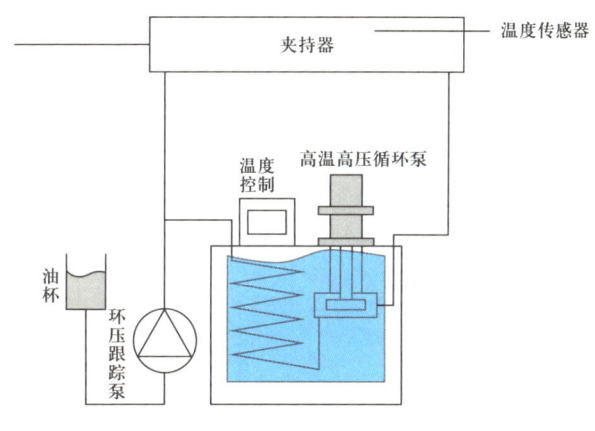

(a) 高压循环加热单元实物图　　　　　　(b) 高压循环加热单元示意图

图 2.7　高压循环加热单元

在线核磁系统的注入单元由高精度恒压恒速泵、中间容器、管路和出口辅助单元等组成。其中高精度恒压恒速泵如图 2.8（a）所示，采用美国进口 Quizix Q5000 双缸高压驱替泵。中间容器如图 2.8（b）所示，分为 3 个独立的容器，容积 500mL，采用 316 不锈钢制造，通过管路连接，管路经过高温高压循环加热单元预热，可以提前对注入流体进行加热。出口辅助单元由高精度天平和回压系统组成，天平用于对流出的液体进行称量；回压系统能够对岩心出口施加压力，实现对岩心地层环境的模拟。

在线核磁设备的管路设计如图 2.9 所示，用管路连接压力容器与夹持器的入口端和出口端。使得加压时能够实现前后两端共同加压，保障加压过程岩心前后压力稳定，有效避免了因夹持器首尾端压差过大而损坏岩心或胶皮套。

整合后的高温高压核磁共振在线分析设备如图 2.10 所示。该设备能够在岩心物理模拟实验中有效地获取 T_2 谱、MRI 图像、分层 T_2 谱等多项核磁数据，有力地支撑岩心物理模拟实验研究。

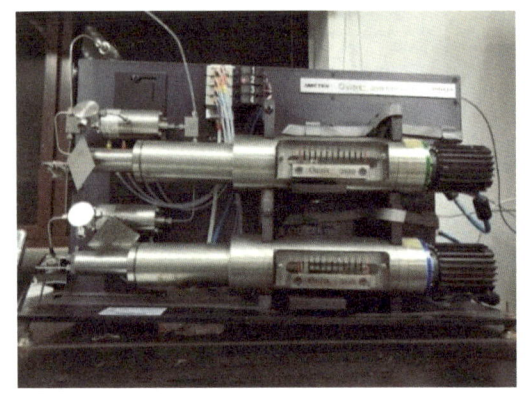

(a) 高精度恒压恒速泵　　　　　　　(b) 注入介质中间容器

图 2.8　注入单元实物图

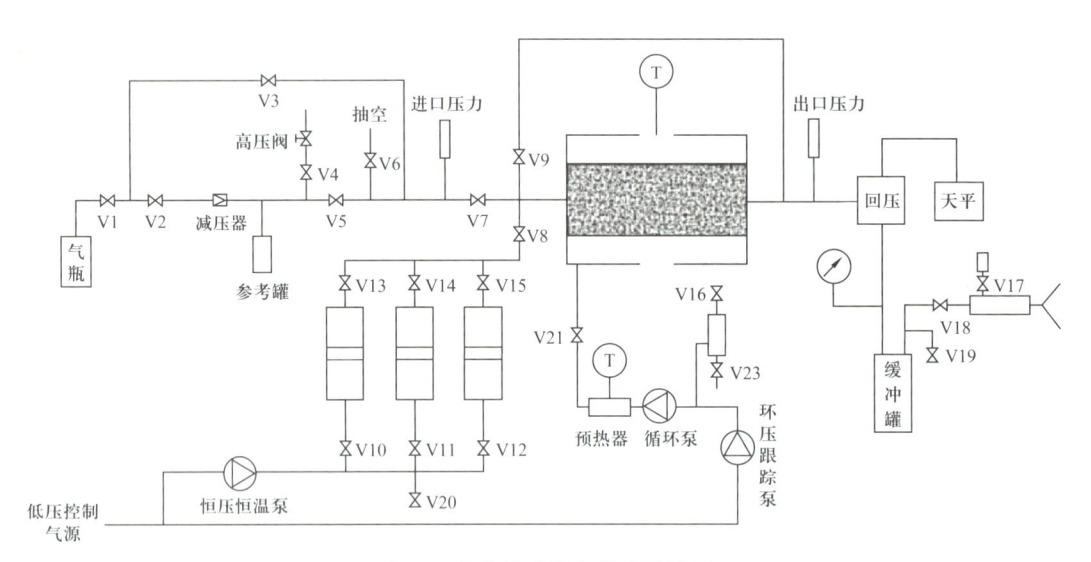

图 2.9　在线核磁设备管路设计图

图 2.10　高温高压核磁共振在线分析设备

综上所述，该设备的核心为核磁专用高温高压探头可实现耐压达到40MPa，耐温达到80℃，最短回波时间缩短至0.1ms，能够检测纳米级孔隙中流体的信号；改进循环加热单元和加压管路以模拟地层高温高压条件；形成了岩心分层T_2谱及MRI成像技术，可精确地观测实验过程中参数的变化。将低场核磁共振测试技术与岩心高温高压驱替物理模拟实验技术相结合，可实现混合润湿性、原位黏度等关键参数动态测试和不同注入介质在线模拟。

二、高压大模型物理模拟实验系统

高压大模型物理模拟实验系统是依托国家科技重大专项大型油气田及煤层气开发项目（2017ZX05013-001）所研制的一套物理模拟实验装置（图2.11）。由于特低渗透油藏储层物性差、渗流能力弱，注水难以建立有效的驱动压力体系，导致单井产量递减较快和油田采收程度较低、开发效益差。因此，建立有效驱动压力体系是特低渗透油藏实现有效开发的关键。但是根据小岩心渗流实验测定的启动压力梯度数值来判断特低渗透油藏井网是否建立有效驱动存在很大的局限性。大型露头物理模拟系统采用露头模型，分析不同因素对特低渗透油藏有效驱动的影响，从而形成特低渗透油藏有效驱动的物理模拟评价方法；针对特低渗透油藏中—高含水阶段、水驱状况及剩余油分布复杂的形式，形成了井组开采物理模拟技术，模拟再现油田现场的生产过程，为油田井网调整提供了建议。

图2.11 高压大模型物理模拟实验系统

随着超低渗透—致密油藏的开发，水平井网体积压裂、不同注入介质补充能量等方式成为主要模式。此时，大型物理模拟实验系统显然不能满足研究的需要，且其测试效率低也成为系统规模应用的一大阻碍。结合超低渗透油藏开发生产实践，对"十二五"初研制的高压大模型物理模拟实验系统进行升级改造，升级后的实验系统测试效率大幅提高，在实验技术上实现了超低渗透储层多井型（分段压裂水平井、直井），多介质（水、CO_2、活

性水等），多种开采方式（驱替、吞吐）的物理模拟（表2.1），该系统的升级为研究超低渗透油藏不同注入介质开采机理研究起到了至关重要的作用。

表2.1 高压大模型物理模拟实验系统升级前后技术参数对比

项目		升级前	升级后
设备和操作指标升级	驱替功能	单泵驱替实验	三泵驱替实验
	电阻率检测功能和速度	300kΩ以下，2~5s/点	无限制，1s/点
	温度控制	人工（半自动）	自动
	最快压力检测速度	3s/次	0.5s/次
	数据显示功能及控制功能	单屏显示，控制台操作	三屏显示，控制台、操作台切换操作
	模型安装周期	1.5d	0.3d
配套技术升级		平板模型制作技术、抽真空饱和水技术、油驱水饱和油技术、电阻率—油饱和度计算及标定技术	水平井模拟及制作技术、裂缝加工技术、微裂缝模拟技术和含气原油饱和技术
实验技术升级		单相高压驱替实验和直井井组水驱模拟实验	考虑压裂直井井组水驱模拟实验、分段压裂水平井注水开发及CO_2吞吐模拟技术、水平井（直井）注水吞吐实验技术和平面模型自发渗吸实验技术

第二节 特低渗透—致密油藏有效动用开采机理

一、基于小岩心的不同注入介质驱替和吞吐采油机理

基于核磁共振在线分析技术，对超低渗透—致密岩心进行注水吞吐、不同注入介质驱替物理模拟实验。通过对实验过程中不同阶段测量T_2谱、分层T_2谱并进行MRI成像，研究不同开采方式对致密油开采效果及物性的影响，进一步明确采油机理。

1. 注水吞吐开采机理的在线核磁共振研究

由于超低渗透—致密油岩心内部流体含量极低，常规的夹持器岩心吞吐实验结果存在较大的测量误差，在吞吐过程中无法及时获得岩心内部不同孔隙中流体的分布情况。如果将岩心从岩心夹持器中取出进行核磁共振测试，那么围压和温度的变化及流体蒸发都会导致较大的测量误差。核磁共振在线分析技术可以有效地解决上述问题，使测量数据更接近实际情况。

1）注水吞吐在线核磁实验过程

本实验主要研究吞吐过程中不同轮次、不同时间下各个级别孔隙中流体的动用情况，以获取核磁 T_2 谱为主，结合 MRI 成像作为辅助。依旧使用在线核磁共振实验仪器。岩心在 3 个吞吐轮次中始终无须取出，精确测定吞吐过程及后续驱替过程的含油饱和度及残余油饱和度。实验岩心参数见表 2.2。实验共选取 4 块岩心，分为两组。模拟地层水的盐水浓度为 80g/L，为了屏蔽核磁共振信号，选择氘水作为注水吞吐的注入介质，煤油作为实验用油。在 25℃时，煤油的黏度为 1.67mPa·s，密度为 0.8g/cm³。实验所用流体装入带活塞的中间容器中。实验设备主要使用 PC-1.2WB 离心机、MacroMR12 在线核磁共振设备及 Quizix Q5000 驱替泵。

表 2.2 实验岩心参数表

岩心编号	长度 /cm	直径 /cm	渗透率 /mD	孔隙度 /%	驱替方式
A	5.39	2.49	0.57	17.19	水驱
B	5.35	2.40	0.58	17.52	注水吞吐后水驱
C	5.46	2.49	1.78	17.10	水驱
D	5.37	2.50	1.85	17.20	注水吞吐后水驱

实验步骤如下：将选取的 4 块岩心进行标号（A、B、C、D）、洗油、烘干，之后称取干重，测量直径、长度、空气渗透率、孔隙度等基础参数。将岩心进行抽真空饱和模拟地层水，完成后用核磁共振仪记录岩心饱和水状态的核磁 T_2 谱和 MRI 冠状面图像。用氘水饱和岩心来消除核磁信号，以除去水相的核磁信号。用煤油饱和岩心，完成后用核磁共振仪记录岩心饱和原油状态下的核磁 T_2 谱和 MRI 图像。为了防止核磁信号的引入，利用氘水进行注入实验。A 岩心和 C 岩心进行水驱试验，注入压力为 10MPa，注入量为 10PV。注水完毕后，利用在线核磁共振仪记录岩心的核磁共振 T_2 数据和 MRI 图像。B 岩心和 D 岩心用于注水吞吐实验，在注水压力为 10MPa 的条件下进行吞吐轮次。在每个轮次中，闷井时间为 12h，开井时间为 2h。完成后接着进行驱替实验，驱替压力设定为 10MPa，驱替体积为 20PV。利用在线核磁共振仪记录各周期及水驱后岩心的核磁共振 T_2 数据和 MRI 图像。最后利用 T_2 数据计算孔隙体积、流体饱和度、采出程度和剩余油分布，用 MRI 图像定性地分析。

2）岩心初始状态分析

基于核磁数据，实验岩心的孔隙分布、初始含油饱和度及可动流体百分数如图 2.12 所示。实验所用致密油岩心的孔径主要小于 2μm。原油 77.8% 以上赋存于亚微米孔隙和微米孔隙中；纳米孔隙并没有饱和进足量的油，其主要原因应当是驱替饱和油过程中。不同岩心中的可动流体饱和度之间只有很小的差异，可见渗透率与可动流体饱和度之间几乎没有关系。可动流体主要存在于半径大于 0.2μm 的孔隙中。

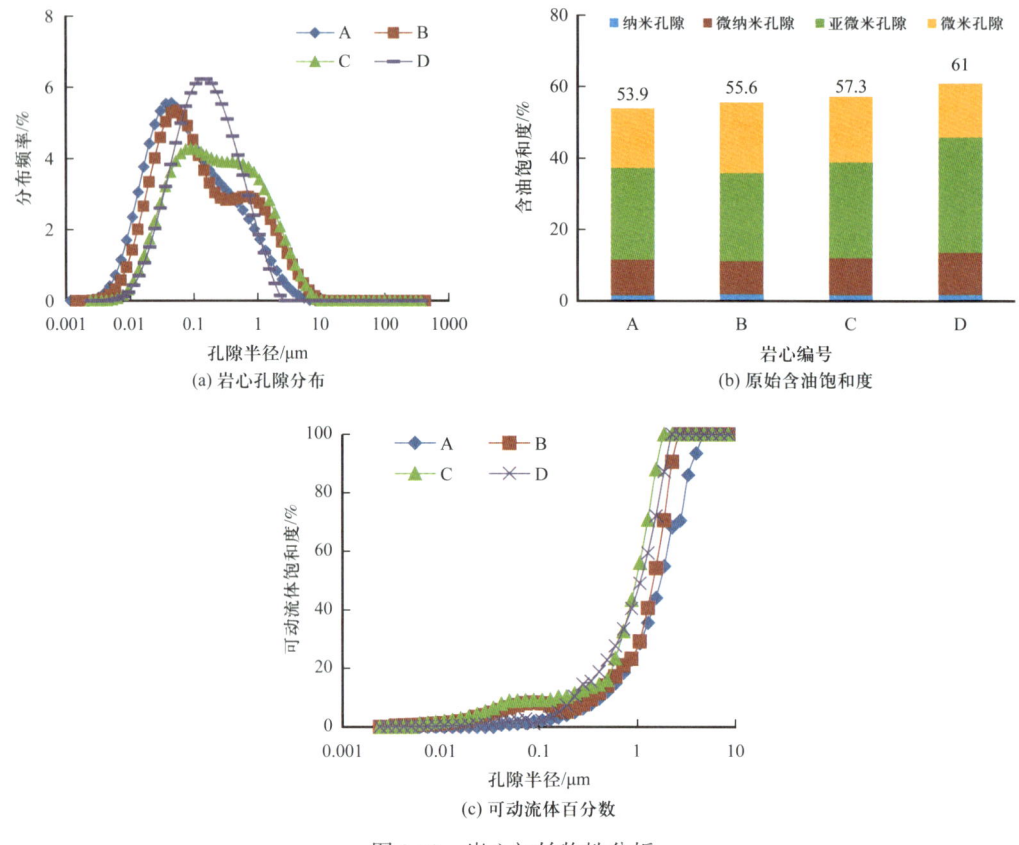

图 2.12 岩心初始物性分析

3）注水吞吐开采过程与采油机理分析

根据在线核磁数据，计算各块岩心在开采过程中的原油采出程度与残余油饱和度变化（图 2.13 和图 2.14）。对比两组中不同方式的采出程度可以看出，对于致密油岩心仅依靠注水吞吐并不比注水驱替采出程度高，在注水吞吐过后再进行驱替又采出了总量可观的煤油。这是因为虽然岩心中的油在注水吞吐过程中通过渗吸置换进入了大孔隙，但并没有足够的压差将油采出，后续的注水驱替正好将大孔隙中的油驱出，进而有效地提升了采出程度。从不同轮次上来看，两块岩心第一轮次采出程度分别占总采出程度的 41.4% 和 40.6%，第二轮次采出程度占总采出程度的 24.4% 和 16.6%，第三轮次采出程度分别占总采出程度的 4.1% 和 5.3%，驱替阶段采出程度占总采出程度为 30.1% 和 37.4%。可以看出前两个吞吐轮次对采出程度有明显的贡献，尤其是第一个吞吐轮次极大地提升了采出程度。第三个吞吐轮次贡献较少，这说明，前两个吞吐轮次已经将岩心中能动用的油通过渗吸置换作用进入大孔隙。从不同孔隙的采出程度上来看，整体上注水吞吐提升了各个孔隙级别的采出程度，特别是微纳米孔隙和纳米孔隙的采出程度明显高于常规注水，原因是在闷井过程中发生了渗吸置换作用，岩心中大部分孔隙是亲水的，水进入小孔隙后沿壁面进入，将小孔隙中的油置换到了更大的孔隙中。对比两组中不同方式的残余油饱和度可以看出，仅依靠注水吞吐残余油比常规注水驱替要高，但整体上看注水吞吐后驱替的残余油饱和度明显要低于常规注水吞吐。

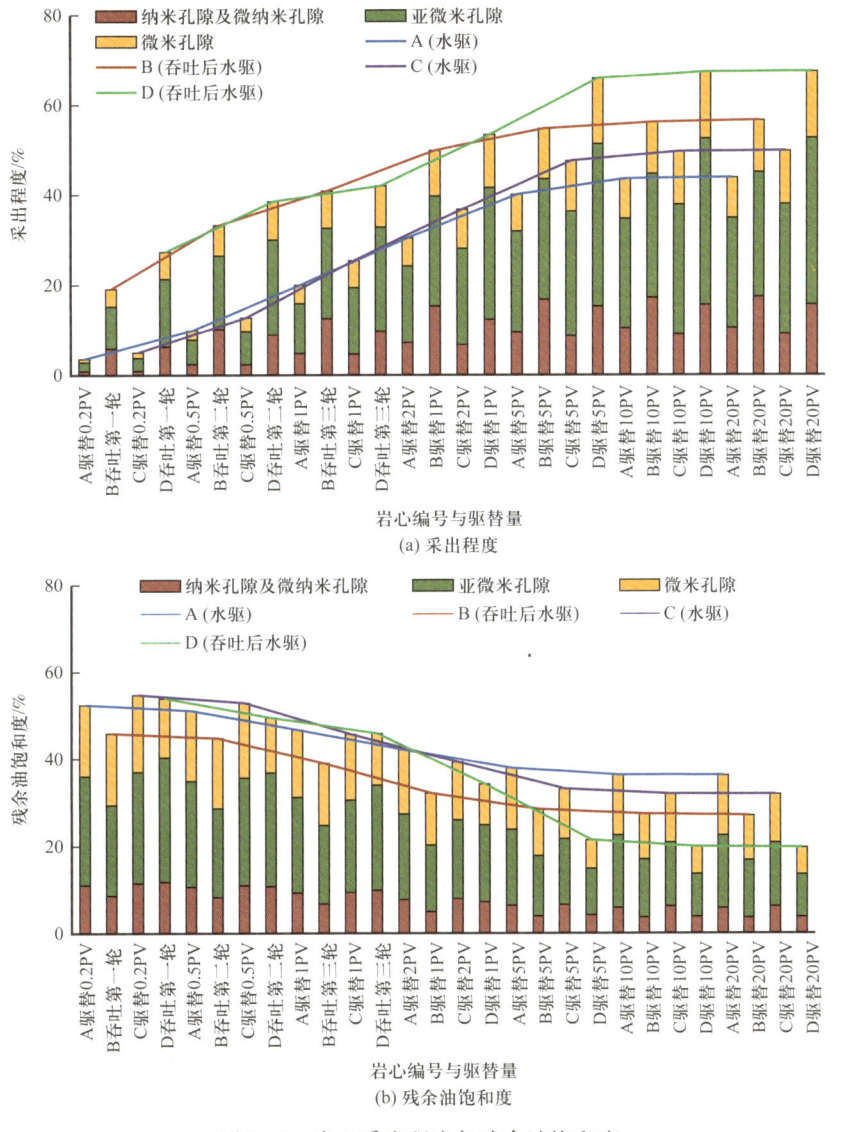

图 2.13 岩心采出程度与残余油饱和度

亚微米孔隙里面的原油贡献了 49%~58% 的采出油。闷井过程可以促进渗吸作用，将小孔隙中的原油渗吸置换到裂缝聚并形成油带，从而可以动用更多的原油，注水吞吐后驱替比常规驱替的残余油饱和度低 25%~38%。注水吞吐在第一周期能够有效动用微纳米孔隙和纳米孔隙中的油，渗透率越低，闷井对小孔隙油的动用效果越好，并且渗吸采油的占比越大，因而渗透率越低注水吞吐对于采出程度的提升效果越明显。第三个吞吐轮次对于致密油藏的开发效果不明显，原因是经过前两个轮次的吞吐，残余油基本难以通过闷井进行动用。因而对于致密油藏采用注水吞吐 2 个轮次后再驱替最为合适，能够有效地提高采出程度。

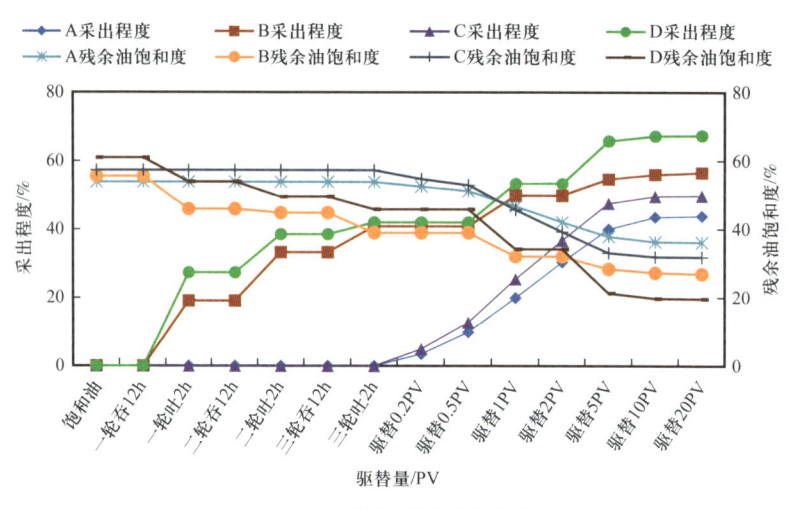

图 2.14 岩心开采过程分析

MRI 图像能够直观地看出开发过程中岩心内部含油的变化。由于实验岩心中只有煤油有核磁信号，因而成像越亮说明岩心中含油越多。图 2.15 展示了岩心 A 和岩心 B 在实验过程不同阶段的 MRI 图像，成像方向是冠状面。可以看到与初始饱和油状态相比，岩心 B 剩余油明显比岩心 A 更少，表明吞吐后再驱替的采油效果更好。在注水吞吐岩心的出口端存在末端效应，在图像末端显示出高亮度区域，表明出口端聚集了更多的油。产生这种现象的原因是由于油相到达出口端面后突然失去了毛细管孔道的连续性而导致的毛细管端点效应。当进入驱替阶段，提高流速后毛细管压力作用降低，末端效应消失。

图 2.15 岩心开采过程中的 MRI 成像

4）注水吞吐过程关键物性参数变化分析

实验过程中，岩心的边界黏度与原位黏度的变化如图 2.16 所示。可以看出吞吐过程中岩心的边界黏度在不同的轮次中有所波动，说明岩心孔隙内边界层波动较大，一方面是其厚度在改变，另一方面是边界层的油水分布波动较大。这说明吞吐过程能够有效促进孔隙内部流体的重新分布。第一轮次吞吐后原位黏度降低幅度较大，后两个轮次变化较小。说明第一轮次采出的主要是孔道中的体相原油，后两轮次动用更多的是边界层原油。对于驱替过程，各岩心的原位黏度都随驱替量的增加逐渐降低，最终平均值为 19.3mPa·s。吞吐后水驱的岩心原位黏度低于常规水驱的 4mPa·s，说明吞吐过程能够动用更多的原油，尤其是边界层原油。

岩心在实验过程中的润湿指数变化及润湿性变化如图 2.17 所示。岩心 A、岩心 B、岩心 C 初始状态是弱亲油状态，岩心 D 为亲水状态。经过实验各岩心的润湿性都逐渐偏向亲水，岩心 A、岩心 B、岩心 C 变为水湿，岩心 D 变为强水湿。第一轮吞吐过程中，岩心润湿性转向油湿，说明注入介质使得油水重新分布。后续吞吐及驱替过程中，随着原油的采出，岩心润湿性逐渐向水湿转变。

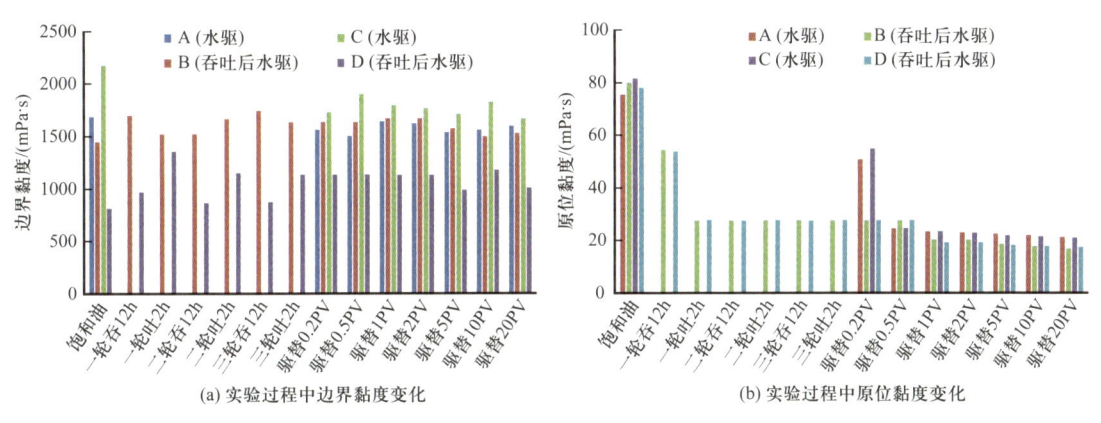

(a) 实验过程中边界黏度变化

(b) 实验过程中原位黏度变化

图 2.16　实验过程中黏度变化

(a) 岩心动态润湿指数变化

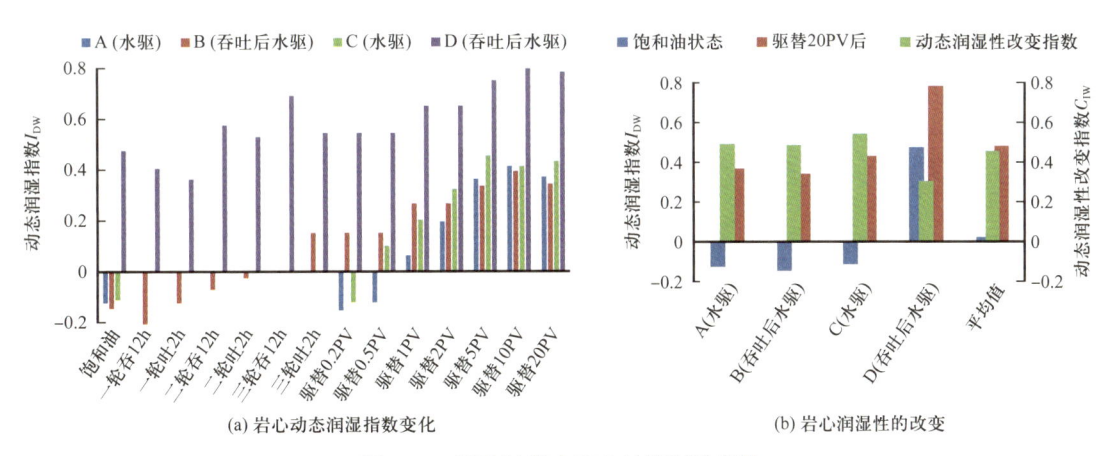

(b) 岩心润湿性的改变

图 2.17　实验过程中岩心的润湿性变化

岩心经过实验后整体的物性变化如图 2.18 所示。可以看出，吞吐后水驱与常规水驱相比，增加吞吐这个过程，对于岩心整体的物性影响较小，主要是驱替过程对于岩心内部物性的影响较大。

— 51 —

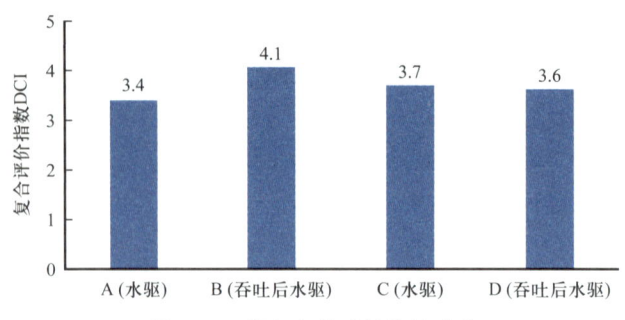

图 2.18 岩心实验后的物性改变

2. 不同注入介质驱替开采机理的在线核磁共振研究

使用模拟地层水、活性水、CO_2、N_2 这四种常见的注入介质对致密油岩心进行室内驱油实验。并利用在线核磁共振技术，在恒温恒压下测量不同驱替量下的 T_2 数据并进行 MRI 成像。计算岩心内部的孔隙结构，并对比了不同注入介质下的采出程度及残余油饱和度。并通过 MRI 成像直观地比较不同注入介质的驱油效果。

1) 不同注入介质驱替在线核磁实验过程

实验所选岩心取自鄂尔多斯盆地 C 油田 B 致密储层。粒度主要以细砂为主，粉砂岩和泥岩含量较高，粒度整体偏细，岩性偏致密。B 储层物性较差，渗透率一般小于 0.5mD，并且整体面孔率较低，孔喉半径整体较小。喉道半径主要分布在 20~100nm 之间，孔喉配位数在 1~4 之间，孔喉连通性较差，天然裂缝较发育。岩石脆性指数在 45% 左右。原始含油饱和度在 50%~70% 之间。地层原油性质较好，原油密度 0.75g/cm³，原油黏度在 2mPa·s 以下。储层无边水、底水，天然能量不足，属低压油藏。实验岩心的平均孔隙度为 14.6%，气测渗透率为 0.22~1.59mD，整体上润湿性为中性润湿。选取 16 块岩心，分为 4 组，岩心具体参数见表 2.3。

表 2.3 驱替实验岩心参数表

编号	长度/cm	直径/cm	渗透率/mD	孔隙度/%	润湿性	注入介质
A	5.25	2.49	0.229	9.27	油湿	水
B	5.16	2.48	0.196	10.25	中性润湿	活性水
C	5.19	2.50	0.237	9.63	中性润湿	CO_2
D	5.22	2.49	0.206	9.88	弱油湿	N_2
E	5.37	2.49	0.537	13.52	中性润湿	水
F	5.47	2.50	0.593	12.57	中性润湿	活性水
G	5.38	2.50	0.516	13.68	中性润湿	CO_2
H	5.40	2.44	0.521	14.71	中性润湿	N_2

续表

编号	长度/cm	直径/cm	渗透率/mD	孔隙度/%	润湿性	注入介质
I	5.20	2.48	0.933	15.99	中性润湿	水
J	5.41	2.50	0.928	15.36	中性润湿	活性水
K	5.15	2.49	0.949	16.24	中性润湿	CO_2
L	5.49	2.50	1.057	15.38	中性润湿	N_2
M	5.57	2.48	1.592	16.92	中性润湿	水
N	5.32	2.50	1.521	16.83	中性润湿	活性水
O	5.45	2.49	1.536	17.53	中性润湿	CO_2
P	5.39	2.49	1.519	16.32	中性润湿	N_2

实验原油取自岩心所在的油藏，在67℃（地层温度）时黏度为2.08mPa·s，密度为0.77g/cm³，属于轻质原油。蒸馏水配制的模拟地层水的含盐量为80g/L，同时用氘水配制含盐量为80g/L的模拟地层水。以2g/L的比例向氘水中加入石油磺酸盐TRS10制备活性水，用TX-500C界面张力仪测定不同体系的界面张力，具体见表2.4。TRS10能有效地降低油水界面张力，在地层温度下仍有效。为了保证相同的注入压力（10MPa），CO_2驱实验采用CO_2非混相驱。

表2.4 不同体系的界面张力

体系	界面张力/(mN/m)	
	25℃	67℃
模拟地层水+原油	23.39	15.71
TRS10+模拟地层水+原油	0.126	0.076

实验具体步骤如下：将选取的16块岩心进行标号、洗油、烘干，之后称取干重，测量直径、长度、空气渗透率、孔隙度等基础参数。将岩心进行抽真空饱和模拟地层水，完成后用核磁共振仪测试岩心饱和水状态的核磁T_2谱和MRI冠状面成像。之后用氘水饱和岩心用来消除核磁信号，用以除去水相的核磁信号。之后用原油饱和岩心，完成后用核磁共振仪测试岩心饱和原油状态下的核磁T_2谱和MRI成像。为了防止核磁信号的引入，利用氘水进行注入实验。对各组岩心分别进行了水驱、活性水驱、CO_2驱和N_2驱试验。驱替压力逐渐增大到10MPa，回压设定为7MPa，每块岩心的驱替量为20PV。在驱替实验中，在不同驱替量下，利用在线核磁共振仪测试岩心的核磁T_2谱和MRI成像。最后利用核磁数据分析孔隙体积、流体饱和度、采出程度、剩余油分布及物性变化等。

2）岩心初始状态分析

实验岩心的孔隙分布与含油饱和度如图2.19和图2.20所示。岩石的孔隙结构与渗透

性密切相关，岩心渗透率越低，纳米孔隙占的比例越大。当岩心渗透率为 0.2mD 时，纳米孔隙与微纳米孔隙所占的比例大于 50%。随着岩心渗透率的增加，亚微米孔隙和微米孔隙的比例逐渐增大。当岩心渗透率大于 1.5mD 时，亚微米孔隙与微米孔隙所占的比例约为 80%。渗透率为 0.2mD 的岩心的孔隙体积中，纳米孔隙和微纳米孔隙占比很大，但原油含量很少。造成这种现象的主要原因是这些孔隙的孔径小于 0.1μm，随着渗透率的降低，岩心孔隙的连通性变差，在正常的驱替压力梯度下，原油分子团难以进入。致密油藏矿物组成复杂、分布随机，岩石表面润湿性不均匀，属于混合润湿。在渗吸置换过程中存在逆向吸过程，小孔中的润湿性一般为水湿，大孔一般为油湿。由于没有足够的毛细管压力，油滴不能通过逆向渗吸进入孔道。因此，随着岩心孔隙度和渗透率的降低，原油饱和岩心的难度越来越大。实验岩心的平均含油饱和度为 58.2%，接近取心致密油储层含油饱和度（65%）。

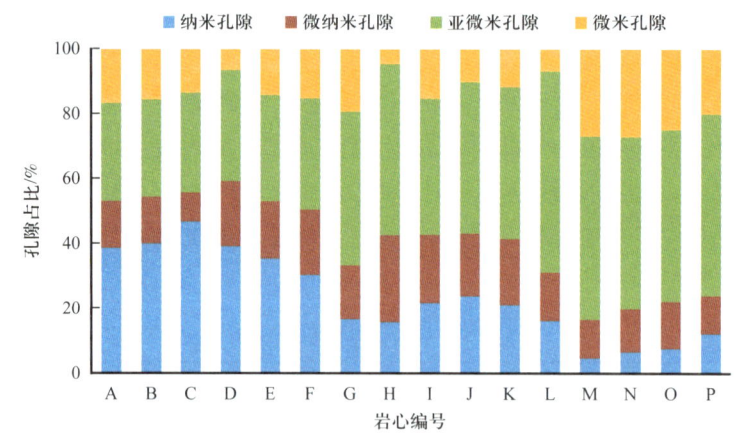

图 2.19　致密油砂岩岩心不同孔隙的体积比

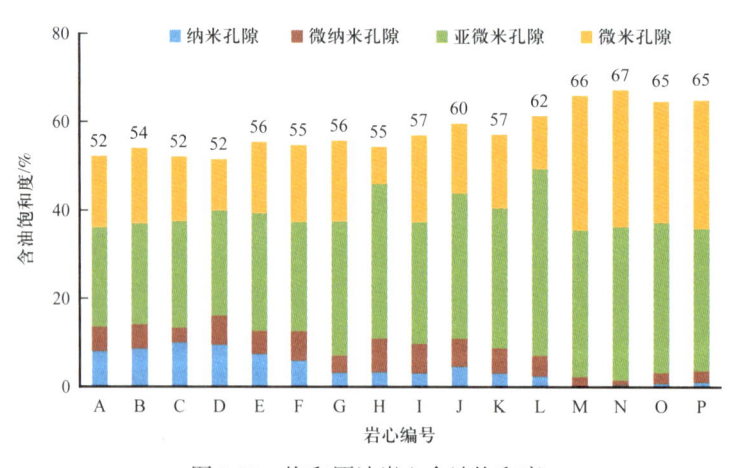

图 2.20　饱和原油岩心含油饱和度

3）驱替开采过程与采油机理分析

根据在线核磁数据，岩心在不同注入介质下开采过程分析如图 2.21 所示。驱替实验中岩心不同孔隙的采出程度、残余油饱和度如图2.22和图2.23所示。可以看出两种水驱的采出程度均随驱替量的增加在2PV左右有一个拐点，驱替量在2PV前随着驱替体积的

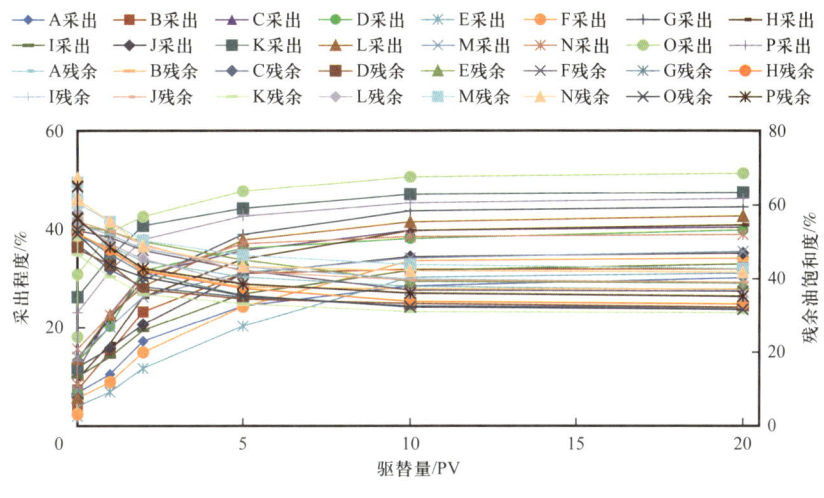

图2.21 岩心开采过程分析

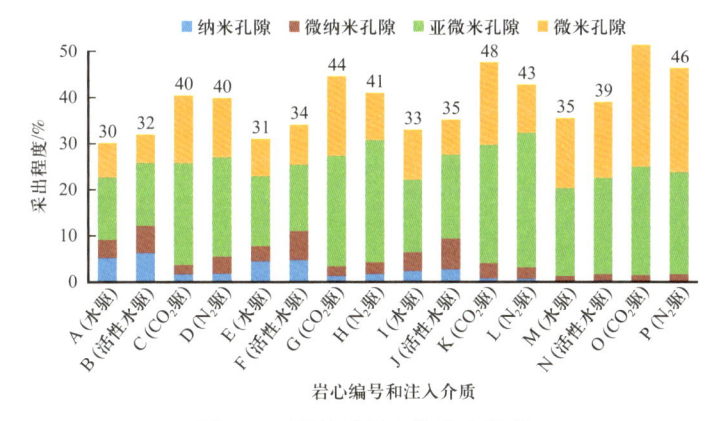

图2.22 驱替后岩心的采出程度

图2.23 驱替后岩心的残余油饱和度

增加，采出程度迅速增加，在驱替量达 2PV 后采出程度增加缓慢。这表明，当驱替量达到 2PV 左右时，注入的液体基本扩散到整个岩心能够进入的孔隙中。注活性水的驱油效果优于常规水驱，活性水在纳米孔隙和微纳米孔隙中的驱油效果比注水提高 42%，整体上活性水驱比常规水驱采出程度能够提高 10% 以上。两种注气驱替的采油效果明显优于两种注水驱替。与水驱相比，气驱采出程度在驱替量达 1PV 时明显增加，拐点出现明显提前，注入 1PV 后，采出程度提高缓慢。CO_2 驱采出程度比 N_2 驱提高 10%。气驱在微米孔隙和亚微米孔隙上的采出程度比水驱提高 60%~70%，然而在纳米孔隙和微纳米孔隙上要低 1.5 倍，说明气驱的指进效应更为严重。岩心渗透率越低，渗吸采油比例越高，同时岩心整体是中性润湿，注入水能有效地驱替半径小于 0.1μm 的孔隙中的原油。当气体贯穿岩心时，气体流动阻力减小，气体流量明显增加，导致纳米孔隙和微纳米孔隙中的原油难以采出。当驱替量相同时，气驱所用时间是水驱的 50%。在气驱开发中应控制注入量和注采压差不要过高，使得气体尽可能地扩散到微纳米孔隙中，延长气体与原油之间的接触时间。

对比不同孔隙的采出程度，纳米孔隙和微纳米孔隙内的活性水驱采出程度比常规水驱提高 30%~50%。此外，岩心渗透率越低，活性水在纳米孔隙和微纳米孔隙中的驱油效果越好。产生这种现象的原因是表面活性剂降低了界面张力，使油滴在孔隙中变形，从而降低油滴通过孔道的阻力。此外，表面活性剂改变了孔隙内表面的润湿性，有效地降低了流动阻力，增加了原油在水中的分散度，从而可以采出更多的原油。在 3MPa 的注采压差下，CO_2 流速比 N_2 快，气体通道形成早，高流速不利于纳米孔隙和微纳米孔隙中原油的采出，导致 CO_2 对纳米孔隙和微纳米孔隙的采出程度较低。对比两种气驱采油效果，CO_2 驱油效果优于 N_2 驱。N_2 几乎不溶于原油，而随着压力的增加，CO_2 在原油中的溶解度增加，能够使原油黏度和油气界面张力降低。CO_2 驱油非常依赖萃取作用，会导致重组分的沉淀和流动阻力的增大，进而降低了纳米孔隙和微纳米孔隙的采收率。

岩心残余油饱和度与孔隙结构、渗透率、初始含油饱和度都有关系，总体来看残余油主要分布在大于 0.1μm 的孔隙中。在相同渗透率水平下，气驱后岩心残余油饱和度比水驱低 10%~25%。在微米孔隙中，气驱后岩心残余油比水驱少 40%~50%，但水驱后的岩心残余油在纳米孔隙和微纳米孔隙上均低于气驱后的岩心。其原因是两种水驱由于扩散速度较慢，能有效地通过渗吸作用采出纳米孔隙和微纳米孔隙中的油。两种水驱相比，活性水驱后残余油饱和度略低于常规水驱。特别是在微纳米孔隙中，活性水驱后残余油比常规水驱后低 45%。对比两种气驱，CO_2 驱后残余油比 N_2 驱少 9%。两种气驱后，残余油分布较接近。在相同的驱替压力和驱替量下，CO_2 驱油效果最好。

图 2.24 是渗透率为 1.5mD 岩心 M、N、O 和 P 在不同注入介质驱替过程中不同阶段的 MRI 图像，成像方向为冠状面，驱替方向为从左向右。可以看出，驱油效果由好到差依次为 CO_2 驱、N_2 驱、活性水驱和常规水驱。并且两种气驱效果明显优于水驱。特别是当驱替量为 1PV 时，CO_2 驱的 MRI 图像信号量明显低于其他注入介质，表明少量的 CO_2 驱油效果显著。

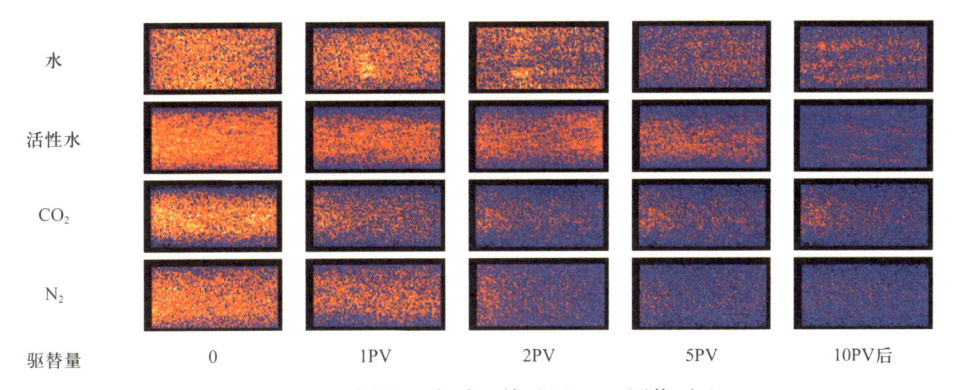

图 2.24 不同注入介质驱替过程 MRI 图像对比

4）不同注入介质驱替过程关键物性参数变化分析

不同注入介质驱替实验过程中，岩心的边界黏度与原位黏度的变化如图 2.25 所示。边界黏度整体上变化较小，说明实验中的驱替过程并未对边界层原油实现有效动用。整体上，原位黏度变化以驱替量 1PV 为界分为两个明显的阶段，第一阶段由于体相原油被大量采出，原位黏度下降明显；当注入水贯穿岩心后进入第二阶段，原位黏度变化下降较缓。

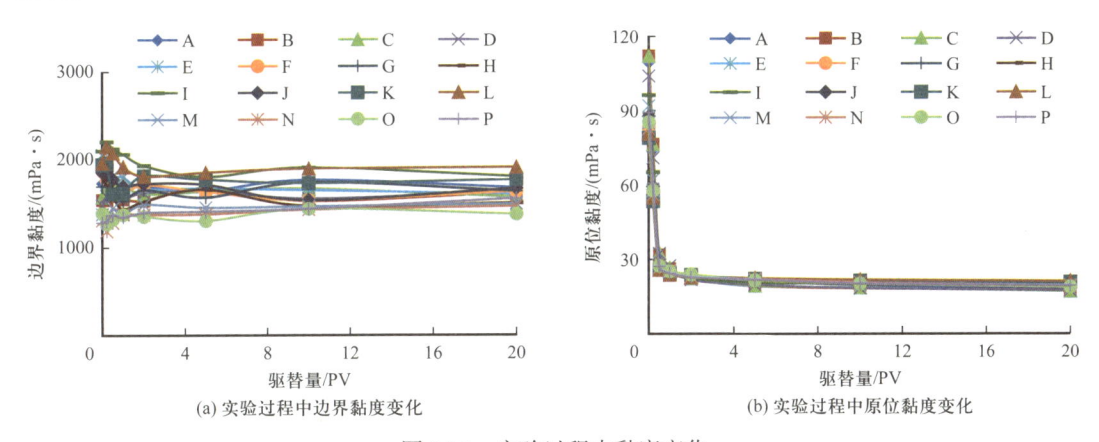

(a) 实验过程中边界黏度变化

(b) 实验过程中原位黏度变化

图 2.25 实验过程中黏度变化

岩心在不同注入介质驱替过程中的润湿性变化如图 2.26 所示。实验岩心是典型的致密储层岩心，初始状态岩心处于混合润湿状态，整体表现为中性润湿。经过驱替后，岩心润湿性明显都向亲水方向转变，平均润湿性改变指数为 0.24，最终平均润湿指数为 0.19，为弱水湿。特别是 CO_2 驱后润湿性向水湿转变更为强烈，说明 CO_2 驱过程中岩心孔道内部分矿物被其酸性溶解，导致孔道扩展暴露出部分亲水矿物，使得岩心驱替后润湿性明显亲水。

岩心经过驱替实验后的整体物性变化如图 2.27 所示。岩心平均物性动态变化复合评价指数为 3.67。整体上不同注入介质与整体物性改变没有明确的对应关系。渗透率最低的 0.2mD 级别岩心的物性改变程度比更高渗透率的岩心大。

(a) 岩心动态润湿指数变化

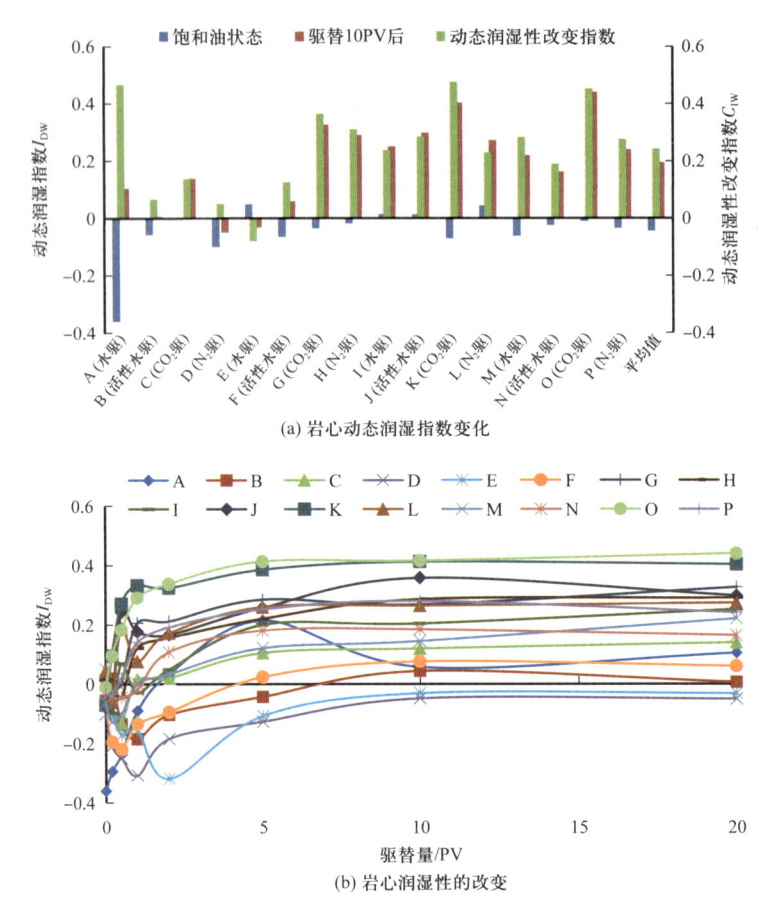

(b) 岩心润湿性的改变

图 2.26　实验过程中岩心的润湿性变化

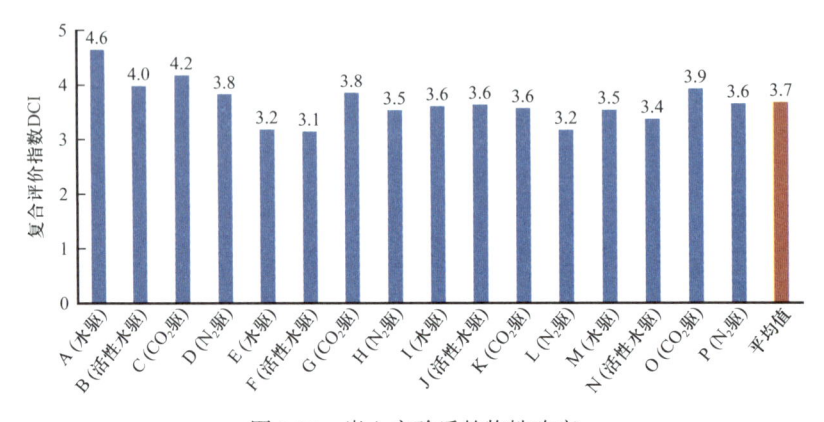

图 2.27　岩心实验后的物性改变

二、基于大模型有效驱动压力体系研究

影响有效驱动的因素可归纳为两个方面（表2.5）：一是油藏条件，这是建立有效驱动的物质基础；二是生产条件，这是建立有效驱动的技术手段。对有效驱动有影响的油藏

条件主要包括渗流能力、油层厚度、原油黏度、地层压力、裂缝发育程度等。影响有效驱动的生产条件主要包括井网类型、井排距、井型等参数。

表 2.5 有效驱动的主要影响因素及影响机理

	影响因素	影响机理
油藏条件	渗流能力	渗透率越小，非线性渗流越强，流动阻力越大
	油层厚度	厚度越大，单位厚度的物质亏空越小
	原油黏度	原油黏度越大，流动阻力越大，能量损耗越快
	地层压力	原始地层压力越小，弹性采收率越低
	裂缝发育程度	减小流动阻力，但易引起水窜，导致油井暴性水淹
生产条件	井网类型	合理井网可以在相同的井网密度下，最大限度地控制储量，使其处于有效水驱范围之内
	井排距	补充能量的及时性和油井有效控制面积两方面的综合影响
	井型	水平井或人工压裂可以增大油藏泄油面积，降低渗流阻力，提高单井油气产量

压力梯度场和单井产能是开展特低渗透油藏有效驱动研究的主要手段和主要评价参数。极限井距法、有效动用系数法和油藏数值模拟方法都是从渗流理论出发，通过求解压力梯度分布，来判断油藏是否建立有效驱动压力系统；产能预测方法将产能作为评价有效驱动的方法。结合大模型物理模拟实验，笔者提出了 2 个评价参数，分别为有效驱动系数和有效产能系数。

1. 有效驱动系数

对于特低渗透油藏，由于流体存在启动压力梯度，在一定注采压差下流体渗流达到稳定状态时，并不是所有的区域都参与流动。将其中能够发生流动的面积（非线性渗流区域面积和拟线性渗流区域面积之和）与整个单元面积的比值称为有效驱动系数：

$$E_p = \frac{\text{非线性渗流区面积} + \text{拟线性渗流区面积}}{\text{模型单元面积}} \tag{2.1}$$

该系数反映的是井网平面波及状况及压力系统的有效驱替程度。有效压力系数越趋近于 0，此时说明非线性渗流区和拟线性渗流区越趋近于 0，整个模型基本上处于不流动区域；有效压力系数最大值为 1，说明整个模型均处于流动状态，没有不流动的区域。

2. 有效产能系数

将露头模型实测产量与拟线性产量（整个模型中的流体流动达到拟线性渗流场时所对应的产量）的比值定义为有效产能系数：

$$E_q = \frac{Q_{\text{实测}}}{Q_{\text{拟线性}}} \tag{2.2}$$

该系数反映特低渗透油藏非线性渗流对产量的影响程度，表征单井产量的相对大小。有效产能系数为0，说明没有产能；有效产能系数为1，说明整个模型流体流动基本处于拟线性渗流，此时非线性渗流影响可以忽略。

有效驱动系数和有效产能系数不仅能够体现非线性渗流对特低（超低）渗透油藏有效开发的影响，而且储层裂缝发育程度、压裂规模和井网形式等因素都能够影响有效驱动系数和有效产能系数。因此，有效驱动系数和有效产能系数能够综合反映特低渗透油藏的有效开发程度。

3. 不同因素对有效驱动的影响

影响储层有效驱动的因素很多（表2.5），下面主要以储层渗透率、生产压差和排距为例，说明不同因素对特低渗透油藏有效驱动的影响。

1）储层渗透率和生产压差对有效驱动的影响

以某典型油藏的正方形反九点井网为例，来说明储层渗透率和生产压差对特低渗透油藏有效驱动的影响。选择的正方形反九点井网如图2.28（a）所示，注水井为不压裂，采油井为压裂投产。选取1/4的正方形反九点井网单元（1口注水井和3口采油井）作为物理模拟实验对象，用在露头岩样上先割开裂缝再填砂胶结的方法来模拟采油井的人工压裂裂缝，其导流能力是根据相似理论来确定石英砂粒径以及交联剂比例，模型实物图如图2.28（b）所示。

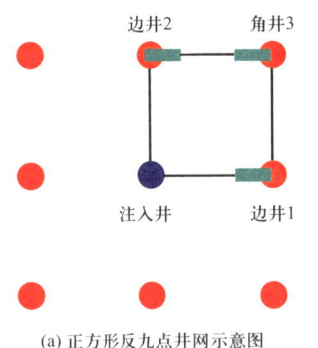

(a) 正方形反九点井网示意图　　(b) 露头模型实物图

图2.28　正方形反九点井网模型示意图与实物图

设计了5个不同的渗透率（0.3mD、0.5mD、0.8mD、1.5mD和2.0mD），以及6个不同的驱替压差（0.02MPa、0.03MPa、0.04MPa、0.05MPa、0.06MPa、0.10MPa），实验结果如图2.29所示。

从图2.29中可以看出：（1）在相同渗透率条件下，有效驱动系数和有效产能系数随驱替压差的增大而增大。当渗透率为0.3mD时，有效驱动系数和有效产能系数先随驱替压差的增大而变化幅度很小，只有当驱替压差达到一定值时，有效驱动系数和有效产能系数才随驱替压差的增大而增大。即当驱替压差从0.02MPa增加到0.04MPa时，有效驱动系数从0.06增加到0.09，有效产能系数从0.03增加到0.05；当驱替压差从0.04MPa增加到 0.06MPa 时，有效驱动系数从 0.09 增加到 0.25，有效产能系数从 0.05 增加到 0.14。当渗透率大于 0.3mD 时，有效驱动系数和有效产能系数先随驱替压差的增大而增大，只有当驱替压差达到一定值时，有效驱动系数和有效产能系数随驱替压差的增大而变化较小。以渗透率为 0.8mD 时，当驱替压差从 0.02MPa 增加到 0.04MPa 时，有效驱动系数从 0.12 增加到 0.67，有效产能系数从 0.09 增加到 0.48；当驱替压差从 0.04MPa 增加到 0.06MPa 时，有效驱动系数从 0.67 增加到 0.90，有效产能系数从 0.48 增加到 0.79。（2）在相同驱替压差下，有效驱动系数和有效产能系数随渗透率的增大而增大，且渗透率小于 0.3mD 的有效驱动系数和有效产能系数随驱替压差的关系与渗透率大于 0.3mD 的有效驱动系数和有效产能系数随驱替压差的关系差别较大。这与其储层岩心的微观孔隙结构特征有关，如图 2.30 所示。

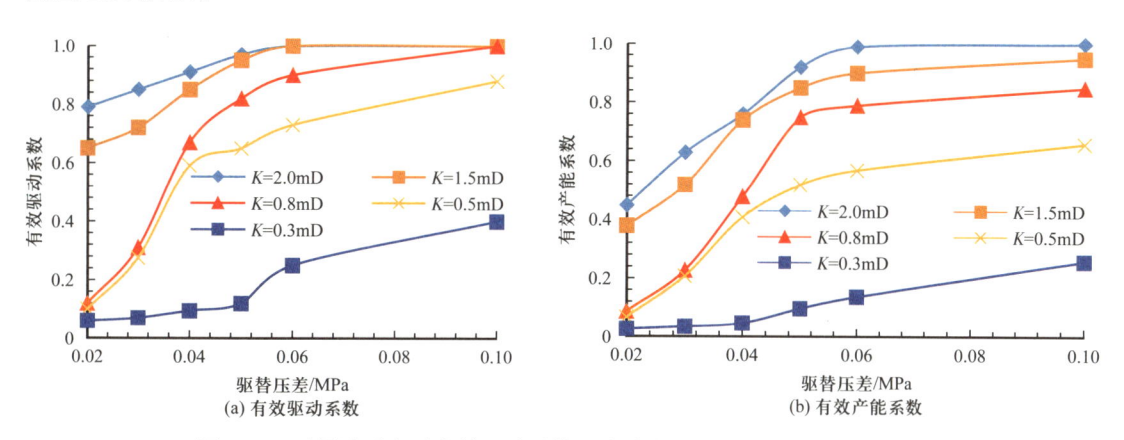

图 2.29 不同渗透率下有效驱动系数和有效产能系数与驱替压差的关系

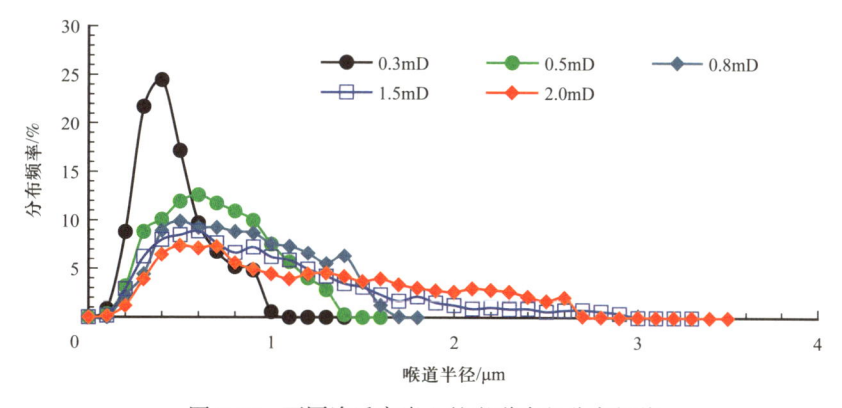

图 2.30 不同渗透率岩心的喉道半径分布规律

2）排距和生产压差对有效驱动的影响

以渗透率为 2.0mD 储层矩形井网为例，来研究不同排距和生产压差对特低渗透油藏有效驱动的影响。按照相似原理，用 3 块大模型露头岩样的排距 16cm、25cm、32cm 来分别模拟实际矩形井网的排距 80m、125m、170m，设计的 3 个不同的驱替压差分别为 0.02MPa、0.04MPa、0.07MPa，实验结果见表 2.6 和如图 2.31 所示。

表 2.6　不同排距和生产压差对有效驱动的影响

井网排距 /m 压差 /MPa	80		125		170	
	有效驱动系数	有效产能系数	有效驱动系数	有效产能系数	有效驱动系数	有效产能系数
0.02	0.89	0.61	0.79	0.57	0.43	0.53
0.04	0.97	0.81	0.91	0.75	0.76	0.69
0.07	1.00	0.97	0.98	0.93	0.84	0.84

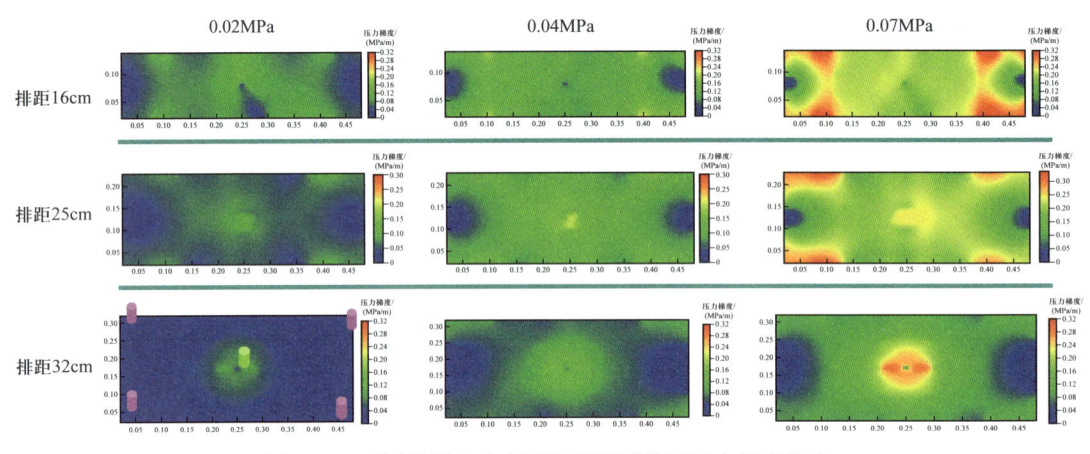

图 2.31　不同排距和生产压差下矩形井网压力梯度分布

从图 2.31 和表 2.6 中可以看出：（1）有效驱动系数和有效产能系数随驱替压差的增大而增大，随排距的缩小而增大。以驱替压差为 0.02MPa 为例，井网排距为 170m 的有效驱动系数和有效产能系数分别为 0.43 和 0.53；井网排距为 125m 的有效驱动系数和有效产能系数分别为 0.79 和 0.57；井网排距为 80m 的有效驱动系数和有效产能系数分别为 0.89 和 0.61。（2）将渗流区域划分为死油区、非线性渗流区和拟线性渗流区。随着排距的缩小或者随着压差的增大，非线性渗流区和拟线性渗流区逐渐增大，而死油区逐渐缩小。

因此，可以通过增大储层渗透率（压裂改造）、增大生产压差和缩小排距等措施，来提高特低（超低）渗透油藏的有效动用效果。

4. 有效驱动界限研究及应用

1）有效驱动界限

根据所研究的油藏现场井网部署和油井生产情况，并结合油藏工程计算方法（表 2.7 为 20MPa 下不同渗透率条件下的极限井距），根据相似理论换算到实验条件，确定出特低渗透/超低渗透油藏有效驱动界限为：

$$E = E_p E_q > 0.3 \quad (2.3)$$

式中　E——有效驱动综合系数；

　　　E_p——有效驱动系数；

　　　E_q——有效产能系数。

表 2.7　20MPa 下不同渗透率条件下的极限排距

渗透率 /mD	20MPa 下的极限排距 /m
0.5	100
0.8	125
1.5	167
2.0	250

即当有效驱动综合系数大于 0.3 时，储层才能有效动用。这个结论是对李道品关于低渗透油藏建立有效驱动体系含义标准的补充和细化。

2）应用

将上述研究成果应用于 2 个区块（A 区和 B 区）都取得了很好的开发效果。A 区为老区，在原有井网条件下，计算的有效驱动综合系数为 0.25，水驱开发效果不好。经过给井网加密，加密的井网为 280m×200m，计算的有效驱动综合系数为 0.41，加密后单井产量提高 15%，井组日产油是加密前 2 倍，水驱控制程度提高 12%，实现了有效驱动。B 区为新区，设计的井网为 200m×200m，计算的有效驱动综合系数为 0.52，生产一年后，日产油稳中有升，能量补充初见成效。

三、基于露头模型注水、注 CO_2 吞吐采油机理

1. 露头模型注水吞吐采油机理研究

利用自主研发的大型露头岩样高压物理模拟实验系统，建立超低渗透油藏注水吞吐物理模拟实验方法，分析注水吞吐采油机理。

1）注水吞吐物理模拟实验技术

物理模拟实验研究是渗流机理研究的重要手段之一。为了研究注水吞吐的影响因素，更好地模拟分段压裂水平井的主裂缝控制区域，在一维模型线性流的基础上，考虑 Y 方向的流动，设计了二维模型，将露头模型切割成 40cm×30cm×2.7cm 的二维模型，设计图如图 2.32 所示。注水吞吐二维物理模拟实验的模型制作、实验系统和实验步骤 3 个过程有别于注水吞吐一维物理模拟实验。天然露头的筛选、抽真空饱和水、饱和油样等过程与大模型模拟实验的流程相同。

模型制作：取露头岩样，切割成 40cm×30cm×2.7cm 的长方形模型，测试岩样气测渗透率。之后在模型左端运用线切割设备制作一条长 9cm 的无限导流能力裂缝。该裂缝模拟分段压裂水平井的一条主裂缝，由于模型宽度为 30cm，增大了渗流面积，使得模型

内部的油水运动方式为线性流。之后在模型正面均匀分布 29 个压力测点，并装配高精度的压力传感器，实时精确记录模型不同位置、不同时间的压力变化规律，同时 29 个压力测点也作为饱和油的端口。同时在模型背面均匀分布 56 个电阻率测点，实时精确记录模型不同位置不同时间的油水饱和度变化规律。模型压力和电阻率测点设置下图 2.33 所示。

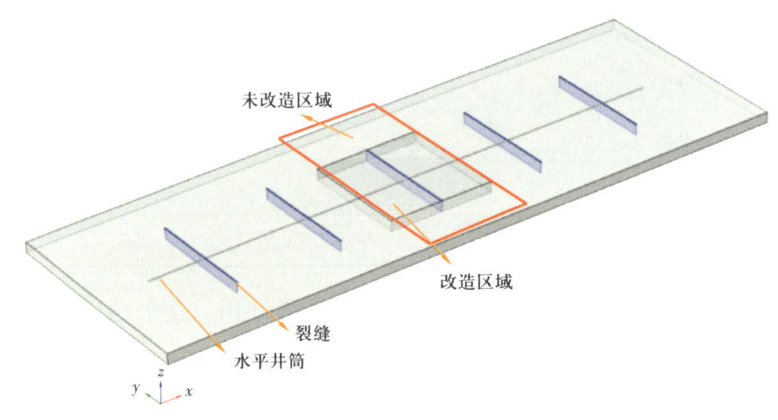

图 2.32　模型设计原理图

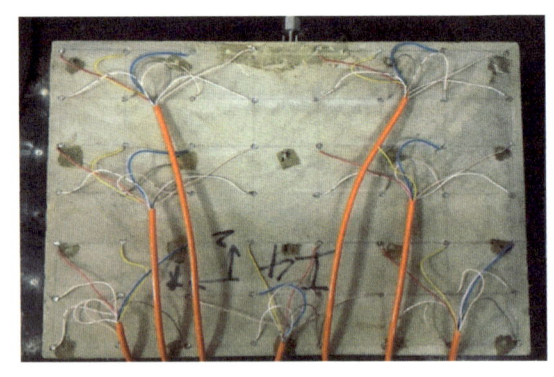

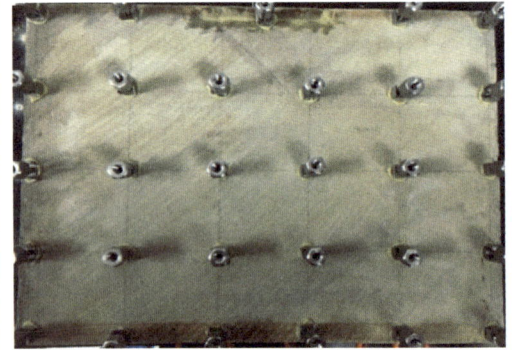

图 2.33　模型压力测点和电阻率测点设置图

实验系统：二维模型注水吞吐物理模拟实验系统如图 2.34 所示，注水吞吐实验系统包括岩样、注入系统、采出系统和监测系统四部分。其中，注入系统是由 Quizix 驱替泵和装有地层水的中间容器经管阀件连接模型注入端口；采出系统是由油水分离计量装置经管阀件连接模型中采出端口；压力监测系统由模型正面均匀分布的 29 个压力测点组成，装配有高精度的压力传感器；电阻率监测系统由模型正面均匀分布的 56 个电阻率测点组成。然后将实验模型置于大型露头模型高压夹持器内，模拟地层压力下的注水吞吐实验。

实验步骤：模拟现场注水吞吐过程中注水、关井和采油 3 个阶段。（1）关闭所有注入口只保留裂缝端测点 3 开启（图注入系统所示），以恒定速度从注入口 3 注入地层水，模拟注水过程，起到补充地层能量的作用，使模型中油水饱和度重新分布；（2）关闭注入口 3，在恒定压力下闷井若干小时，模拟关井过程，模型压力重新分布，形成新的压力场，在此过程中注入水通过毛细管压力进行渗吸置换，形成新的油水平衡；（3）开启裂缝两端测点3，模拟采油过程，在裂缝附近形成压降漏斗，使地层能量释放，模型中渗吸出来的原油进入裂缝，经油水计量实验装置计量；（4）以同样的流程进行第二轮次吞吐实验。

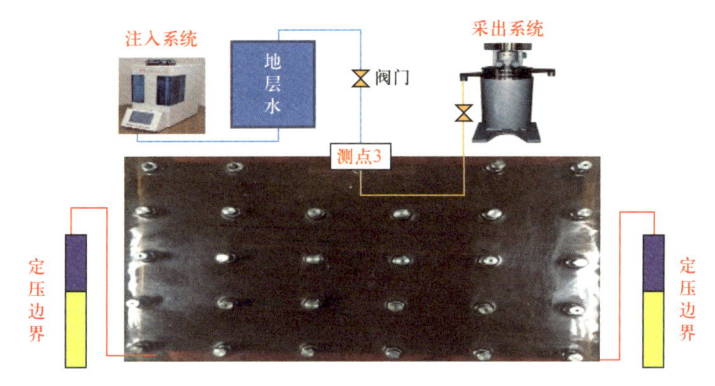

图 2.34 二维露头模型注水吞吐实验装置

2）注水吞吐实验采出程度分析

选择2块不同渗透率的露头模型岩样，分别为2mD和0.2mD，实验结果如图2.35和图2.36所示。

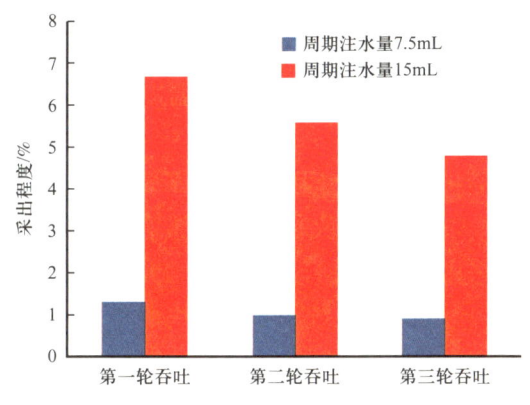

图 2.35 2mD 露头模型岩样不同注水量吞吐采出程度对比

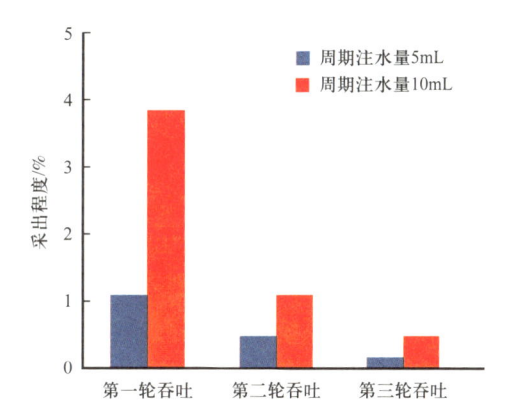

图 2.36 0.2mD 露头模型岩样不同注水量吞吐采出程度对比

通过2mD露头模型岩样不同注水量吞吐采出程度发现（图2.35），随着吞吐次数的增加，周期采出程度逐渐降低，每一轮次呈现初期产量高，递减较快的规律。周期注水量为7.5mL时，采出程度由第一次的1.3%降为第三次的0.9%，三轮吞吐后的采出程度为3.2%；周期注水量为15mL时，采出程度由第一次的6.7%降为第三次的4.8%，三轮吞吐后的采出程度为17.1%。随着周期吞入水量的增加，采油量大幅度增加，在注入体积增加一倍的情况下，采油量提高约6倍，水换油率提高约3倍。

从0.2mD露头模型不同注水量吞吐采出程度看出（图2.36），随着吞吐次数的增加，周期采出程度逐渐降低。周期注水量为5mL时，采出程度由第一次的1.1%降为第三次的0.2%，三轮吞吐后的采出程度为1.8%；周期注水量为10mL时，采出程度由第一次的

3.8% 降为第三次的 0.5%，三轮吞吐后的采出程度为 5.4%。随着周期吞入水量的增加，采油量大幅度增加，在注入体积增加一倍的情况下，采油量提高约 3 倍，水换油率提高约 1.5 倍。

注水量是影响吞吐效果的重要因素，保证一定的注水量进入基质，是获得良好吞吐效果的重要条件。渗透率通过影响吞吐过程中注入水波及区域进而影响采出程度。

2. 分段压裂水平井 CO_2 吞吐开采机理研究

1）分段压裂水平井 CO_2 吞吐物理模拟系统

在自主研发的大型露头岩样高压物理模拟系统的基础上，考虑到分段压裂水平井 CO_2 吞吐的开发方式，设计了大模型多点升温与 CO_2 吞吐回压控制设备，研发了分段压裂水平井 CO_2 吞吐物理模拟系统。

多点升温和测量方法：自主研发的大型露头岩样高压物理模拟实验系统模拟的最高压力为 25MPa，常温条件。而在进行分段压裂水平井 CO_2 吞吐时，必须考虑到温度对 CO_2 吞吐开发效果的影响。主要原因为：（1）CO_2 气体在高于临界温度 31.26℃和压力高于临界压力 7.2MPa 状态下，处于超临界状态。在该状态下，其密度近于液体，黏度近于气体，扩散系数为液体的 100 倍，具有较大溶解能力，能够充分发挥地层油的弹性膨胀能。若注入的 CO_2 处于超临界状态，则实验温度至少应高于 CO_2 气体的临界温度 31.26℃；（2）高温气态 CO_2 的溶解、膨胀、降黏作用与常压相比十分明显，因此，实验温度要模拟地层温度。

考虑到露头岩样和大模型岩心夹持器的加热面积比较大，因此，研发了多点升温和测量系统来解决大模型 CO_2 吞吐的温度问题。即在大模型岩心夹持器的内部采用循环水浴装置进行加热升温，在大模型岩心夹持器的外部采用加热套进行加热升温，并在高压大模型物理模拟实验系统上增加了测温装置（图 2.37）。通过该系统，可以较快地将大模型的温度升高到地层温度，并可观测大模型中的温度变化过程，满足了实验的需求。

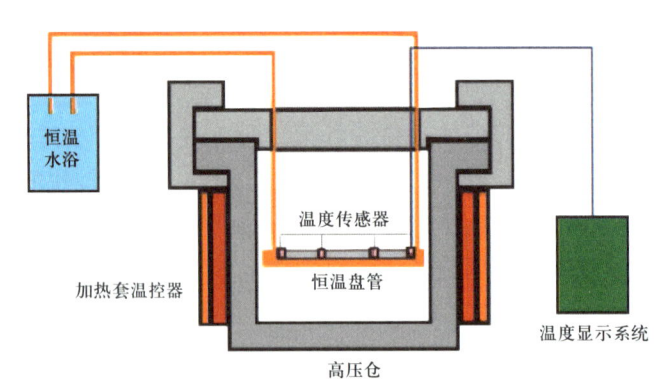

图 2.37 多点升温和测量系统

CO_2 吞吐回压控制及测量实验方法：在 CO_2 吞吐过程中，出口压力的控制对生产动态的影响很大，因此，在实验中必须考虑回压的控制和测量的精度。常规回压实验系统在超低流速下，其回压控制波动很大，不能满足精确控制要求，需要研制新的回压控制设备；同时，需要对测量方法和测量设备进行设计。设计了带活塞的中间容器，利用气体进行回压控制，并且采用了以下实验方法：（1）用2个中间容器来切换，满足分段计量的需要；（2）设计特殊活塞来满足不同位置活塞上下移动受力面积一致，避免测量过程中压力波动；（3）采出口补压设计（气体或水，死体积标定），保证切换过程中不会出现压力波动；（4）采用电磁阀和气动阀进行切换，保证切换速度。图2.38为吞吐回压控制及测量实验系统，通过这样回压控制中间容器的设计，使得回压控制稳定，并能够进行精确测量。

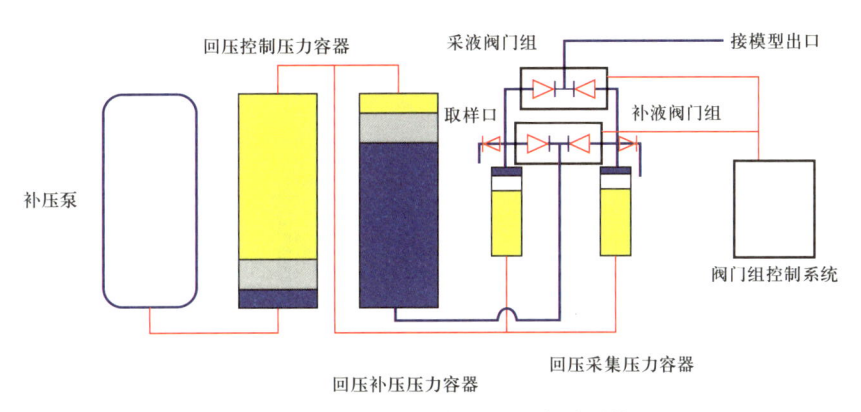

图 2.38 吞吐回压控制及测量实验系统

2）CO_2吞吐开采机理

CO_2"吞"的实验过程压力场变化规律如图2.39所示，CO_2首先进入水平井，然后沿裂缝进入裂缝及周围区域，使裂缝周围区域压力升高并逐渐扩展到整个模型，在注入结束时，模型压力达到较均匀程度。由于水平井和人工裂缝的存在，CO_2沿水平井和裂缝快速进入地层深部，使CO_2能够与地层深部的原油发生相互作用，且水平井和裂缝的存在极大地增加了CO_2与原油的接触面积，使CO_2与原油能够发生高效萃取、溶解、降黏等作用。因此，分段压裂水平井可以极大地提高CO_2的利用效率，充分发挥CO_2补充能量和改善原油流动性能的作用。

CO_2"吐"的实验过程压力场变化规律如图2.40所示，开始生产时，压力等值线在裂缝附近分布较为均匀且平行裂缝方向，在靠近裂缝的区域等值线分布密集，说明在裂缝附近为近线性流，比平面径向流其渗流阻力更小，裂缝和水平井有效降低渗流阻力，提高原油流动能力。随着开发的进行，整个模型压力越来越低，压力等值线分布较稀疏，说明地层能量已得到较好的利用。因此，分段压裂水平井进行CO_2吞吐可以有效地改变地层渗流场，降低渗流阻力，从而增加单井产量。

利用大型露头岩样高压物理模拟实验技术，可以有效模拟CO_2吞吐过程中的渗流过程，为揭示CO_2吞吐开采机理提供有效手段，为CO_2吞吐技术在分段压裂水平井的推广应用提供理论指导。

(a) 1min

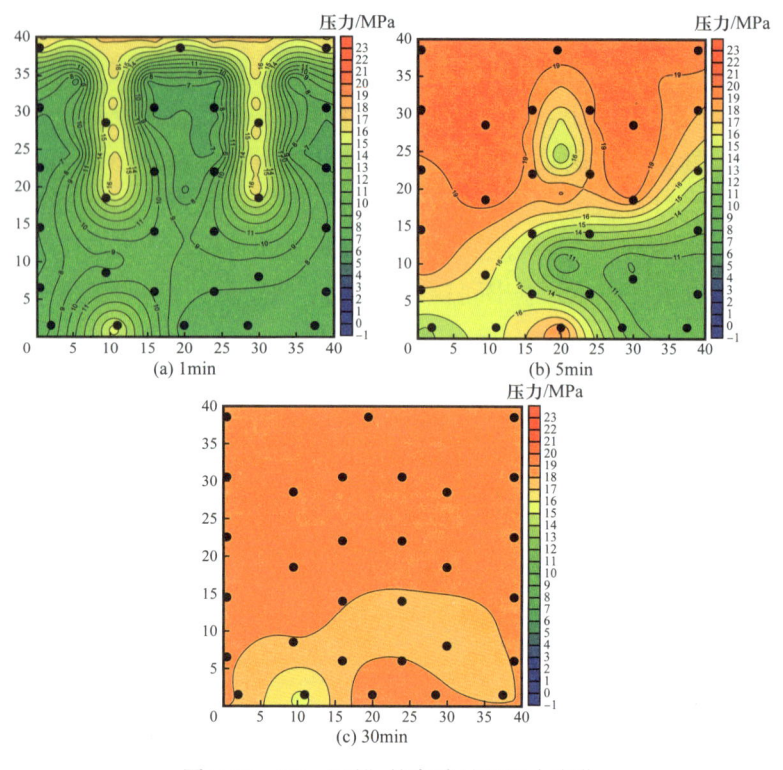

(b) 5min

(c) 30min

图 2.39 CO_2 "吞" 的实验过程压力变化

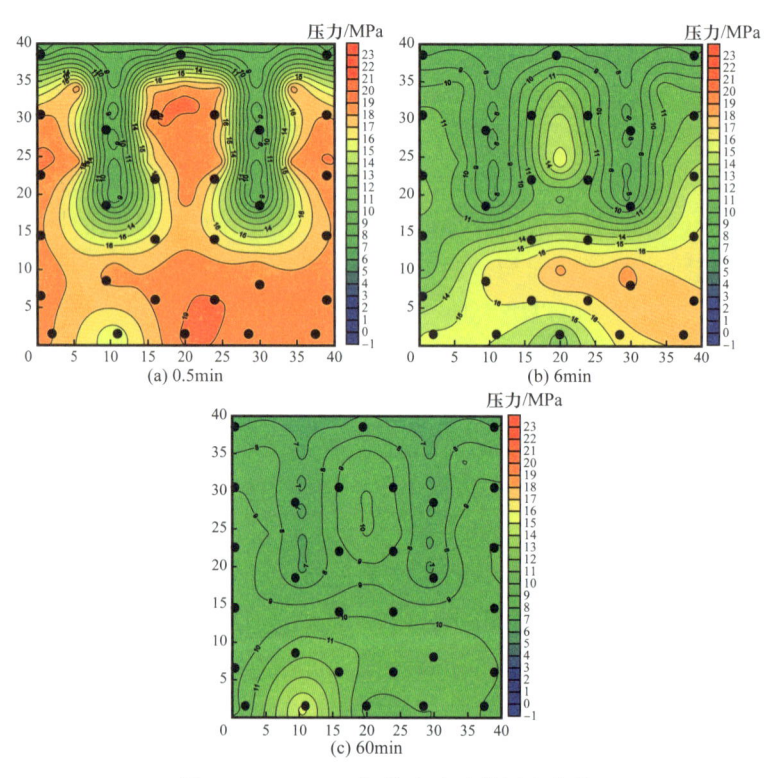

(a) 0.5min

(b) 6min

(c) 60min

图 2.40 CO_2 "吐" 的实验过程压力变化

3）CO$_2$吞吐开采效果评价

由图 2.41 可见，当分段压裂水平井进行弹性开采时，其采出程度为 9%，与油田预测弹性采出程度接近。通过多轮次的吞吐，CO$_2$ 吞吐后的最终采出程度比弹性驱采出程度多了 12.5 个百分点。即分段压裂水平井进行 CO$_2$ 吞吐，可以有效地提高动用效果。随着多轮次吞吐，CO$_2$ 利用率越来越低，通过吞吐提高的采出程度降低。

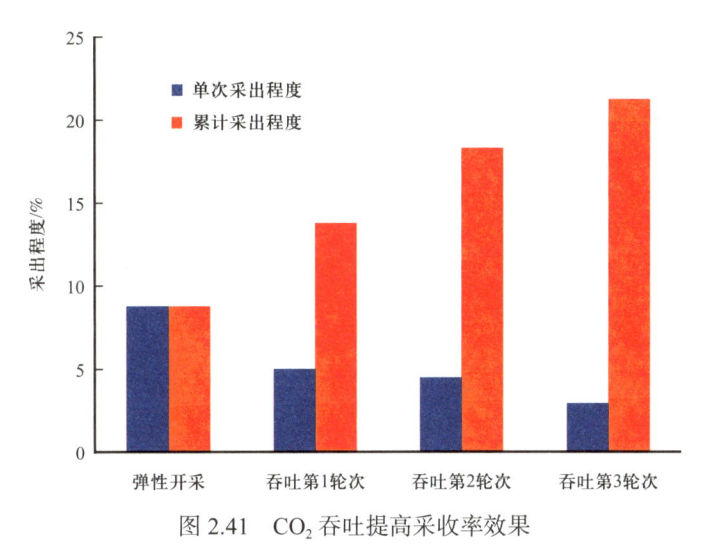

图 2.41 CO$_2$ 吞吐提高采收率效果

4）不同参数对 CO$_2$ 吞吐效果影响

对 5 组大模型进行物理模拟实验，表 2.8 为不同模型分段压裂水平井不同开发方式下的实验结果。

表 2.8 模型基础参数及不同开采方式采出程度

模型	孔隙度/%	渗透率/mD	注入压力/MPa	焖井时间/min	采出程度/% 弹性开采	一轮次吞吐	二轮次吞吐	三轮次吞吐
模型 a	10.18	0.56	22	15	5.41	7.07	6.54	5.86
模型 b	10.76	0.53	19	15	6.15	5.38	3.48	2.27
模型 c	12.16	0.95	19	15	8.63	7.63	5.27	3.83
模型 d	11.96	0.98	19	30	7.63	8.29	7.99	4.08
模型 e	12.43	0.93	19	60	7.99	9.15	9.08	3.16

（1）注入压力的影响。

利用模型 a 和模型 b 分别在 22MPa 和 19MPa 下进行 CO$_2$ 吞吐物理模拟实验（表 2.8）。模型 a 和模型 b 在弹性开采条件下采出程度接近，经过 3 轮次吞吐以后，模型 a 提高采收率 19.47 个百分点，而模型 b 提高采收率 11.13 个百分点，因此，注入压力越高，

CO_2吞吐提高采收率效果越好。分析认为：(1)该区块最小混相压力为17.8MPa，两模型都在最小混相压力以上，开采阶段，地层压力逐渐下降至最小混相压力以下，而较高的压力保证了在最小混相压力以上的混相驱阶段具有较高的采出程度；(2)在吞吐开采阶段，模型a和模型b压力接近（图2.42），但较高的注入压力下，CO_2注入量更大，使原油具有更高的膨胀能。

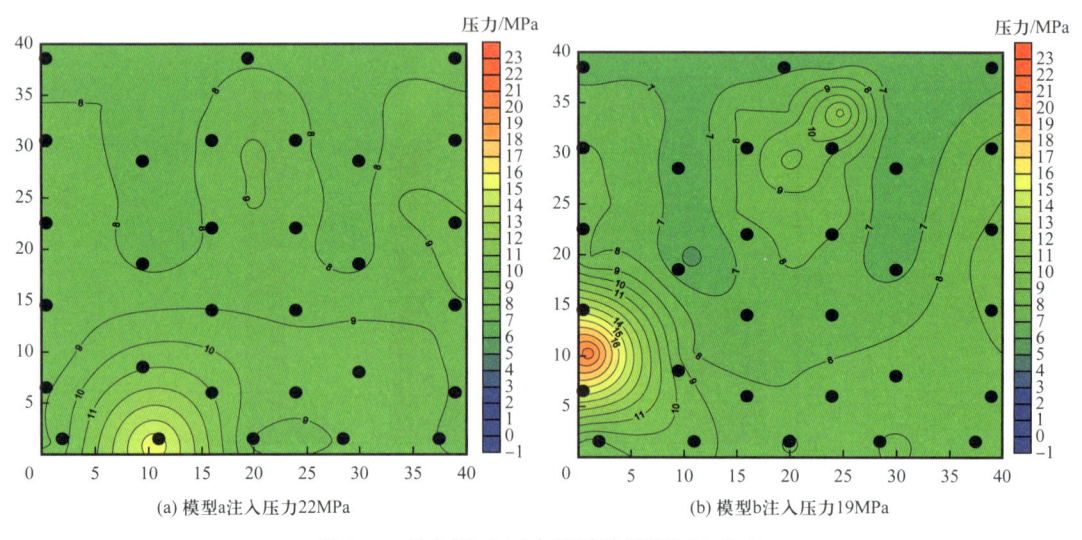

(a) 模型a注入压力22MPa　　(b) 模型b注入压力19MPa

图2.42　不同注入压力开采阶段期压力分布

（2）闷井时间的影响。

利用模型c、模型d和模型e分别进行CO_2的吞吐物理模拟实验。三个模型在弹性开采条件下采出程度接近，经过3轮次吞吐以后，模型c采出程度提高16.73百分点，模型d采出程度提高20.36个百分点，模型e采出程度提高21.39百分点，可见随着闷井时间的延长，CO_2吞吐采出程度和累计采出程度逐渐增加，并随着闷井时间的延长，CO_2吞吐提高采收率程度趋于变缓，当闷井时间超过30min，增加闷井时间对CO_2吞吐提高采收率效果有限。分析认为：随着闷井时间增加，CO_2扩散到模型的深部或者边部区域，与原油更充分地接触，模型压力分布更加趋于平稳（图2.43），而当达到30min以后，模型的压力变化较小，整个模型压力趋于平稳，再增加闷井时间提高采出程度效果不明显。

（3）CO_2吞吐原油采出组分分析。

对不同吞吐轮次采出原油组分进行分析（图2.44），分段压裂水平井CO_2吞吐时，首先采出原油中的轻质组分，随着吞吐轮次的增加，采出原油的拟组分谱右移，采出原油的轻质组分含量减少，重质组分含量增加，流动阻力增大，产生堵塞现象。分析认为：芳香烃对非烃和沥青质的溶解性明显优于饱和烃；因此，芳香烃的快速萃取会造成非烃和沥青质的析出，从而产生堵塞。因此，现场进行CO_2吞吐，需进行原油组分分析和室内物理模拟实验，优选CO_2吞吐的工艺技术进行现场试验。

(a) 闷井15min

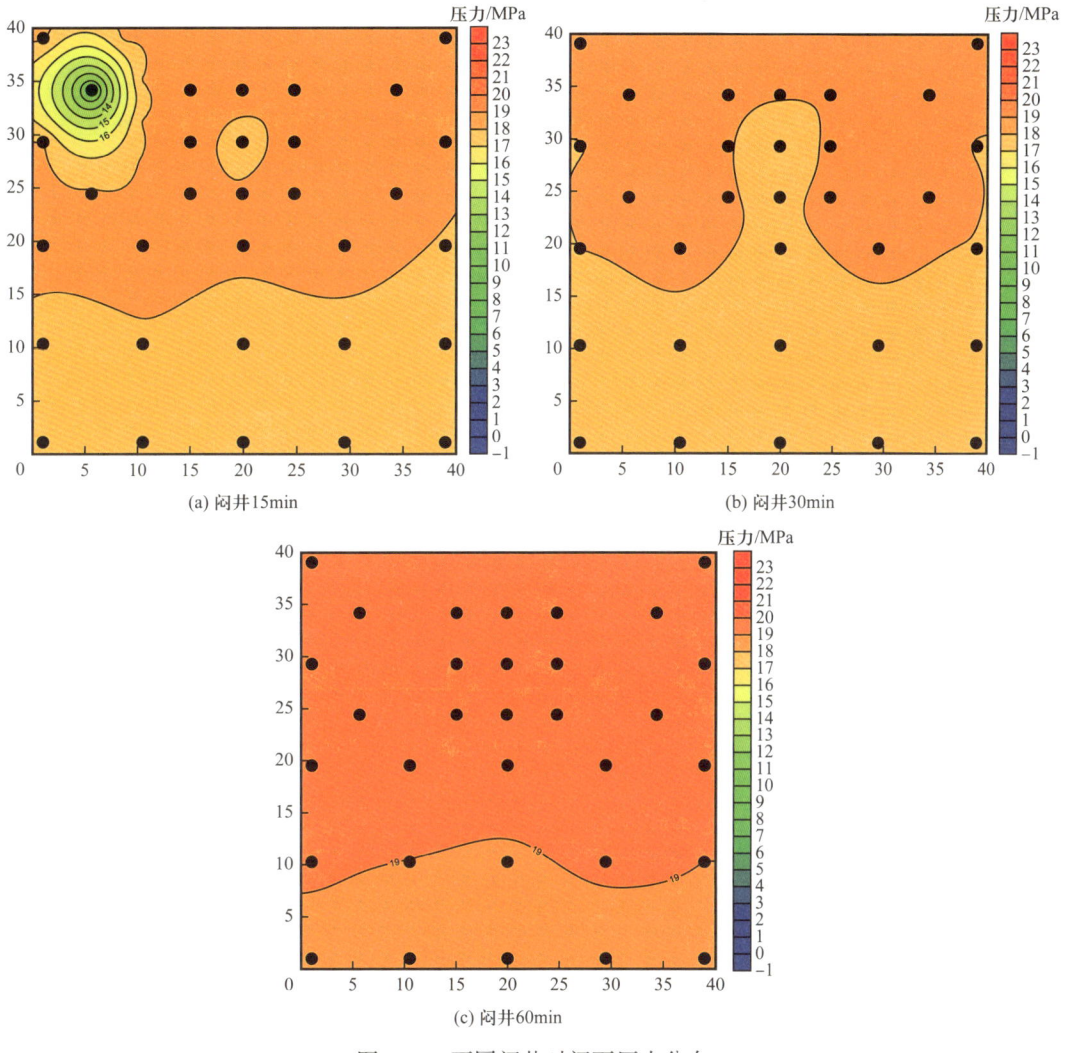

(b) 闷井30min

(c) 闷井60min

图 2.43 不同闷井时间下压力分布

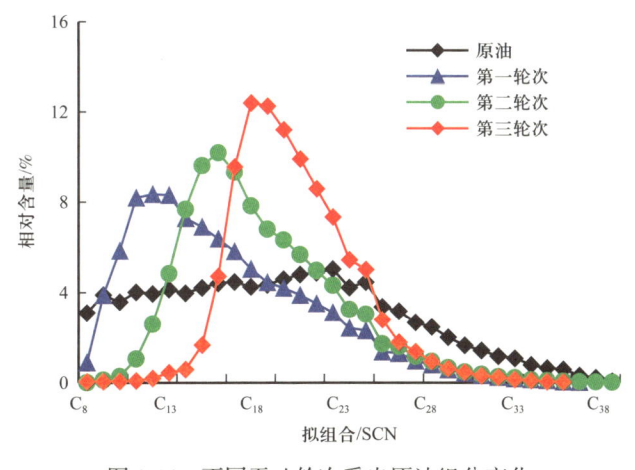

图 2.44 不同吞吐轮次采出原油组分变化

3. 不同注入介质吞吐实验小结

通过注入不同介质对比分析不同注入介质吞吐物理模拟效果。实验结果如图 2.45 和图 2.46 所示。通过图 2.45 看出，随着吞吐次数的增加，注水吞吐周期采出程度逐渐降低，采出程度由第一次的 1.3% 降为第四次的 0.8%，四轮吞吐后的累计采出程度为 4%；注 CO_2 吞吐周期采出程度基本不变，维持在 7.0%～8.3% 之间，四轮吞吐后的采出程度为 29.7%。

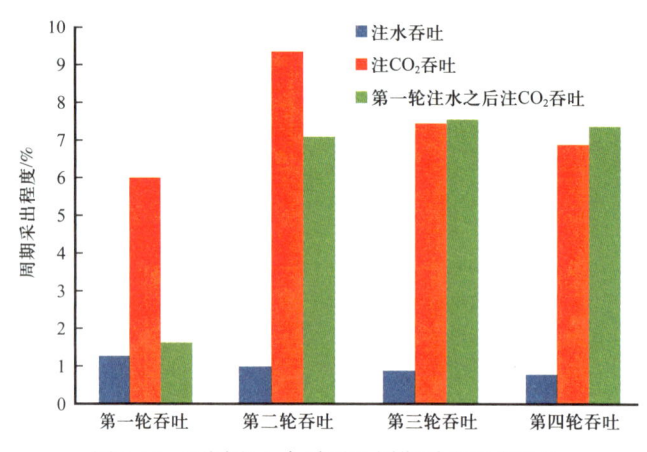

图 2.45 不同注入介质吞吐周期采出程度对比

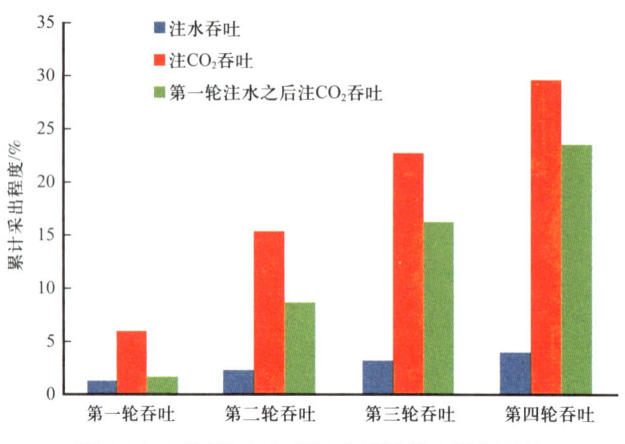

图 2.46 不同注入介质吞吐累计采出程度对比

通过注水吞吐后注 CO_2 吞吐物理模拟实验研究注水吞吐后注 CO_2 吞吐的可行性，第一轮次注水吞吐采出程度为 1.6%，之后三个轮次注 CO_2 吞吐周期采出程度维持在 7.4% 左右，四轮吞吐后的累计采出程度为 23.6%。

因此，在实验条件下，注 CO_2 吞吐效果明显好于注水吞吐和注水吞吐后注 CO_2 吞吐，累计采出程度是注水吞吐的 7.4 倍，因此，注 CO_2 吞吐可以有效地提高特低渗透—致密油藏的采收率。

不同注入介质吞吐过程中注入体积的大小和有效补充能量的强度相关，但是三组实验所用模型不同，每个模型总的孔隙体积也不同，因此注入体积不能准确地表征有效补充能量的强度，通过以下公式计算三组实验的注入孔隙体积倍数来表征有效补充能量强度。研究相同注入条件下注入孔隙体积倍数对不同注入介质吞吐补充能量效果的影响。

$$PV_{介质} = \frac{V}{V_T \phi} \quad (2.4)$$

式中　$PV_{介质}$——注入介质孔隙体积倍数；
　　　V——注入介质体积，mL；
　　　V_T——总的孔隙体积，mL；
　　　ϕ——孔隙度。

不同注入介质吞吐注入体积大小见表2.9，不同介质注入孔隙体积倍数见表2.10，注水吞吐过程中每轮注入孔隙体积倍数基本相同，为0.035PV，累计注入孔隙体积倍数为0.14PV；注CO_2吞吐过程中每轮次注入孔隙体积倍数变化较大，在0.07～0.188PV之间，累计注入孔隙体积倍数为0.452PV；注水吞吐后注CO_2吞吐实验第一轮次注入孔隙体积倍数与注水吞吐实验基本相同为0.033PV，之后三个轮次CO_2吞吐过程中注入孔隙体积倍数变化较大，在0.059～0.118PV之间，累计注入孔隙体积倍数为0.293PV。

表2.9　不同注入介质吞吐注入体积对比　　　　　　　　　　　　　　单位：mL

介质	第一轮吞吐	第二轮吞吐	第三轮吞吐	第四轮吞吐	累计注入量
注水吞吐	7.5	7.4	7.4	7.5	29.8
注CO_2吞吐	18	40	18	23	99
注水吞吐后注CO_2吞吐	注水吞吐 7.3	注CO_2吞吐 18	注CO_2吞吐 26	注CO_2吞吐 13	64.3

表2.10　不同介质注入孔隙体积倍数对比　　　　　　　　　　　　　单位：PV

介质	第一轮吞吐	第二轮吞吐	第三轮吞吐	第四轮吞吐	累计注入量
注水吞吐	0.035	0.035	0.035	0.035	0.140
注CO_2吞吐	0.085	0.188	0.085	0.108	0.466
注水吞吐后注CO_2吞吐	注水吞吐 0.033	注CO_2吞吐 0.082	注CO_2吞吐 0.118	注CO_2吞吐 0.059	0.293

通过分析可得，CO_2吞吐实验的注入孔隙体积倍数远高于注水吞吐的注入孔隙体积倍数，是注水孔隙体积倍数的3倍。因此，与水相比CO_2的注入能力更强，注CO_2能够有效补充地层能量。

第三章 CO₂ 非混相驱油提高采收率机理

选取了榆树林油田扶杨油层天然岩心及树 101 二氧化碳驱油试验区树 94—碳 13 井进行了连续高压物性取样，采用地层原油及天然岩心进行了 CO₂ 岩心驱替、细管实验、核磁共振、相态评价等方面的实验研究，该项研究对认识 CO₂ 驱油机理、指导特低渗透储层进行 CO₂ 驱油矿场试验具有重要的理论价值和实际意义。

第一节 CO₂ 对原油物性参数影响

从表 3.1 可以看出，在本实验条件下，原油中 CO₂ 的溶解度大约是油田水的 3 倍，大约是同等条件下直馏煤油中 CO₂ 溶解度的 3/5。油—水相共存下，水相中 CO₂ 的有效传质扩散系数 $0.127\times10^{-7}\text{m}^2/\text{s}$，单独水相中有效传质扩散系数 $3.23\times10^{-7}\text{m}^2/\text{s}$，是油水两相共存时的 25 倍。

表 3.1 CO₂ 在原油、直馏煤油、水中溶解度

液相	T/℃	p_e/kPa	溶解度 /（mol/mL）
原油	80	2910.89	0.001533706
直馏煤油	80	2910.89	0.002512283
油田水	80	2910.89	0.000510259

一、CO₂ 驱后原油组分变化规律

利用气相色谱分析仪对细管实验中的混相和非混相驱替产出原油进行连续取样，分析原油组分在不同驱替状况下的变化规律。通过对榆树林油田 CO₂ 驱油试验区油井在不同驱替阶段采出原油进行取样，研究该试验区原油组分变化规律。

1. 非混相驱替产出原油组分变化规律

在非混相驱条件下，分别取 CO₂ 注入量为 0.54PV（即将突破）、0.62PV、0.80PV、1.04PV、1.23PV 和 1.61PV（结束）时产出物进行组分分析，实验结果如图 3.1 所示。

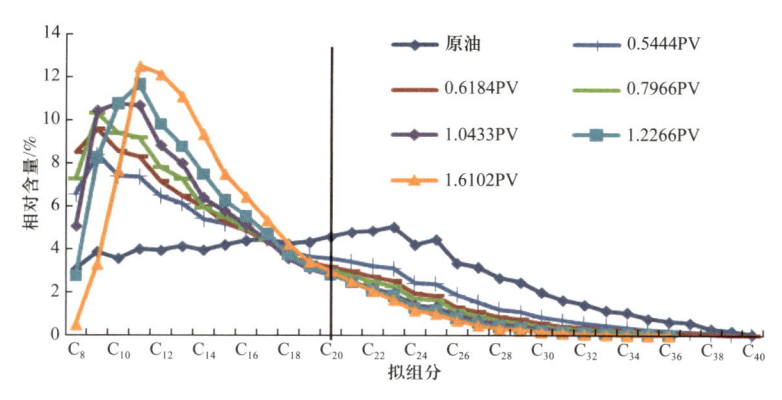

图 3.1 非混相驱状况下产出物组分变化曲线

以 C_{18} 为分界线，图 3.1 左部图形表明，随着驱替 PV 数增大，产出物组分的相对含量高于原油各组分的相对含量，且随着驱替倍数增加，碳组分峰值向右偏移，说明 CO_2 驱替先萃取轻质组分，而后再萃取较重组分，但萃取的碳组分均小于 C_{18}，当驱替要结束时，C_8 的相对含量比原油要低。图 3.1 右部图形表明，随着驱替 PV 数增大，产出物各组分的相对含量均低于原油各组分的相对含量，说明产出物重质组分减少，也说明非混相驱 CO_2 不能萃取 C_{18} 以上的较重组分。

2. 混相驱替产出原油组分变化规律

在混相驱条件下，分别取 CO_2 注入量为 0.72PV（即将突破）、0.78PV、0.83PV、0.86PV、0.92PV、0.98PV、1.19PV、1.31PV 和 1.68PV（结束）时产出物进行组分分析，实验结果如图 3.2 所示。

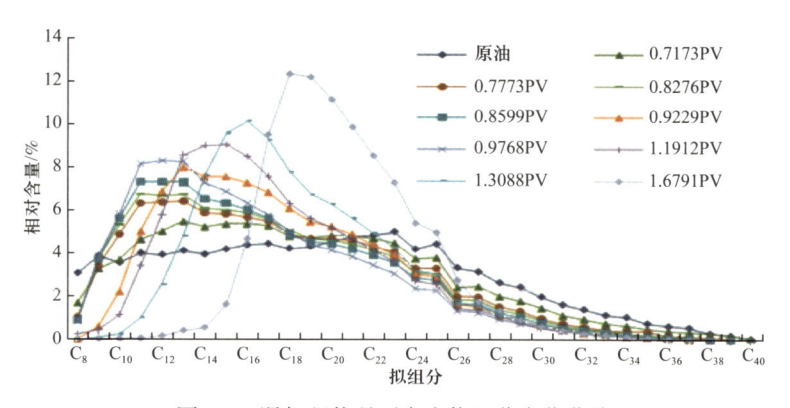

图 3.2 混相驱状况下产出物组分变化曲线

CO_2 混相驱先萃取轻质组分，而后再萃取较重组分，萃取的碳数组分逐渐变大，到注入量为 1.68PV 时，可以萃取到 C_{25} 以前的碳数组分。

3. CO_2 驱油试验区采出原油组分变化规律

试验区共有 17 口采油井，截至 2012 年 12 月底，试验区累计注入 CO_2 量 0.119HCPV，

从 17 口油井油样组分分析结果看，在 CO_2 驱替过程中 C_{18} 以下的组分相对含量呈先增加后减小的趋势，13 口井只能萃取 C_{18} 以下的组分，4 口井因地层压力稍高可以萃取 C_{19} 组分，由于注入 HCPV 数小，碳组分峰值没有明显偏移。

通过对试验区树 94-碳 13 井分别在投产初期及规模见气（注入 CO_2 量约 0.1HCPV），进行高压物性取样，从两次取样原油组分对比看，C_{11} 以下较轻组分相对含量增加了 5.7%（图 3.3 和图 3.4）。

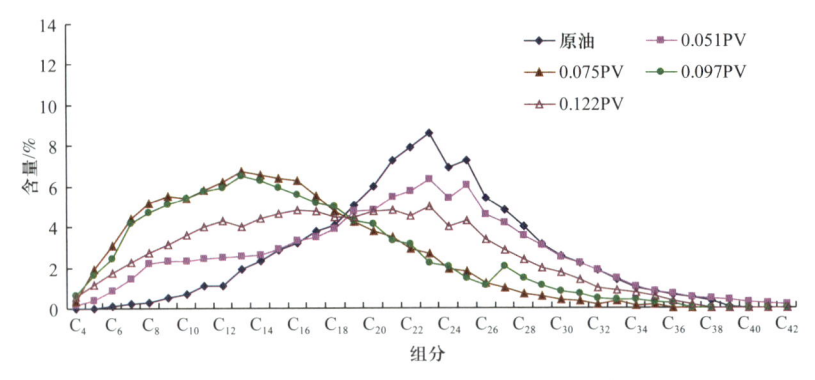

图 3.3 树 91-碳 18 井采出原油组分变化

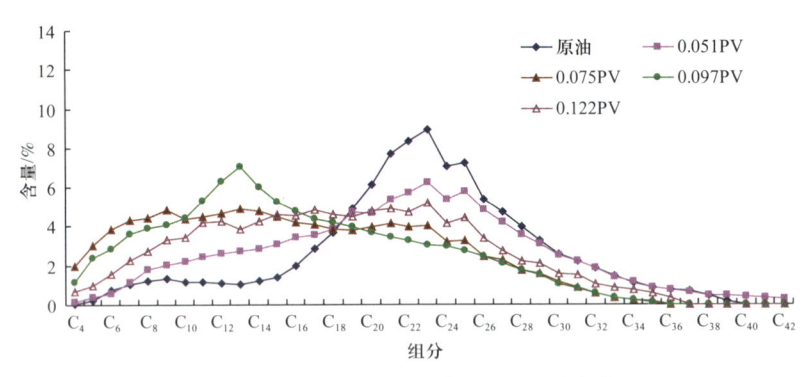

图 3.4 树 94-碳 13 井采出原油组分变化

通过以上室内实验研究及矿场试验分析，均表明 CO_2 非混相驱只能萃取 C_{18} 以下的组分，混相驱能萃取到 C_{25}，榆树林油田树 101 试验区以非混相驱为主（图 3.5）。

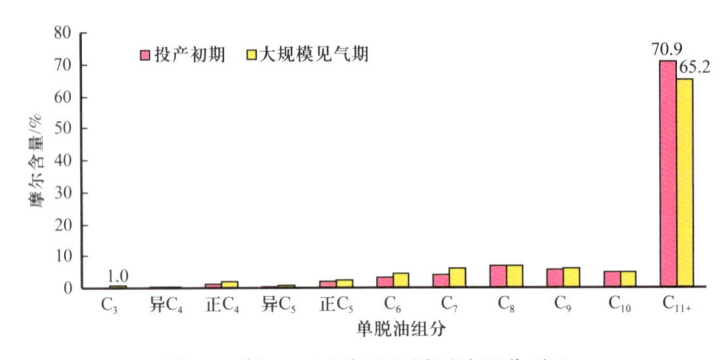

图 3.5 树 101 试验区地层原油组分对比

二、不同 CO_2 注入浓度下的泡点压力变化规律

恒质膨胀（PVT）实验是测定不同浓度 CO_2 时油藏流体的体积（V）与压力（p）的关系，由此可以确定泡点压力、油藏流体在指定压力下的密度等实验数据。由这些实验数据进而可以推算出诸如相对体积、CO_2 溶解度等实验数据。该实验是在带汞高压 PVT 实验装置上进行的。

缓慢降压过程中，地层原油中产生第一个小气泡时的压力，称为泡点压力。根据泡点压力的数值，可以判断地层条件下原油的状态，即液相或汽液两相。不同 CO_2 注入浓度下，油藏流体的泡点压力详见表 3.2 和如图 3.6 所示。

表 3.2 不同 CO_2 注入浓度下的原油泡点压力及溶解度

CO_2 注入浓度 /%	0	19.69	33.87	52.78	55.52	60.38	69.0	71.29
泡点压力 /MPa	4.7	7.2	10.2	15.3	16.1	20.8	23.7	25.7
CO_2 溶解度（脱气油）/(m^3/t)	0	26.60	57.97	135.3	145.2	170.1	231.9	263.9

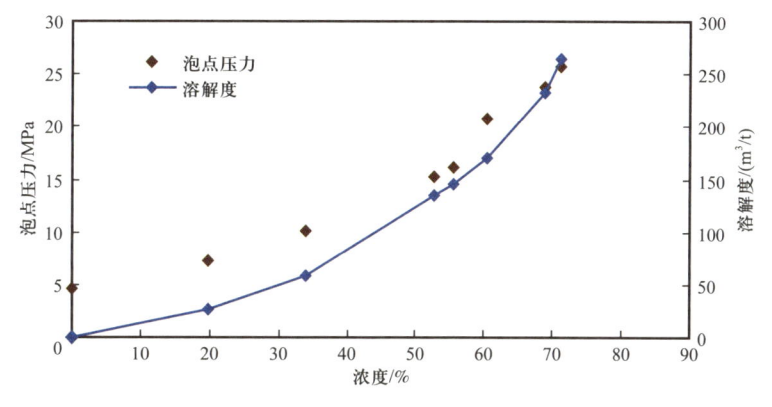

图 3.6 不同 CO_2 注入浓度下的泡点压力及溶解度变化曲线

树 101 试验区原始油藏原油泡点压力为 4.7MPa，当 CO_2 浓度为 71.29% 时，泡点压力为 25.7MPa，CO_2 在原油中的溶解度可达到 270m^3/t。在相同实验条件下，CO_2 在原油中的溶解度约是油田水的 3 倍。

通过对试验区树 94-碳 13 井两次高压物性取样测试，泡点压力由 4.7MPa 上升至 7.76MPa，上升了 3.06MPa。室内实验及矿场实践均表明，注 CO_2 后原油泡点压力增大，CO_2 在原油中的溶解度也随之上升。

三、注 CO_2 后原油黏度变化规律

该实验将 RUSKA 落球式黏度计与 RUSKA 高压 PVT 实验装置结合（图 3.7），测定了 CO_2 注入量对油样的减黏效果，实验步骤如下：（1）将黏度仪用石油醚洗三次后，抽真空 30min；（2）在单相条件下将注 CO_2 原油压入黏度仪中，直至黏度仪中油为单

相；(3) 设定温度为所需温度，恒温 12h；(4) 将注 CO_2 原油加压至 30MPa，恒定 1h；(5) 分别在 23°、45°、70° 三个角度下测定黏度；(6) 降压 2MPa，恒定 1h，以 2MPa 为间隔，重复步骤 (5)~(6) 直至泡点压力附近；(7) 测定低于泡点压力的黏度时，要打开黏度仪放气阀排气降压，且稳定时间应延长至 4~5h；(8) 计算黏度时取三个角度所测黏度的平均值。

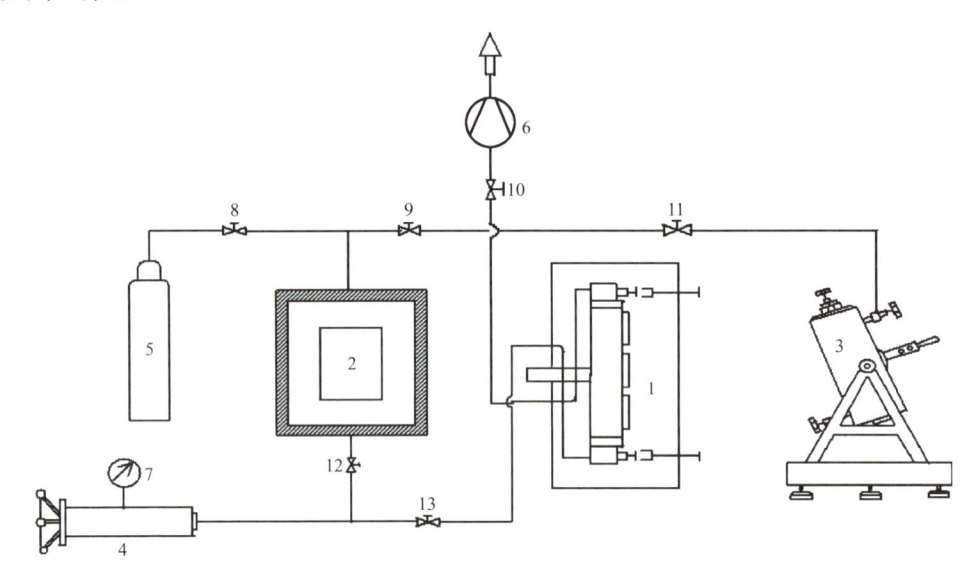

图 3.7 RUSKA 油藏原油 PVT 性质及黏度测试装置图

1—三看窗釜；2—油样釜（置于油浴中）；3—落球式黏度计；4—高压泵；5—CO_2 气瓶；6—真空泵；7—压力表；8~13—高压阀门

采用落球黏度计对地层原油和 6 个注 CO_2 原油在地层温度和不同压力下的黏度进行了测试，结果见表 3.3 和图 3.8。从表 3.3 所列黏度数据可以看出，地层原油的黏度本身不大，注 CO_2 后原油黏度减小的相对幅度很大，可以降低 70% 以上，但由于地层原油黏度本来不大，减少的绝对值不是很大。泡点压力之下的脱气原油黏度增加明显。常压下的脱气原油黏度在 14.5mPa·s 左右。

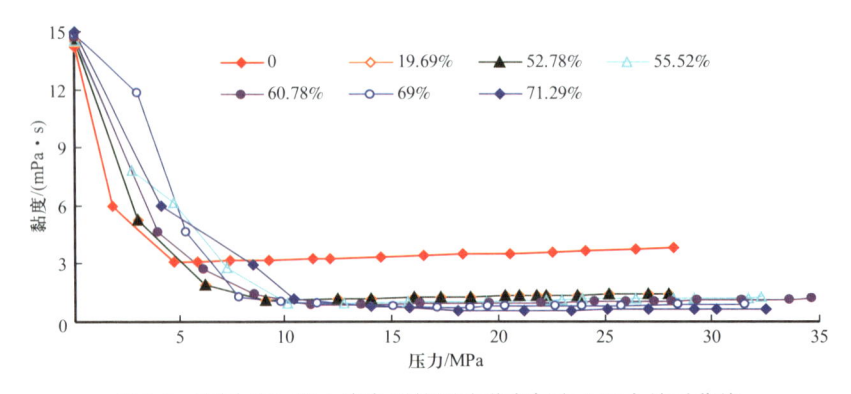

图 3.8 不同 CO_2 注入浓度下的原油黏度与注入压力关系曲线

表 3.3　不同 CO_2 注入浓度下的黏度

地层原油		19.69%		52.78%		55.52%		60.78%		69.00%		71.29%	
压力/MPa	黏度/(mPa·s)	压力/MPa	黏度/(mPa·s)	压力/MPa	黏度/(mPa·s)	压力/MPa	黏度/(mPa·s)	压力/MPa	黏度/(mPa·s)	压力/MPa	黏度/(mPa·s)	压力/MPa	黏度/(mPa·s)
0	14.21	0.0	14.37	0	14.72	0	14.82	0	14.97	0.0	14.49	0	14.54
1.0	7.29	2.7	4.35	4.0	4.64	3.0	11.78	4.1	6.00	3.0	5.24	2.7	7.81
2.0	2.10	4.2	2.34	6.1	2.68	5.3	4.65	8.5	2.95	6.2	1.90	4.7	6.13
4.5	2.15	5.5	1.67	8.6	1.43	7.8	1.24	10.4	1.19	9.1	1.15	7.2	2.79
5.1	2.18	7.4	1.71	11.2	0.88	9.8	1.07	14.0	0.81	12.5	1.20	10.1	0.95
7.4	2.23	9.1	1.75	13.6	0.90	11.5	0.97	15.8	0.68	14.0	1.22	12.8	0.98
9.2	2.27	10.9	1.79	16.3	0.92	15.1	0.78	18.1	0.56	16.0	1.25	15.7	1.03
11.3	2.31	12.8	1.83	19.6	0.96	17.1	0.74	21.2	0.58	17.3	1.28	19.4	1.07
12.1	2.36	14.1	1.86	22.0	0.98	18.7	0.73	23.4	0.59	18.7	1.30	22.2	1.14
14.5	2.41	15.5	1.89	24.5	1.00	19.5	0.76	25.1	0.60	20.3	1.33	23.0	1.15
16.5	2.49	16.6	1.92	26.0	1.02	20.3	0.78	27.0	0.61	21.0	1.34	23.9	1.16
18.3	2.55	18.7	1.96	27.3	1.04	22.7	0.79	29.2	0.62	21.8	1.35	26.4	1.17
20.5	2.61	20.3	2.01	28.1	1.05	23.9	0.82	30.2	0.64	22.2	1.36	28.2	1.19
22.5	2.66	22.0	2.05	29.3	1.08	25.8	0.83	32.5	0.66	23.7	1.38	29.2	1.20
24.1	2.72	24.0	2.09	31.4	1.12	28.4	0.85			25.2	1.40	31.7	1.21
26.4	2.82	25.3	2.13	33.6	1.15	31.5	0.88			27.0	1.42	32.3	1.24
28.2	2.90	27.9	2.19	34.6	1.17					28.0	1.45		
		30.0	2.27										

当注入压力高于原油泡点压力，随着 CO_2 注入浓度增大原油黏度降低，CO_2 注入浓度达到 71.29% 时，原油黏度可下降 70%；当注入压力低于泡点压力，由于 CO_2 萃取原油中的轻质组分，CO_2 注入浓度越高，原油黏度越大。通过对试验区树 94- 碳 13 井两次高压物性取样测试，地层原油黏度由 2.7mPa·s 下降至 1.9mPa·s，下降了 0.8mPa·s。室内实验及矿场实践均表明，注 CO_2 后原油黏度大幅降低，原油流动性明显增强。

四、注 CO_2 后原油密度变化规律

注入浓度越高原油密度下降越明显。当注入浓度较高时（69.0%、71.29%），密度随压力的变化曲线比较平滑，在气液区域没有明显的拐点。在同一注入浓度下，当注入压力大于泡点压力时，原油密度随压力的增加而增加；当注入压力低于泡点压力时，随着压力的降低，液体密度有增加的趋势。总体上看，随着 CO_2 注入浓度增加，原油密度降低。

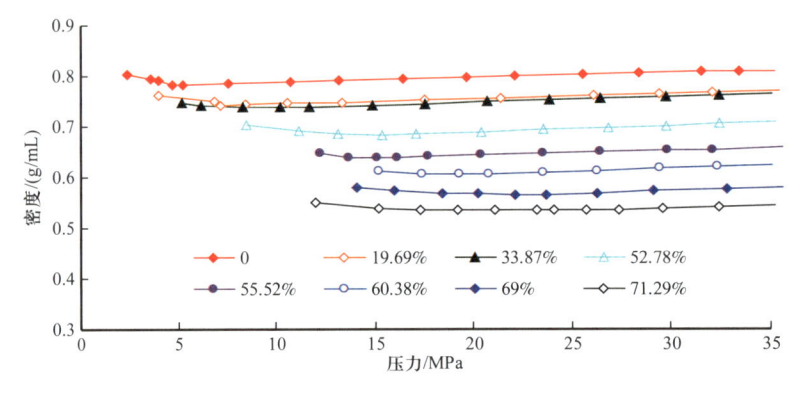

图 3.9　不同 CO_2 注入浓度下的原油密度与注入压力关系曲线

五、注 CO_2 后原油中沥青质相对沉淀量有所增加

总体上随着 CO_2 注入浓度增加，原油中沥青质相对沉淀量有所增加。同一注气浓度下，随着压力的上升，相对沉淀量也呈增加的趋势。在超过泡点压力时，沥青质沉淀量基本上不再随压力而变化。以上表明沥青质沉淀主要是 CO_2 在原油中的溶解产生，超过泡点压力时，气体溶解度不再发生变化，沥青质沉淀量也不再变化。

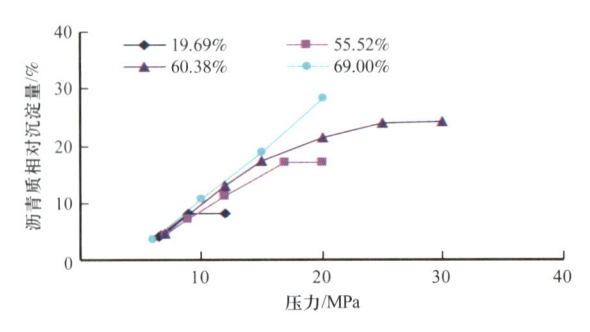

图 3.10　沥青质相对沉淀量与注入压力关系曲线

第二节　CO_2 与榆树林油田原油相态

CO_2 随温度与压力的变化可呈现不同的相态，其临界温度为 31.19℃，临界压力为 7.383MPa。当温度高于临界温度时，在任何压力值下，CO_2 都不会变成液态；当温度和压力均高于临界点时，CO_2 呈超临界状态，即超临界 CO_2 压缩流体。超临界 CO_2 流体具有黏度低、流动性好、扩散性强、对溶质有较强的溶解能力等特点，是一种安全、高效且应用较多的萃取溶剂，当注入油层时可萃取原油中的烃类组分，达到驱油目的。

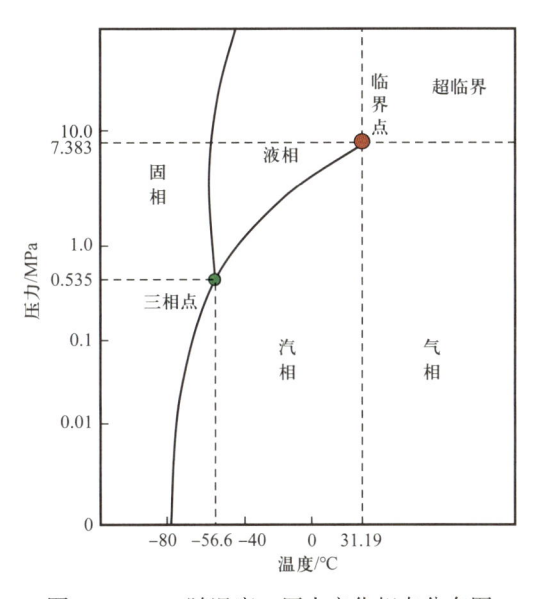

图 3.11　CO_2 随温度、压力变化相态分布图

一、注 CO_2 地层油相态特征

在地层油中注入 CO_2 后，油气相态发生变化，主要表现在：

（1）随 CO_2 注入量增加，泡点压力、露点压力均增大，当注入 10%、30%、50% 的 CO_2 后，两相区的位置上移，液相区范围变小，两相区面积增大。

（2）原始油气体系及注入 10%、30%、50% CO_2 后油气体系的临界压力分别为 50.2MPa、55.6MPa、62MPa、68.4MPa，临界温度分别为 530℃、504℃、462℃、432℃。可见随 CO_2 注入量增加，临界压力升高，临界温度降低。

二、CO_2 与原油混相

从气体饱和蒸汽压曲线（图 3.16）可以看到，氮气和天然气的临界条件远离油藏条件，而 CO_2 的临界条件接近油藏条件，说明 CO_2 比 N_2 和 CH_4 更容易与原油形成混相。

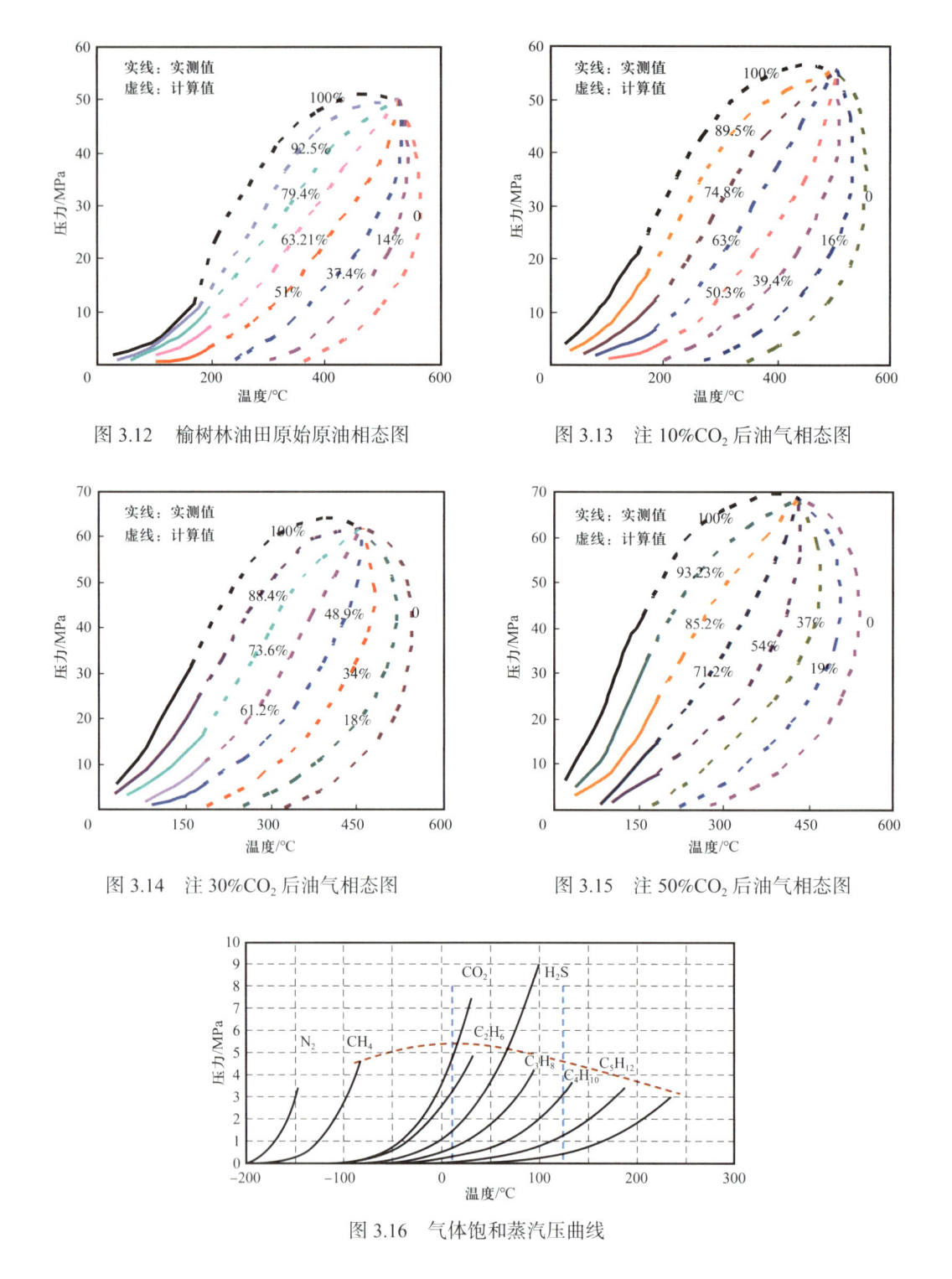

图 3.12 榆树林油田原始原油相态图

图 3.13 注 10%CO_2 后油气相态图

图 3.14 注 30%CO_2 后油气相态图

图 3.15 注 50%CO_2 后油气相态图

图 3.16 气体饱和蒸汽压曲线

1. CO_2 与原油混相机理

注入 CO_2 与地层原油之间发生扩散、传质作用，二者互相溶解，CO_2 和油气在油藏条

－ 82 －

件下形成混相，消除界面影响，减少因毛细管效应产生毛细管滞留所圈闭的石油，理论上可以使微观驱油效率达到100%。

混相过程分为一次接触混相和多次接触混相两种，与地层油的组成有关。CO_2驱油的混相过程以多次接触混相为主（图3.17）。

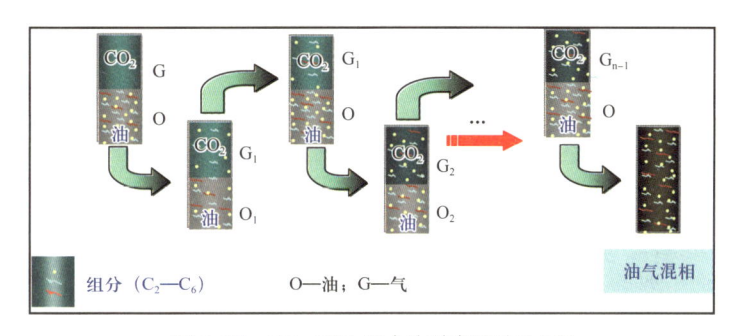

图3.17 CO_2驱油的多次接触混相过程

一是CO_2/地层油的蒸发混相过程（图3.18）。对于特定组分的地层原油，CO_2与其反复多次接触，通过就地蒸发（汽化）作用，使地层原油的中间分子量烃组分蒸发进入CO_2，使CO_2逐渐"富化"，最终达到混相。蒸发过程存在一个传质混相过渡带，混相发生在过渡带前缘。

二是CO_2/地层油的凝析混相过程（图3.19）。对于特定组分的地层原油，CO_2与其反复多次接触，发生多次凝析作用，CO_2不断凝析到油中，使原油逐渐"富化"，直至达到混相，凝析过程存在一个传质过渡带，混相发生在过渡带后缘。

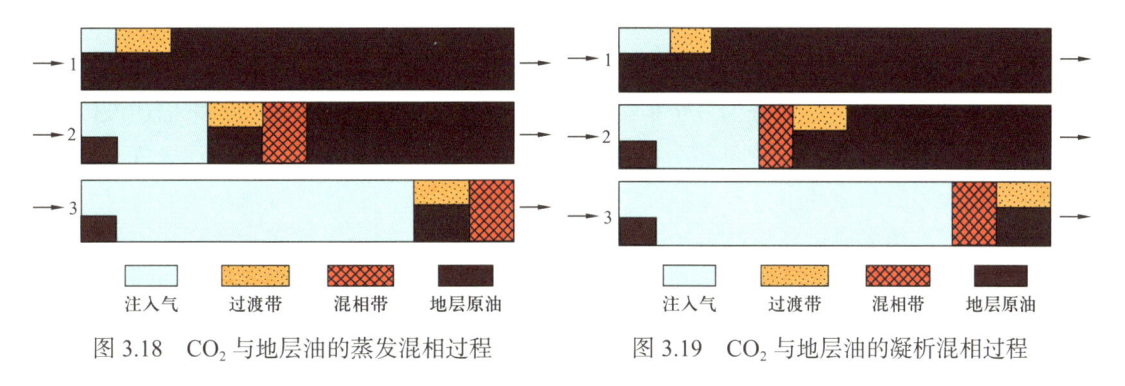

图3.18 CO_2与地层油的蒸发混相过程　　图3.19 CO_2与地层油的凝析混相过程

2. CO_2与原油最小混相压力

混相驱的驱油效率远远高于非混相驱，而驱油效率的高低主要取决于驱替压力，只有当驱替压力高于最小混相压力（MMP）时才可能达到混相驱。

确定最小混相压力的方法主要有实验方法和理论计算方法两种。实验室测定方法可分为细管实验法、升泡仪法、蒸汽密度测定法和界面张力消失法；理论计算可分为经验公式预测、图版法、多级接触法、数值模拟法、状态方程计算法。其中应用最多的是经验公式法、细管实验法和界面张力消失法。

1）经验公式法

通过对气驱最小混相压力计算方法的调研，估算出榆树林油田树 101 试验区地层原油在 108℃时纯 CO_2 驱的最小混相压力（表 3.4）。

表 3.4　不同关联方式油气体系组分的 CO_2 最小混相压力（108℃）

关联式	最小混相压力 /MPa
MMP 关联式	32.06
Holm and Josendal 关联式	27.00
Glaso 关联式	22.48
Johnson and pollin 关联式	21.10
Yellig and Metcalfe 关联式	18.41
Yuan 等人关联式	25.81
实验测定	32.2

推荐公式 MMP（p_{mm}）关联式：

$$p_{mm}=15.988T^{0.744206+0.0011038M_{C_5^+}+0.0015729\text{MPCI}} \tag{3.1}$$

式中　$M_{C_5^+}$——戊烷和更重馏分的相对分子量；

MPCI——甲烷和氮气的质量分数；

T——油藏温度，℉；

p_{mm}——预计的最小混相压力，lbf/in^2。

2）三角相图法

将原始油气体系组分划分为三个拟组分（CO_2，C_{1-6}，C_{7+}），用三角相图来描述该体系的相态特征（图 3.20）。当原始原油组分点在临界点的极限系线的左边时，表示注入气不能与原油达到混相；当原始原油组分点在临界点的极限系线的右边时，注入气能与原油通过多次接触达到混相；如果原始原油组分点正好落在极限系线上，此时注入气恰好能与油藏原油达到混相，这时体系的压力则为最小混相压力。利用三角相图法得到原油最小混相压力为 40MPa。

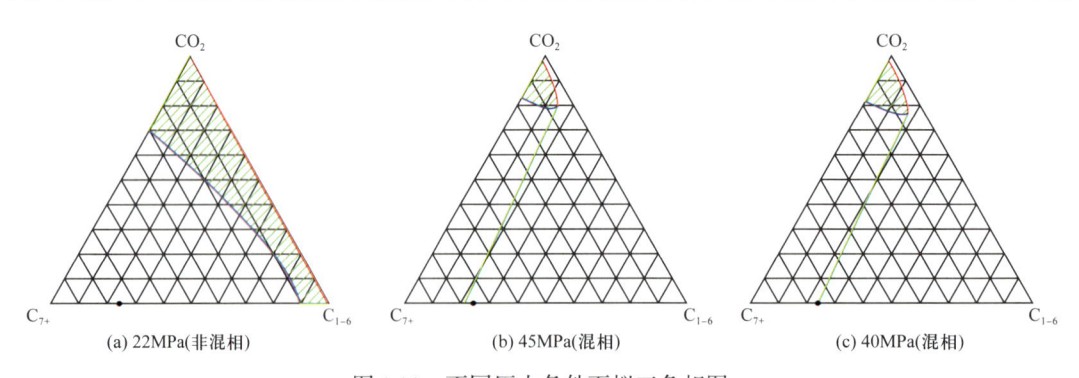

(a) 22MPa(非混相)　　(b) 45MPa(混相)　　(c) 40MPa(混相)

图 3.20　不同压力条件下拟三角相图

3）细管实验法

混相驱的驱油效率远高于非混相驱，而驱油效率的高低主要取决于驱替压力，只有当驱替压力高于最小混相压力时才可能达到混相驱。因此，CO_2 最小混相压力是注 CO_2 开发的一个重要参数。

测定混相压力的实验室方法一般有细管实验法、升泡仪法和蒸汽密度法。细管实验法能给出具有重复性的精确结果，也是国内外公认的确定混相压力的理想方法。细管实验法是实验室测定最小混相压力的一种常用且较好的方法，它比较符合油层多孔介质中油气驱替过程的特征，并能尽可能排除不利的流度比、黏性指进、重力分离、岩性的非均质等因素所带来的影响。

最小混相压力实验装置示意图如图 3.21 所示，细管长度约 18m，内径约 3.9mm，细管中填充 180～200 目石英砂，孔隙体积约为 35%。采用油浴恒温，最大工作压力 50MPa，最高工作温度为 150℃。

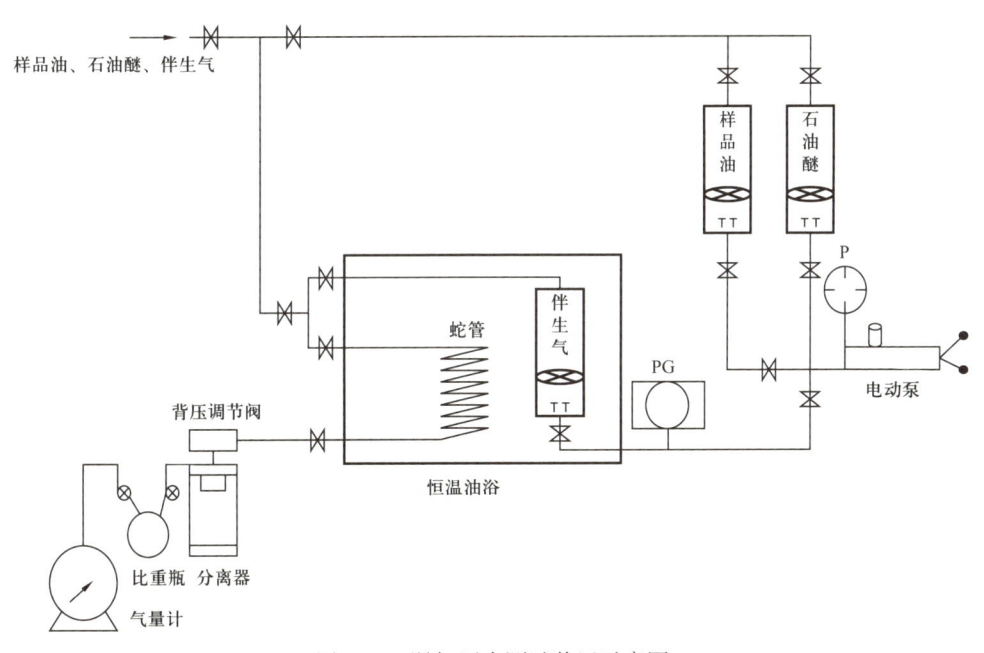

图 3.21 混相压力测试装置示意图

最小混相压力取值为注入 1.2PV 孔隙体积，气体穿透时采收率达 90% 以上对应的压力。

实验压力共分六组，其中压力分别为 26.0MPa、29.0MPa、31.0MPa 下在穿透时的原油采收率均低于 90%，属于非混相状态；压力分别为 33.0MPa、36.0MPa、39.0MPa，穿透时原油采出率均高于 90%，属于混相状态（表 3.5）。两条直线的交点所对应的压力即为在该油藏温度下注气时的最小混相压力（32.2MPa）。由于实验用的原油轻组分少，CO_2 的抽提作用不明显，多次接触对降低混相压力的效果不大。

表 3.5 各压力下穿透时的原油采出率

实验压力 /MPa	原油采收率 /%	备注
26.0	77.98	非混相
29.0	84.04	非混相
31.0	88.25	非混相
33.0	91.19	混相
36.0	92.35	混相
39.0	93.79	混相

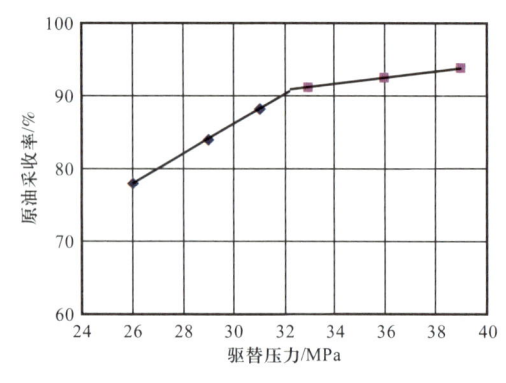

图 3.22 投产初期最小混相压力测试结果

4）界面张力消失法

在油气藏中，混相被定义为两个或多个流体能以任意比例混合成单相，即两相或多相的界面张力为 0 时达到混相。因此，根据油气界面张力值也可以判断油气达到混相的条件。实验结果表明，随着压力的增加，地层原油与 CO_2 间界面张力逐渐下降，并在 33~34MPa 时达到混相状态（图 3.23），属于一次接触混相，混相压力略高于细管实验结果。

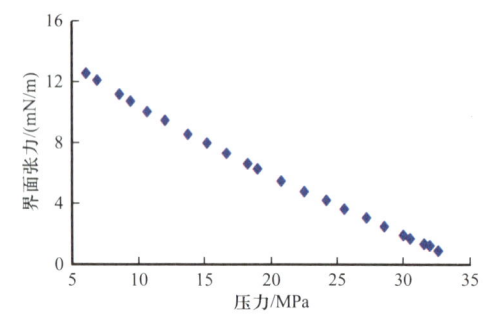

没有混相时的油滴　　接近混相时(33~34MPa)

图 3.23 不同压力下界面张力与油滴变化图

综合分析认为：CO_2 驱与树 101 试验区原始原油最小混相压力为 32.2MPa。

三、树 101 试验区 CO_2 驱替全过程状态特征

树 101 试验区树 94-碳 13 井在注入约 0.1HCPV 时进行高压物性取样，从原油组分分析结果看，C_3~C_{10} 相对含量比原始原油增加了 5.7%。从细管驱替实验结果看（图 3.24），最小混相压力由原始 32.2MPa 下降至 28.6MPa，下降了 3.6MPa。表明随着原油中轻质组分含量增加，最小混相压力降低。

从井温和压力监测结果看（图3.25），注入井井筒在940m以上时，CO_2呈液态，井筒在940m以下至采油井井底附近，整个注采井间CO_2呈超临界状态，采油井井筒呈气态。通过油藏数值模拟预测注入CO_2量约为0.1HCPV时，采出端最小混相压力比注入端约低1.6MPa，从注入端至采出端最小混相压力逐渐降低，根据模拟预测的最小混相压力与地层压力，将注入端至采出端分为混相区、过渡区及非混相区三种驱替状态（图3.26），混相区域占25%，过渡区占12.5%，非混相占62.5%（图3.27），混相区定义为地层压力高于原始状态测得的混相压力及目前模拟计算的混相压力，非混相区地层压力低于原始状态测得的混相压力及模拟计算的混相压力，过渡区为目前地层压力介于原始状态混相压力和模拟计算的混相压力两者之间的区域。

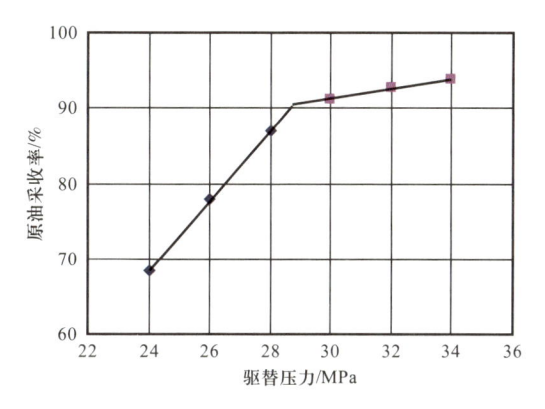

图3.24 注入约0.1HCPV时最小混相压力测试结果

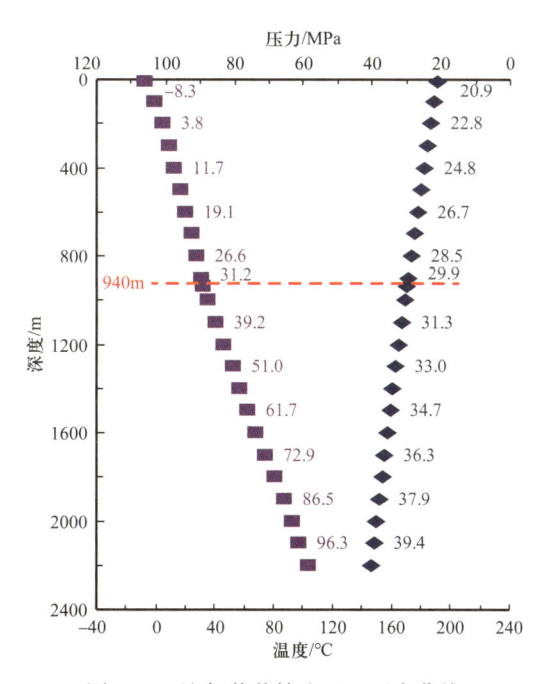

图3.25 注气井井筒流温、压力曲线

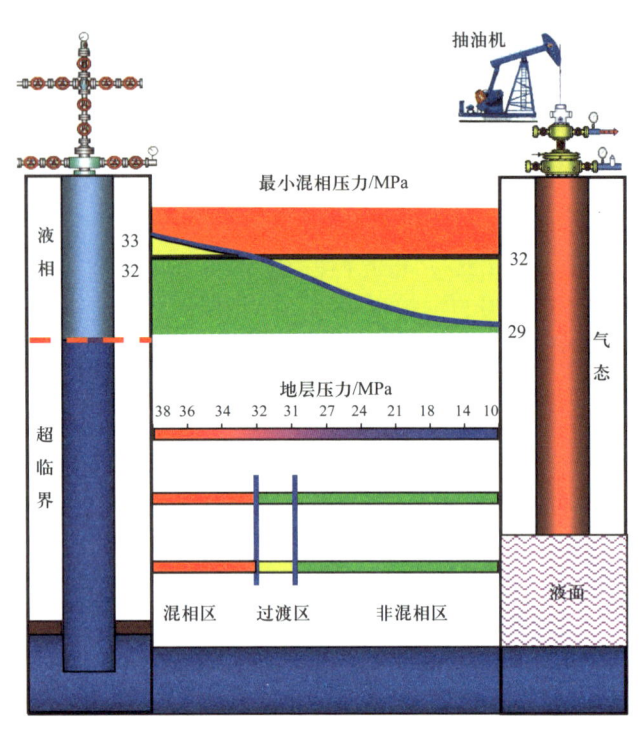

图 3.26　CO_2 驱驱替状态示意图

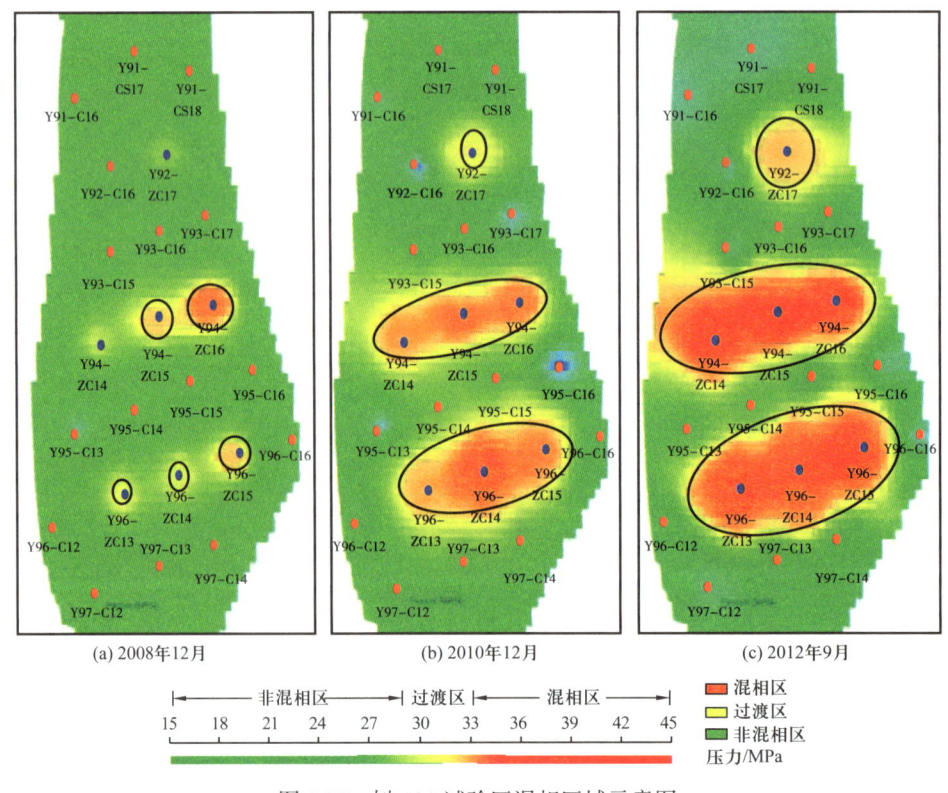

(a) 2008年12月　　(b) 2010年12月　　(c) 2012年9月

图 3.27　树 101 试验区混相区域示意图

第三节 CO_2 驱油相渗特征

一、CO_2 驱启动压力

随着渗透率降低，启动压力梯度增大，当渗透率小于 1.4mD 时，启动压力梯度急剧上升。水驱启动压力梯度与 CO_2 驱具有相同的规律，但水驱的启动压力梯度高于 CO_2 驱，水驱比 CO_2 驱启动压力梯度高 1.181~2.2 倍，平均 1.647 倍（图 3.28）。因此，注入 CO_2 可降低启动压力梯度，提高流体的注入能力。

榆树林油田扶杨三类油层平均气测渗透率为 1.0~1.5mD，渗透率为 1.0mD 时，对应 CO_2 驱启动压力梯度为 0.1623MPa/m，水驱启动压力梯度为 0.348MPa/m。

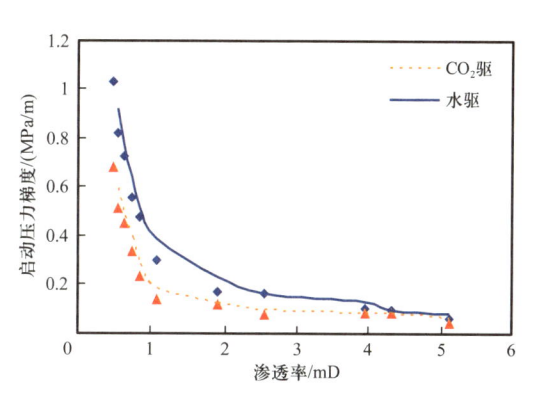

图 3.28 启动压力梯度与渗透率关系曲线

二、油气相对渗透率曲线

从相对渗透率曲线上（图 3.29 至图 3.32）可以看到，与油水相对渗透率相比，油相渗透率变化较小，气相渗透率变化较大。气相端点的相对渗透率高于水相端点的相对渗透率，两相区范围高于油水相对渗透率值，等渗点饱和度低于油水相对渗透率值，表明气体比水具有更强的流动能力。

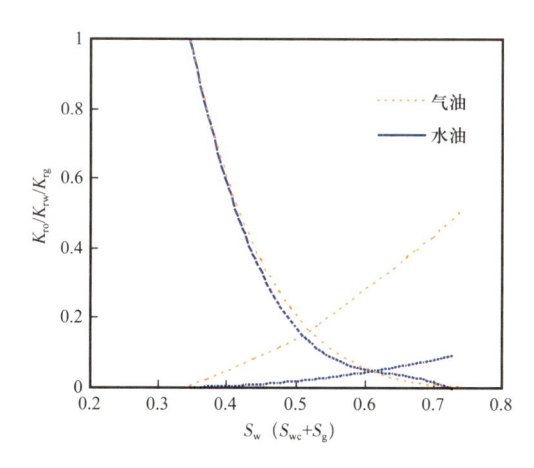

图 3.29 岩心 1 相对渗透率曲线（0.62mD）

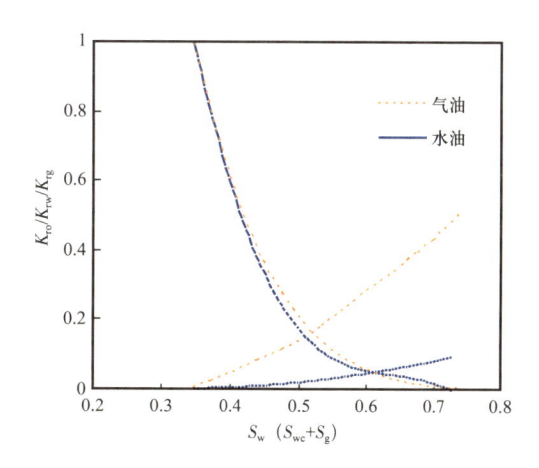

图 3.30 岩心 2 相对渗透率曲线（1.19mD）

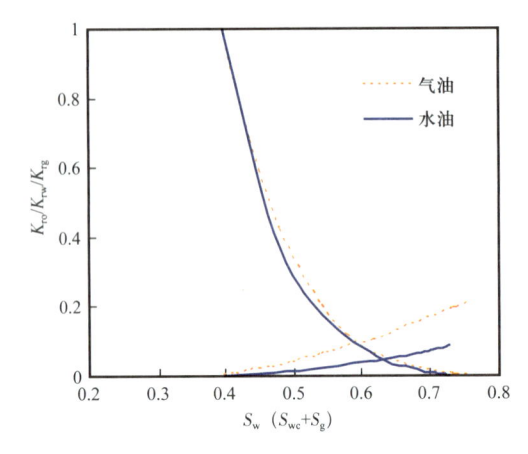

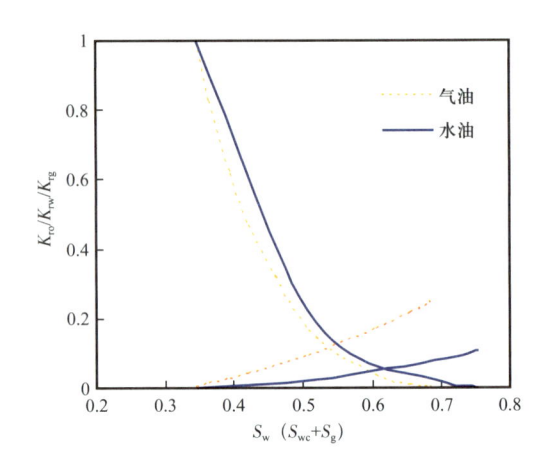

图 3.31 岩心 3 相对渗透率曲线（2.40mD）　　图 3.32 岩心 4 相对渗透率曲线（5.41mD）

另外，渗透率越低，气相端点相对渗透率与水相端点相对渗透率差别越大（表 3.6），表明对于特低渗透油藏，气驱比水驱更有优势。

表 3.6　相对渗透率曲线特征数据

岩心	驱替介质	S_{wi}	S_{or}	两相区饱和度范围	等渗点饱和度	水（气）相端点相对渗透率
1	水	0.3637	0.3148	0.3215	0.5712	0.0711
1	CO_2	0.3637	0.3036	0.3327	0.5235	0.3968
2	水	0.3452	0.2714	0.3834	0.6128	0.0939
2	CO_2	0.3452	0.2607	0.3941	0.5196	0.5016
3	水	0.3988	0.2692	0.3319	0.6325	0.0852
3	CO_2	0.3988	0.2417	0.3594	0.5954	0.2087
4	水	0.3462	0.2464	0.4074	0.6205	0.1077
4	CO_2	0.3462	0.3132	0.3407	0.5394	0.2434

第四节　CO_2 驱油效率

非混相气驱和混相气驱的采收率分别为 48% 和 64%，水驱的采收率只有 29%（表 3.7）。气驱达到较高采收率的时间比水驱要早得多，说明气驱的采油速度比水驱的采油速度高得多。

对于特低渗透油藏来说（图 3.33），气驱的注采压差要远低于水驱的注采压差；非混相气驱的注采压差大于混相气驱的注采压差。由此可以看出注水开发在特低渗透油藏比较困难，气驱具有很大的优越性。

表 3.7 不同驱替方式下的采收率与驱替时间表（1mD）

驱替方式	驱油效率 /%	驱替时间 /h
水驱	29	6.5
非混相气驱	48	2.7
混相气驱	64	2.8

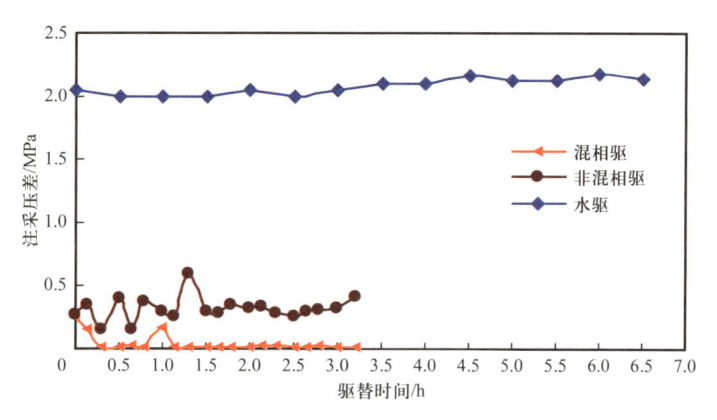

图 3.33 不同驱替方式下的注采压差与驱替时间关系曲线（1mD）

随着注入压力增大，CO_2 驱油效率增加，但增大幅度逐渐变缓（图 3.34）。通过注入方式优化，水气交替注入能最大限度地扩大波及体积，但注气速度不宜过快，以免发生指进。

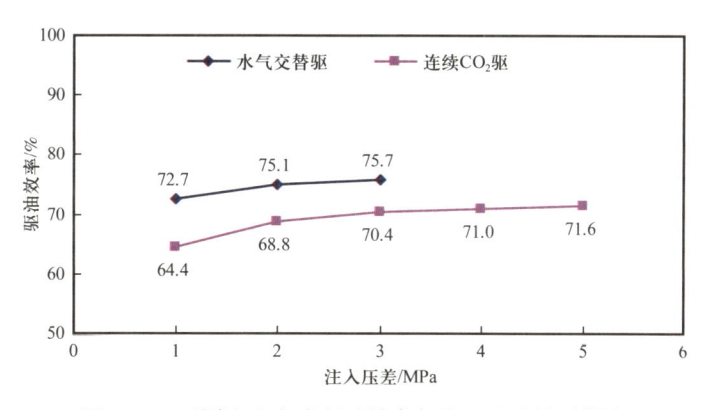

图 3.34 不同注入方式驱油效率与注入压差关系曲线

在水气交替注入过程中，压力随着注入量的增加不断升高（图 3.35），特别是注水压力上升迅速，而注气压力上升速度较慢。由于气水界面的大量产生，水气交替注入方式可以控制 CO_2 的窜逸速度。

在一定的注入压差下，随注入量增加，采收率初始上升幅度较高，基本呈直线增长，达到一定注入量后，增幅变小（图 3.36）。确定采出程度随注入量变化出现拐点处为最佳注入量点。

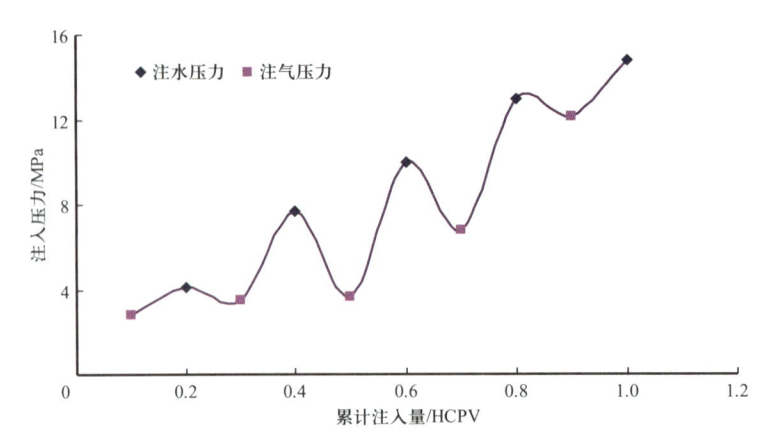

图 3.35　水气（CO_2）交替注入压力与累计注入量关系曲线

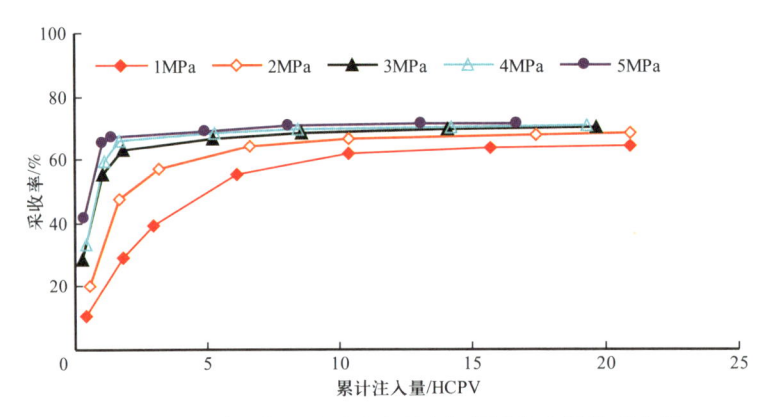

图 3.36　不同生产压差下采出程度与累计注入量关系曲线

第四章 特低渗透砂岩油藏 CO_2 驱开发技术

榆树林油田 CO_2 驱油矿场试验区属于大庆外围油田，主要开采层位是白垩系泉头组扶余油层和杨大城子油层（简称扶杨油层）。该油田于 1991 年投入开发，开发过程中暴露出即注水压力高、吸水能力差，油水井间难以建立起有效的水驱压力系统等一系列问题，为了探索特低渗透难采储量有效动用技术，2007 年榆树林油田在树 101 区块开展了 CO_2 驱油先导性试验，取得了较好的开发效果，2014 年又在树 101 外扩区和树 16 区块开展了工业化推广试验。本章从十余年来榆树林油田 CO_2 非混相驱油矿场试验区的开发实践中，对特低渗透砂岩油藏 CO_2 驱开发技术进行了梳理，以供同类型油藏开发时借鉴。

第一节 榆树林油田 CO_2 驱油开发技术

榆树林油田 CO_2 非混相驱油矿场试验区自 2007 年 12 月陆续投注，按照超前注气原则，油井至 2009 年 4 月全部投产。截至 2015 年底，树 101 试验区年注入液态 CO_2 量 3.85×10^4t，累计注入液态 CO_2 量 19.73×10^4t，累计注入 0.192HCPV，年产油 0.85×10^4t，累计产油 7.17×10^4t，采油速度 0.72%，采出程度 6.05%，累计换油率 0.36t/t。

一、特低渗透油藏 CO_2 驱动用条件及筛选标准

1. CO_2 驱有效动用储层

树 101 试验区和芳 48 试验区共 15 井次产液剖面资料统计（图 4.1 和图 4.2）。结果表明，产液层渗透率在 0.5mD 以上，产液层有效厚度 1.0m 以上。

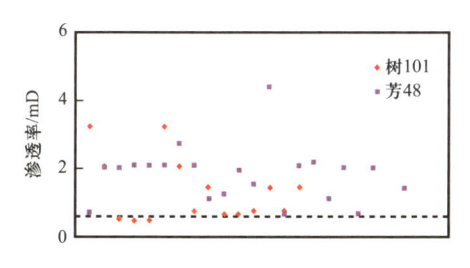

图 4.1 CO_2 注气区产液层位渗透率分布图 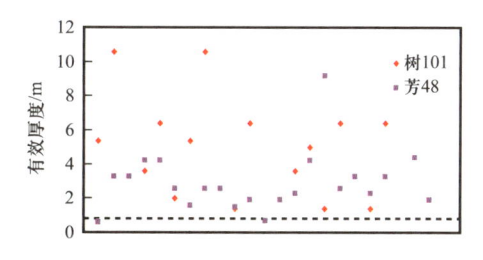　　图 4.2 CO_2 注气区产液层位有效厚度分布图

2. 适合 CO_2 驱的油藏筛选标准

参考国外 CO_2 驱油标准，结合 CO_2 驱油试验效果及储层和流体的特点，初步确定 CO_2 驱油储量筛选条件（表 4.1），榆树林油田适合 CO_2 驱开发的潜力储量为 $6045 \times 10^4 t$。

表 4.1 大庆油田难采储量适合 CO_2 驱筛选条件

序号	筛选参数	混相	非混相
1	油藏埋深 /m	>800	>600
2	断块面积 /km²	\>0.5	
3	裂缝发育程度	不发育	
4	空气渗透率 /mD	0.5<K<2	
5	地层原油黏度 /（mPa·s）	<10	
6	原油密度 /（g/cm³）	0.7~0.87	<1.0
7	含油饱和度 /%	>30	
8	地层温度 /℃	<120	
9	空气渗透率 × 有效厚度 /（mD·m）	>5	
10	孔隙度 × 含油饱和度	>0.05	
11	采出程度 /%	<10	
12	综合含水率 /%	原则上为低含水	

二、不同注气阶段不同类井开发调整技术

围绕"扩大波及体积、实现均匀驱替"目标，开发初期采取超前注气，补充地层能量，采取分批动用原则，先动用储层物性相近的杨大城子油层，缓解层间矛盾；在规模受效期，注气井采取周期注气，控制见气速度，采油井根据产量实施分类管理，控制流压；在油井见气期，注气井根据井组气油比、注采比调整注气周期，采油井根据气油比实施分类管理，控制流压。对于气窜井采取调剖、水气交替等治理措施。

1. 初期开发调整技术

（1）超前注气，补充地层能量。

超前注气有利于保持地层压力、提高油藏开发效果，通过数值模拟（图 4.3 和图 4.4），综合分析确定超前注气 6 个月。

7 口注气井超前注气累计 0.02HCPV，油井未压裂投产，初期平均日产油 2.7t，最高时达到 3.2t，树 95- 碳 12 井在树 95- 碳 13 井超前注气 2 个月后投产，日产油量仅为 1.6t，生产 1 个月后关井，超前注入 6 个月，注入 0.02HCPV 后开井生产，油井日产油量达到 2.8t（图 4.5）。

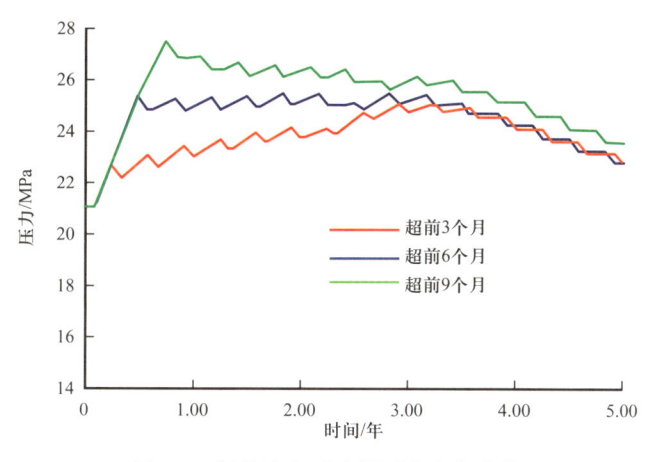

图 4.3　超前注入时地层压力变化曲线

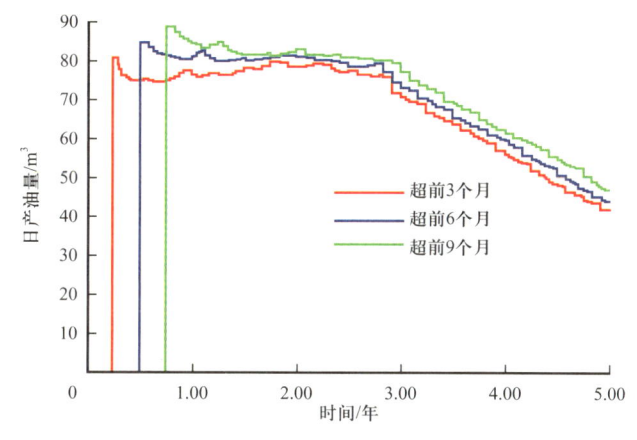

图 4.4　超前注入日产油量的变化曲线

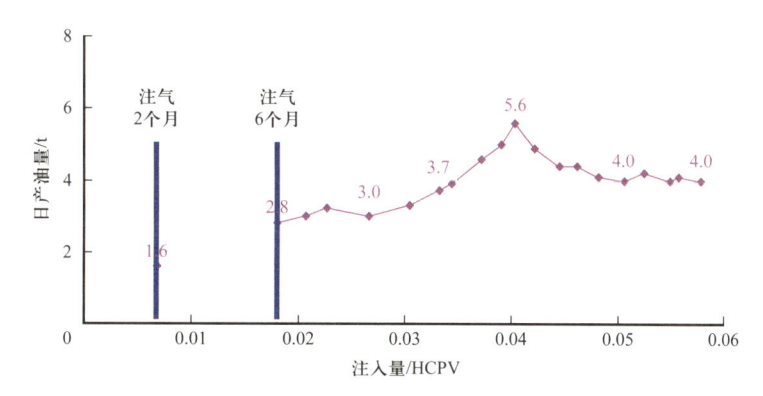

图 4.5　树 95-碳 12 井日产油量与注入 HCPV 数关系曲线

（2）分批动用，缓解层间矛盾。

通过数值模拟计算，对开采层位及射孔时间进行优化组合，方案确定先射开 YⅠ6、YⅡ4^1、YⅡ4^2 三个层位，动用地质储量 $118.7×10^4$t，后期补射 FⅡ1^1 和 FⅢ1^3 两个层位。

2. 规模受效期开发调整技术

1）周期注气，控制见气速度

对于注气开发，气窜是影响开发效果的关键因素，综合分析认为注 3 个月关 1 个月注入周期，开发效果最好（图 4.6）。

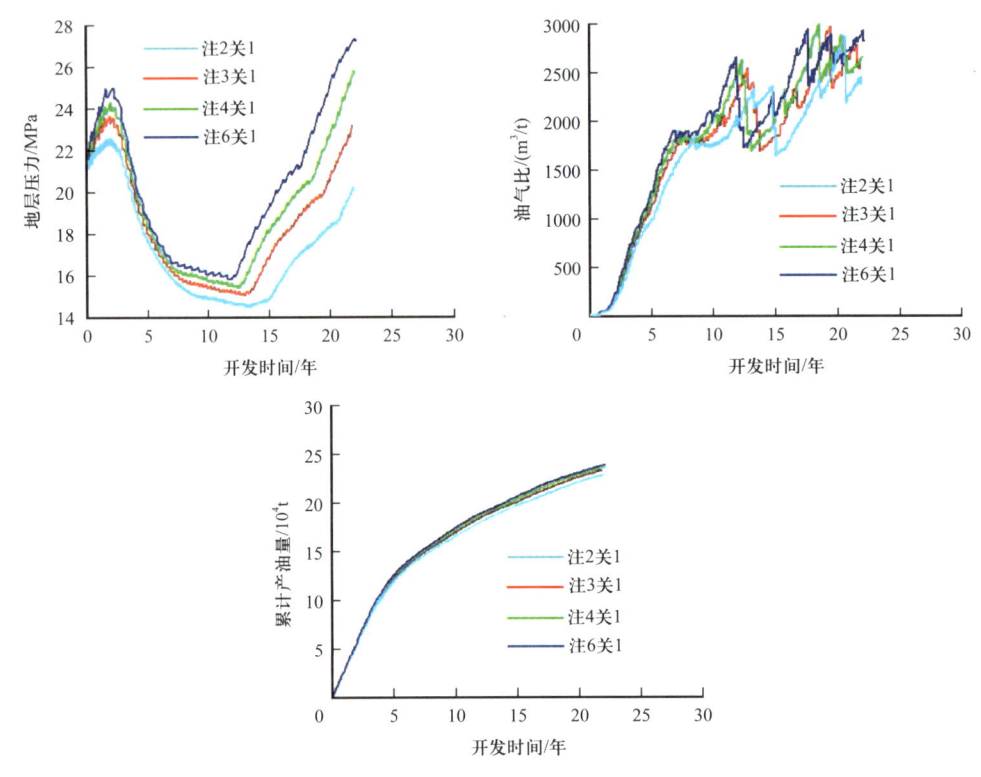

图 4.6 不同注气周期开发指标与开发时间关系曲线

2）油井分类管理，控制不同类井流压

结合动静态资料，对油井实施分类管理，不同类井采用不同流压控制，受效好井采取高流压控制开采，受效差井降低流压开采，有利于均匀驱替。一类井、二类井、三类井正常生产过程中，平均流压分别为 12.6MPa、8.0MPa、5.8MPa（表 4.2）。

表 4.2 规模受效期油井分类情况表

油井分类	标准	开发特征 日产油量/t	开发特征 采油强度/[t/(d·m)]	对策
一类	主要处于一类流动单元	≥3	≥0.35	流压控制在 10~15MPa
二类	主要处于二类流动单元	1~3	0.14~0.35	流压控制在 7~10MPa
三类	主要处于三类、四类流动单元	≤1	≤0.15	流压控制在 4~7MPa

3. 油井见气期开发调整技术

注气井根据井组注采比、气油比上升情况及措施调整需要，调整注气井配注及注气周期（表4.3）。

表4.3　规模见气期油井分类情况表

油井分类	气油比/(m^3/t)	流压/MPa	生产制度	生产情况
一类	≥150	>15	自喷	3口井，单井日产油1.6t，气油比493m^3/t
二类		10~15	采10天关10天	2口井，单井日产油1.8t，气油比372m^3/t
三类	<150	4~10	采10天关5天	5口井，单井日产油2.4t，气油比44m^3/t
四类		<5	连续生产	7口井，单井日产油0.8t，气油比5m^3/t

以树94-碳14井为例：2008年7月投产，初期配注15t/d，2010年1月因其井组注采比较高，将配注下调至10t/d；2011年3月为防止连通油井过快气窜，将注气周期由注3月关1月调整为注2月关1月；2012年3月因其调剖冻堵4个月，为及时补充地层能量，将配注上调至20t/d，注气周期调整为注3月关1月。

采油井规模见气后，根据气油比实施分类管理制度，高气油比井采取高流压控制开采，低气油比井降低流压开采，通过周期采油、措施调整等，改善低效井开发效果。

优选低产液、低气油比井措施引效。表4.5中，2009年优选连通较好的树93-碳15井进行CO_2吞吐引效，措施有效期71个月，累计增油2390t。2012年优选试验区南部位于注气劣势方向，受效较差的树97-碳12井实施压裂引效，压后成功提高该井受效程度，见到理想效果，措施有效期98个月，累计增油4977t（表4.4）。

表4.4　油井措施效果表

井号	射开厚度/m 砂岩	射开厚度/m 有效	投产时间	初期产量/t	措施类别	措施前 日产油量/t	措施前 气油比/(m^3/t)	措施后开井时间	措施后初期 日产油量/t	措施后初期 气油比/(m^3/t)	初期日增油量/t	累计增油量/t
树93-碳15	13.6	9.6	2008年8月5日	0.7	吞吐	0.5	22.0	2009年7月22日	4.0	33.0	2.1	2390
树97-碳12	11.2	8.6	2009年2月27日	0.5	压裂	0.4	22.0	2012年7月28日	5.0	25.4	1.3	4977

对于气窜井及时实施注气井调剖（表4.5和表4.6），有效地控制了气油比上升速度。

表 4.5 调剖方案设计参数表

井号	泡沫体系	调剖半径/m	地下气液体积比	泡沫剂量/m³	液态 CO_2 用量/t	交替周期	注入时间
树95-碳15	SD-4	100	1:1	2256	1253	25	2010年9月
树95-碳13	SD-4	80	1:1	3546	1970	40	2011年9月
树94-碳14	SD-4	70	1:1	3428	1905	38	2011年9月

表 4.6 调剖实施情况表

井号	注入时间	交替周期	注入泡沫剂量/t	注入CO_2量/t	注气压力/MPa 调剖前	注气压力/MPa 调剖初期	注气压力/MPa 调剖结束	注泡沫压力/MPa 调剖初期	注泡沫压力/MPa 调剖结束	调后12个月注气压力/MPa
树96-碳15	10月9日—11月12日	15	2293	1070	19.1	22.7	24.1	20.3	23.8	21.0
树96-碳13	11月9日—12月1日	16	3554	373	13.8	21.2	24.5	22.0	25.8	19.5
树94-碳14	11月9日—11月11日	18	1243	271	13.9	19.2	25.0	16.8	25.2	21.2

通过调剖吸气较差层注气强度得到加强，缓解了层间矛盾（图 4.7）。

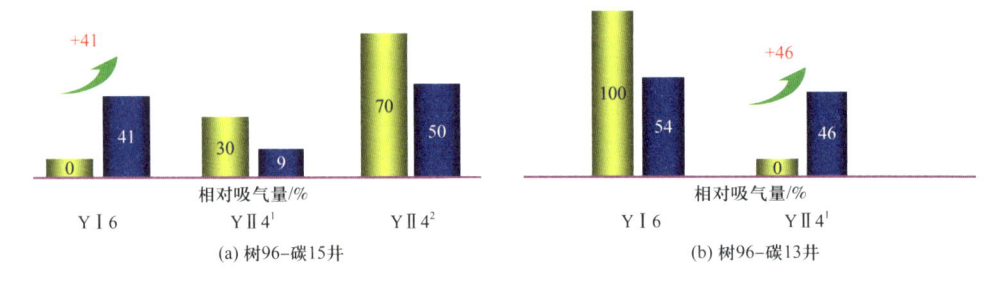

图 4.7 调剖前后吸气剖面测试结果

通过调剖扩大了波及面积，缓解了平面矛盾（图 4.8）。

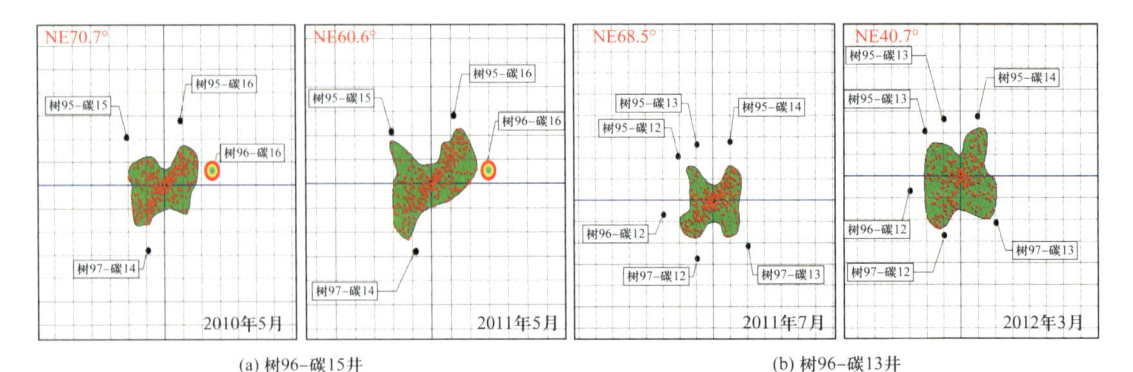

图 4.8 调剖前后注气前缘测试结果

油井产量稳定，气油比明显下降。调剖井周围油井产量调剖前后基本稳定，调剖前后单井日产油保持 1.7t，气油比由 263m³/t 下降至 69m³/t（表 4.7）。

表 4.7 调剖前后油井生产情况表

调剖井组	连通油井数/口	平均单井日产油量/t			气油比/（m³/t）		
^	^	调剖前	调剖后	12 个月后	调剖前	调剖后	12 个月后
树 96–碳 13	6	1.5	1.7	1.4	269	61	161
树 96–碳 15	4	2.0	1.7	1.3	257	86	213
平均		1.7	1.7	1.4	263	69	183

通过精心设计，科学调整，试验区阶段采出程度比同类水驱树 16 区块压裂投产高 1.3 个百分点。

三、CO_2 驱腐蚀规律与防腐技术

结合试验区油层温度、压力、管柱状况，2009 年应用高压釜试验装置，采取挂片失重法，在试验压力 CO_2 分压 16～28MPa、试验温度 20～110℃、试验时间 24h；试验材料分别用 N80 钢、P110 钢、3Cr 钢、13Cr 钢、S13Cr 钢；试验状态分别采取气相、液相时，进行了腐蚀规律研究，并评价优选了防腐技术。

1. 腐蚀规律研究及认识

1）N80 钢、P110 钢在气相环境中腐蚀速率相对较小

在相同分压条件下，腐蚀速率随着温度升高有所增大，但相同温度情况下，腐蚀速率随 CO_2 分压变化没有一定的规律性。N80 钢总体腐蚀速率都大于 SY/T 5329—2022《碎屑岩油藏注水水质指标技术要求及分析方法》中的 0.076mm/a，但基本小于 0.2mm/a（表 4.9）。P110 钢大多数情况下腐蚀速率都小于 SY/T 5329—2022《碎屑岩油藏注水水质指标技术要求及分析方法》中的 0.076mm/a，更低于 GB/T 23258—2020《钢质管道内腐蚀控制规范》中的 0.125mm/a，但在 20MPa 压力下，50℃和 110℃时腐蚀速率分别达到 0.3803mm/a 和 0.8447mm/a，表明在气相环境中，一定温度及分压条件下，仍需采取防腐措施（表 4.8 和表 4.9）。

表 4.8　N80 钢注入井气相腐蚀试验结果　　　　　　　　腐蚀速率单位：mm/a

压力/MPa \ 温度/℃	20	50	80	110
16	0.1636	0.0941	0.1414	0.1767
20	0.1720	0.0519	0.1619	0.2206
24	0.1472	0.0975	0.0724	0.2942
28	0.0983	0.0981	0.1038	0.0559

表 4.9　P110 钢注入井气相腐蚀试验　　　　　　腐蚀速率单位：mm/a

压力 /MPa＼温度 /℃	20	50	80	110
16	0.0000	0.0292	0.1514	0.2697
20	0.0098	0.3803	0.0551	0.8447
24	0.0143	0.0344	0.0860	0.3664
28	0.0151	0.3613	0.0465	0.1411

2）N80 钢、P110 钢在含水液相环境中腐蚀速率加大

在液相条件下，N80 钢的腐蚀变得十分严重，特别是在低分压条件下，腐蚀速度达到 15～20mm/a，110℃后，N80 钢的腐蚀速率下降至 0.8～3.5mm/a（表 4.10）。P110 钢在液相条件下腐蚀速率也显著增大，在 50℃、28MPa 时出现最大值，腐蚀速率高达 6.3533mm/a，在 20MPa 压力、110℃时腐蚀速率达到 3.3066mm/a（表 4.11），远高于 GB/T 23258—2020《钢质管道内腐蚀控制规范》和 SY/T 5329—2022《碎屑岩油藏注水水质指标技术要求及分析方法》中的规定指标，必须采取防腐措施。

表 4.10　N80 钢注入井液相腐蚀试验结果　　　　　腐蚀速率单位：mm/a

压力 /MPa＼温度 /℃	20	50	80	110
16	16.4935	20.7749	6.9018	3.4880
20	9.7532	24.5975	3.9646	2.0342
24	5.6651	26.5325	10.5625	1.5119
28	1.6817	23.7418	4.5067	0.7959

表 4.11　P110 钢注入井液相腐蚀试验结果　　　　　腐蚀速率单位：mm/a

压力 /MPa＼温度 /℃	20	50	80	110
16	1.0959	3.7625	2.4774	3.0967
20	0.7195	1.1062	2.1746	3.3066
24	0.6819	1.8099	1.4830	1.9544
28	1.1075	6.3533	1.3023	2.6322

3）Cr 钢在液相环境中耐腐蚀性强

通过研究 13Cr 钢、S13Cr 钢、3Cr 钢在液相条件下的腐蚀状况（表 4.12、表 4.13 和

表 4.14），表明 13Cr 钢、S13Cr 钢均有较强的耐腐蚀性，在试验中所有条件下，最高腐蚀速率只有 0.0546mm/a，SY/T 5329—2022 低于《碎屑岩油藏注水水质指标技术要求及分析方法》中的。

表 4.12　13Cr 钢注入井液相腐蚀试验结果　　　腐蚀速率单位：mm/a

压力 /MPa＼温度 /℃	20	50	80	110
16	0.0026	0.0157	0.0115	0.0194
20	0.0073	0.0084	0.0094	0.0383
24	0.0026	0.0226	0.0142	0.0315
28	0.0020	0.0037	0.0100	0.0110

表 4.13　S13Cr 钢注入井液相腐蚀试验结果　　　腐蚀速率单位：mm/a

压力 /MPa＼温度 /℃	20	50	80	110
16	0.0084	0.0305	0.0120	0.0315
20	0.0110	0.0085	0.0115	0.0546
24	0.0079	0.0315	0.0145	0.0481
28	0.0073	0.0130	0.0250	0.0085

表 4.14　3Cr 钢注入井液相腐蚀试验结果　　　腐蚀速率单位：mm/a

压力 /MPa＼温度 /℃	20	50	80	110
16	3.1392	3.8410	10.8833	7.9624
20	0.5491	4.0716	10.2464	0.8104
24	0.4782	4.5444	8.1570	1.1839
28	0.3829	3.5707	4.4194	1.5603

试验表明钢在 CO_2—H_2O 环境中的腐蚀受温度和分压因素的影响发生较为复杂的变化，所有这些变化的原因都是源于材料表面上碳酸亚铁膜（$FeCO_3$）的生成、溶解及致密程度和破坏。通常低于 60℃时，材料表面不能形成保护性膜，钢的腐蚀速率出现第一个极大值，在 110℃或更高的温度范围，可发生以下反应：

$$3Fe+4H_2O = Fe_3O_4+4H_2$$

表面产物层由 $FeCO_3$ 变成厚而松散的无保护性的含 Fe_3O_4 的 $FeCO_3$ 膜，并且随温度升高 Fe_3CO_4 量增加甚至在膜中占主导地位；对于含铬钢，在高温时主要转变为铬的氧化物，因而在超过 110℃后，显示出钢的第二个腐蚀速率极大值。

评价各种钢在 CO_2-H_2O 体系中均匀腐蚀的耐蚀性排序：13Cr 钢 ≈ S13Cr 钢＞3Cr 钢＞＞P110 钢＞N80 钢。

2. 腐蚀监测检测技术

目前已开发利用的腐蚀监控技术主要有挂片失重法、电阻法、线性极化法、氢渗透法、化学分析法、电化学噪声法、电化学阻抗法等，目前主要采用挂片及挂环法进行腐蚀监测。

注入井在井口测试阀门处下入特制的监测挂片，无须动管柱作业，可随时提出检测腐蚀状况，并可进一步模拟井下情况（图 4.9），施工 1 口井后，挂片检测结果表明：注气井的注入介质交替变化对腐蚀速率有很大影响，水气交替的平均腐蚀速率是纯注 CO_2 气体时的 2 倍，但也仅为 0.0025mm/a。

采出井通过在油管特定位置安装挂片（图 4.10），抽油杆上安装挂环等方式实时监测井下腐蚀状况。已施工 8 口井，对已起出 4 井次并进行试验分析，检验显示采油井泵上腐蚀速率低于泵下，基本低于行业标准 0.076mm/a；泵下腐蚀速率高于行业标准。

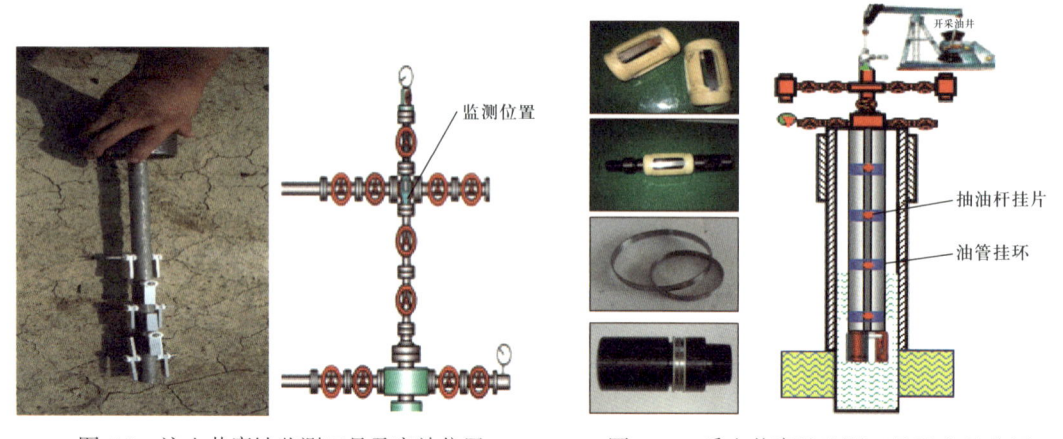

图 4.9 注入井腐蚀监测工具及安放位置　　图 4.10 采出井腐蚀监测工具及安放位置

3. CO_2 驱防腐技术

考虑了碳钢油管加缓蚀剂及采用 13Cr 钢油管两种方案（表 4.15 和图 4.11）。从效益评价上看，碳钢油管加缓蚀剂防腐方案在经济上优于超级 13Cr 钢油管防腐方案，在技术上与超级 13Cr 钢油管防腐方案接近，因此从技术和经济角度考虑，总体上 CO_2 注气井采用碳钢油管加环空保护液的防腐方案，采出井采用碳钢油管加缓蚀剂的防腐方案。

表 4.15　油管防腐方案比较

油管防腐方案	碳钢油管+环空保护液（柴油）	碳钢油管+缓蚀剂	13Cr 钢油管
维护工作	多	多	少
现场作业	多	多	少
油管费用/万元	22.925	22.925	180
油管安装费用/万元	20	5	20
缓蚀剂加注装置费用/万元	6	6	
缓蚀剂费用/万元	22.5	15	
缓蚀剂监测费用/万元	15	15	
腐蚀监测费用/万元	15	15	15
总费用/万元	101.425	78.925	215
年平均费用/万元	6.762	5.262	14.4
等效年度费用/万元	10.35	8.057	21.95

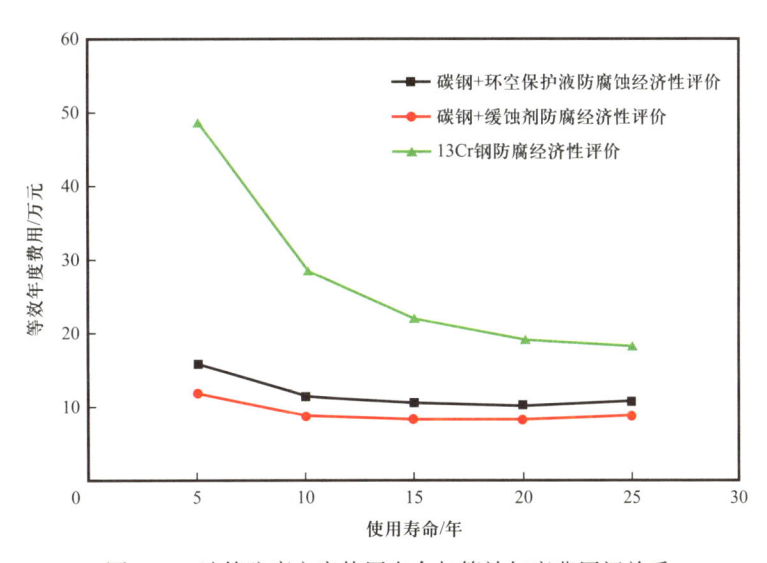

图 4.11　油管防腐方案使用寿命与等效年度费用间关系

注入井防腐方案：油管采用防腐涂层，油套环空添加柴油或缓蚀剂作为保护液，井下所有工具及井口全部采用不锈钢材质。

采出井防腐方案：采取定期添加缓蚀剂方式。已开展 4 口井井口点滴加药装置现场试验，运行正常（图 4.12）。

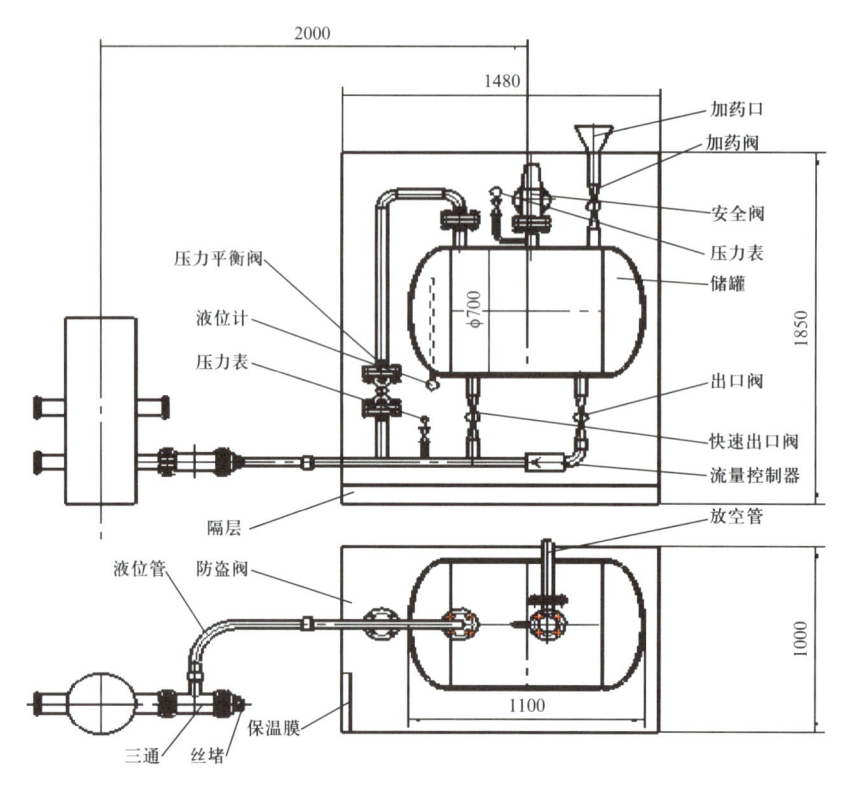

图 4.12 密闭加药工艺流程及实物图

四、CO_2气窜封堵工艺技术

CO_2封窜主要从改善CO_2的流度或者封堵窜层来开展封堵技术研究，总体上提出了采出井机械封堵，注入井水气交替、泡沫、凝胶等封窜方法，其中水气交替及泡沫体系是防止CO_2早期突破的常用方法，若无效则再进行凝胶调剖。

1. 机械封堵

针对注入CO_2后，个别井2个月即发生气窜问题，为保证整体试验的实施，对气窜较快的油井应用了机械封堵技术，目前已现场试验HL-124型防盗可控封井器封堵1口井。HL-124型防盗可控井封井器使用人力旋转坐封，可坐封在井口以下3~20m处，其胶筒可承受37MPa压差；应用时间已超过36个月。

2. 水气交替

水气交替是向油层中交替注入水气段塞，由于水的黏度相对于气体较高，因此在驱油前期，水优先进入高渗透层形成屏蔽，同时由于贾敏效应，迫使气体转入低渗透层，提高了气体的驱扫效率及低渗透层的采收率（表4.16）。

表4.16　树96-碳15井水气交替注入方案

段塞	注入方式	配注量	周期注入量	最大注入压力
气段塞	正注	10t/d	900t	25MPa
水段塞	正注	18m³/d	1600m³	25MPa

针对水气交替注入过程中易出现的冻堵和腐蚀加剧问题，研究确定了相应的工艺措施。防腐措施是先注浓度3‰的缓蚀剂充满油管，闷井24h后，开始注水施工，在水气切换时再进行一次防腐处理。防冻措施是每次水气交替时，先注入乙二醇段塞，如果还出现冻井，再注入一定量的解冻堵剂闷井解冻，当压力有较大变化时可开井恢复注入，否则采取长时间闷井和多次少量注入解冻堵剂的方法解冻。2012年7月对树96-碳15井组实施水气交替（表4.16）。该井组见气程度较高，周围连通7口油井中6口井CO_2含量超过50%，注气压力由最高时的19.6MPa下降至14.4MPa。方案设计按注入水气地下体积比按照1:1考虑，气段塞900t，水段塞1600m³，交替周期为3个月，实施过程中根据注入压力变化情况适时调整。实施时注水初期最高注入压力达到20.2MPa，比注气时上升5.8MPa，稳定注水压力18.3MPa，按照方案连续实施两个轮次的水气交替，从连通油井生产情况看，井组产量基本稳定，气油比大幅度下降，由133.1m³/t下降至70.2m³/t，油井未见含水显示。

3. 泡沫调剖体系

泡沫调剖是防止CO_2早期突破的常用方法。封堵机理是由于泡沫在地层孔喉之间引

起的贾敏效应使注入气的渗流阻力增大，进而使部分气波及渗透率较差的层。泡沫体系不仅对高渗透窜流通道具有很强的封堵能力，且不会对渗透性特低的层位造成永久性的伤害。

至目前已现场实施泡沫调剖 5 口井，调剖后注入压力上升 5～11MPa，吸气较差层注气强度得到加强，缓解了层间矛盾；连通油井产量稳定，气油比明显下降，目标井气油比由 794m³/t 下降至 150m³/t，有效期 12 个月左右。

4. 凝胶调剖体系

凝胶是由溶胶转变而来的失去流动性的体系，对地层存在一定伤害，该体系注入地层后在一定时间内成胶，可对高渗透层和大孔道进行选择性封堵，主要用来封堵裂缝性窜层。2015 年优选了小分子聚合物耐高温凝胶，粒径为 1.2μm 左右，将凝胶调剖作为封口剂配合泡沫调剖 2 口井，注入压力 21MPa 时顺利注入，有效期 12 个月左右。

五、CO_2 注气井下管柱

1. 笼统注气管柱

针对注入管柱存在普通油管螺纹连接处渗漏及注气井动管柱作业需带压作业的不足，研究应用了气密封扣油管，降低油管螺纹漏失率，同时在管柱最下端安装注入单向控制阀，阻止井下二氧化碳进入油管，实现常规动管柱作业（图4.13）。先导试验 17 年以来，能够按照配注要求实现 CO_2 平稳注入。

2. 分层注气管柱

CO_2 驱分层注入工艺技术目前存在以下四个难点：一是气体黏度小，气嘴节流压差建立困难，对气嘴冲蚀较大；二是 CO_2 气体测调技术属空白，无可借鉴经验；三是 CO^2 对管柱、工具及橡胶密封件腐蚀严重，防腐困难；四是注气管柱及配套工具连接处需气密封扣型，加工难度大。

现研究了两种注气管柱（图4.14和图4.15）。一种为封隔器双卡管柱，管柱结构和常规分层注水井管柱一样，但提高了封隔器和配注器防腐级别，并根据气体节流压差特点对配注器气嘴结构加以改进，截至 2023 年底，实施单管分注 22 口井。通过测调工艺，可以调整注入层位，实现分层注入。测调后，注入压力较调前上升了 1.35MPa，高吸气层吸气量受到限制，低吸气层吸气量有所增加，吸气剖面更加均匀。另一种为双管分注技术，采用 $3\frac{1}{2}$in 的油管内套 $1\frac{1}{9}$in 的小油管，在井口控制对两层分别注入，该技术关键是井口的两个油管悬挂系统设计和井下双层管柱的密封系统设计，适用于二层分注井，以层段轮注为主，不需调试，截至 2023 年底，实施双管分注 12 口井。通过单层轮注有效缓解层间矛盾，与笼统井相比，轮注井组油井递减率降低 1.3%～3.5%。

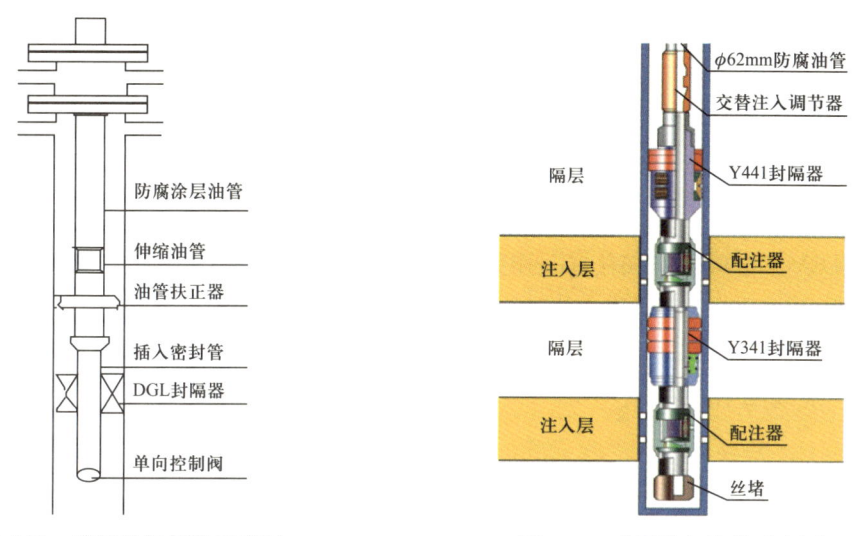

图 4.13 笼统注气管柱示意图

图 4.14 分层注气管柱示意图

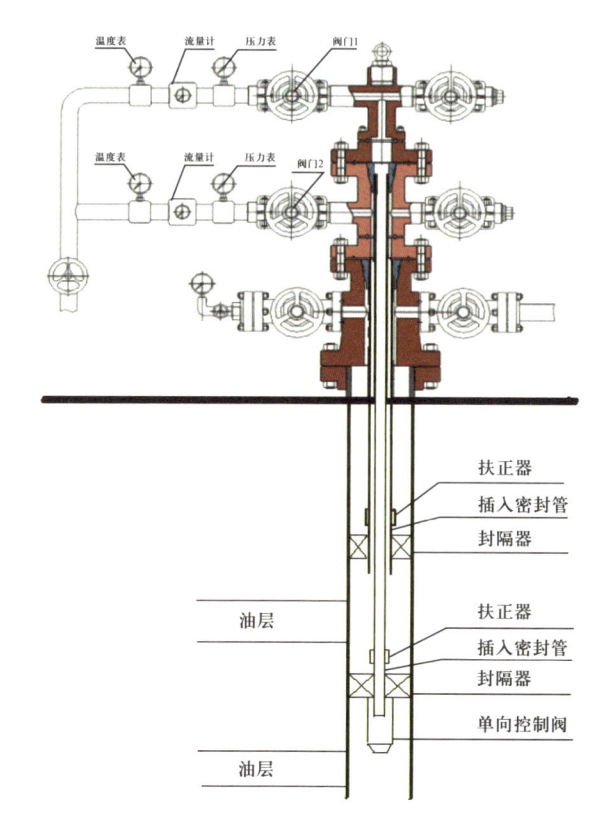

图 4.15 地面分注管柱示意图

六、高气液比举升技术

考虑泵吸入口压力大于超临界压力时，通过抽油泵的 CO_2 为超临界态，流动特性与

液态相近，只需采取简单的防气措施；泵吸入口压力低于临界压力时，通过抽油泵的 CO_2 为气态，需根据产气量的高低分类采取措施。已应用高效防气装置可满足气液比 400m³/t 以下的井正常生产。

七、见气油井安全作业技术

依据 SY/T 6690—2016《井下作业井控技术规程》和 Q/SY 02553—2022《井下作业井控技术规范》压井液密度确定方法及现场施工实际，总结了见气油井作业方式选择方法（表4.17）。针对不同套压见气油井，截至2023年底，共实施压井施工30井次、带压作业20井次，成功率100%。

$$p_{压井液液柱} - p_{附加压力} \geqslant p_{原井液柱} + p_{套压} \tag{4.1}$$

$$\left(\rho_{压井液} - \rho_{附加}\right)gH_{井深} \geqslant \left[\rho_{原油}\left(1-f_w\right) + f_w\right]gH_{井深} + p_{套压} \tag{4.2}$$

表 4.17 不同套压下见气油井采取的作业方式

井况	套压 / MPa	附加密度 / (g/cm³)	压井液密度 / (g/cm³)	作业方式
井深2000m、含水率30%	0～1	0.05	1	清水压井
	1～2	0.05	1～1.05	不同密度压井液压井
	2～3	0.1	1.05～1.15	
	3～6	0.1	1.15～1.3	
	大于6		大于1.3	带压作业，避免高密度压井液伤害油层

第二节　榆树林油田 CO_2 驱油矿场试验

榆树林油田树101先导试验区及扩边区均为新区直接注气开发区块，树16区块为水驱开发近十年后转为注气开发的区块。通过树101先导试验区17年及工业化试验区10年的开发实践，二氧化碳驱油在榆树林油田三类储层取得显著效果。

（1）主要技术指标与方案设计基本吻合，预计采收率比同类水驱提高9个百分点。

（2）油层一直保持较强吸气能力，注气解决了难采储层注入难、能量补充难的问题。

如图4.16所示，树101试验区注气井初期注气压力为18.5MPa，一直保持稳定，见气后略有下降。而水驱开发树16井区，开发层位与树101井区基本一致，初期注水压力高达21.6MPa，且呈逐渐上升趋势，同期注水压力上升至25.3MPa，主要原因是储层水敏及孔喉细小导致的，特低渗透、中—强水敏储层更适合注气开发。

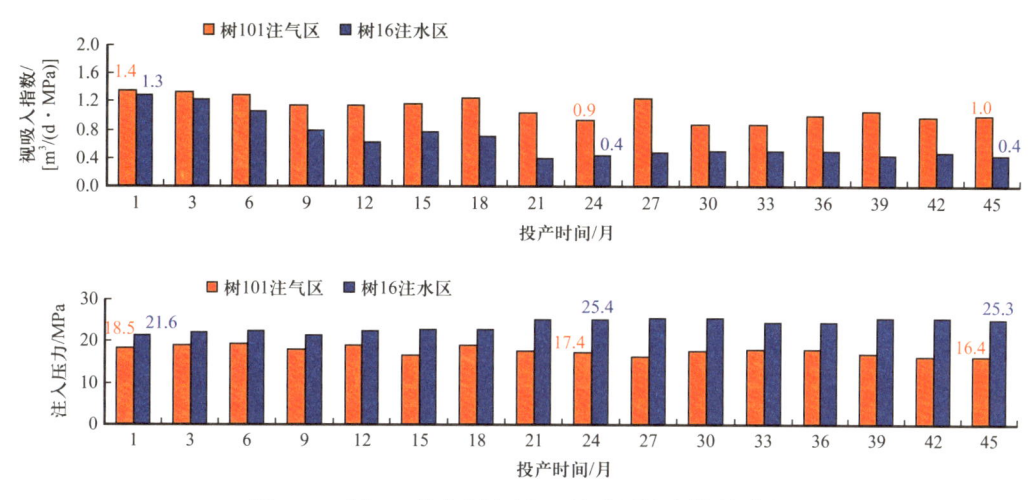

图 4.16 树 101 注气区与树 16 注水区注入情况对比

（3）地层压力保持较高水平，投产第四年地层压力比原始压力高 6.5MPa，压力保持水平达 130%。

图 4.17 所示，树 101 试验区投产初期地层压力 21.7MPa，油气投产第四年地层压力达到最高 28.5MPa，比原始地层压力高 6.4MPa。水驱开发树 16 井区，油井投产初期地层压力 16.4MPa，投产第四年地层压力下降至 8.6MPa，地层压力下降一半左右。

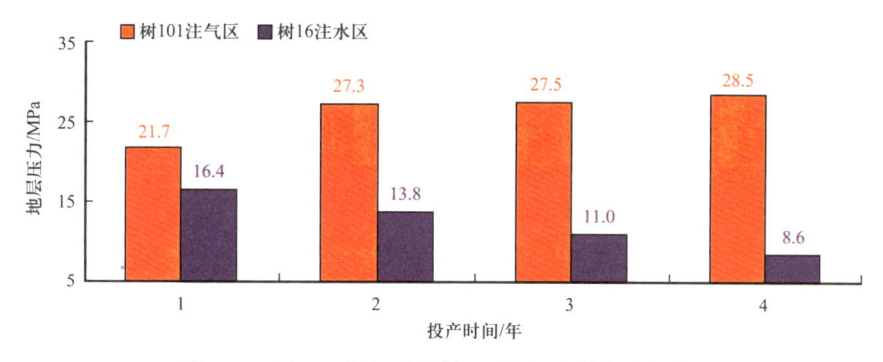

图 4.17 树 101 注气区与树 16 注水区地层压力对比

（4）实现了采油速度连续四年保持在 1% 以上的较高水平。

如图 4.18 所示，树 101 试验区投产初期采油速度 1.05%，连续四年保持在 1% 以上，投产第五年采油速度 0.82%，高于大部分同类水驱区块同期采油速度。水驱采油速度递减幅度较大，投产第五年同类区块采油速度均为 0.5% 左右，远低于树 101 试验区。

（5）油井不压裂投产初期单井日产油 2.9t，投产第五年仍保持在 1.7t/d 以上。

如图 4.19 所示，树 101 试验区油井均未压裂，初期单井日产油 2.9t，投产第五年平均单井日产油 1.7t，采油强度 0.18t/（d·m）。而水驱开发树 16 井区，油井采取压裂投产，初期平均单井日产油 3.3t，投产两年后下降至 1.1t，递减幅度达到 66.7%，呈指数递减规律，采油强度 0.10t/（d·m），同期对比显示气驱采油强度比水驱高近 2 倍。

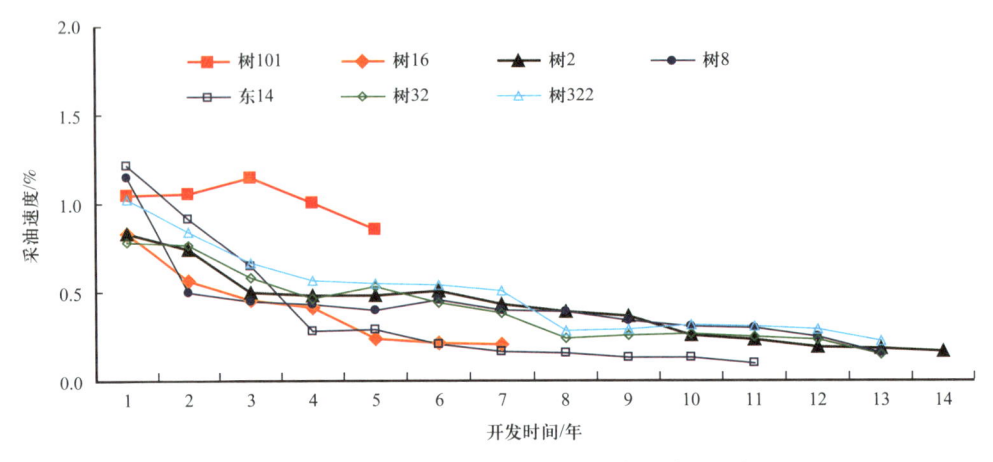

图 4.18　树 101 注气区与扶杨三类油层注水区采油速度对比

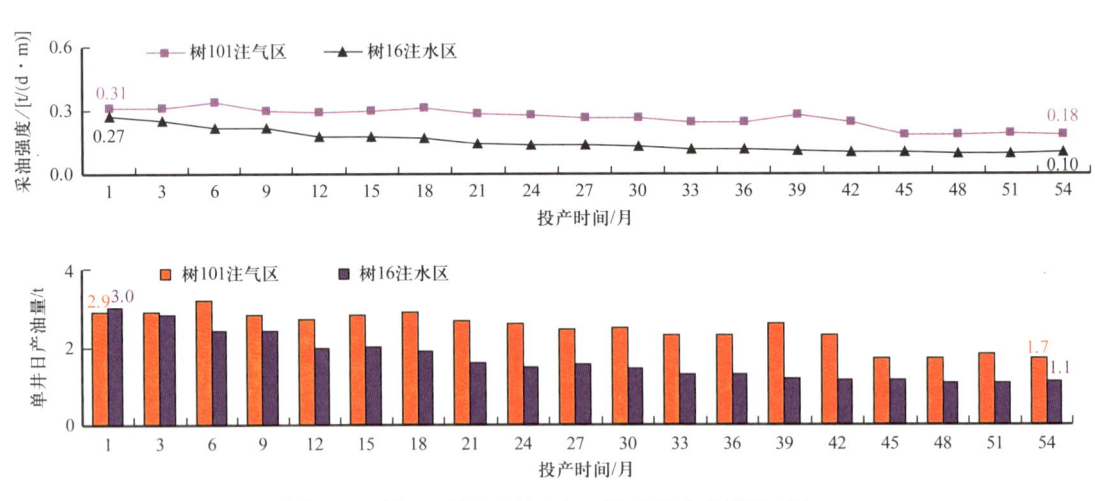

图 4.19　树 101 注气区与树 16 注水区生产情况对比

（6）气油比上升趋势得到控制，仍处于低气油比阶段。

根据数值模拟预测及典型见气井特征，气油比超过 150m³/t 后大幅上升，气油比小于 150m³/t 为低气油比阶段，通过气体流量计实测，2012 年 4 月气油比 147m³/t，通过水气交替及调剖等措施，气油比下降至 106m³/t。截至 2023 年底，树 101 先导试验区气油比为 158m³/t，树 101 及树 16 工业化试验区总的气油比为 97m³/t。

（7）边部井实施压裂引效取得较好效果。

如图 4.20 和表 4.18 所示，树 101 区块为防止气窜，油井采用未压裂投产，但边部井受效较差。根据 2012 年树 97-碳 12 井的压裂经验，2015 年 7 月对树 91-碳 16 井进行压裂，将压裂规模设计为 100m，未发生气窜，取得了较好的效果。日产油量由 0.4t/d 上升至 2.0t/d 并保持稳定，有效期 36 个月，累计增油 1109t。研究认为生产效果较好的原因，一是地质条件较好，措施规模达到了 8.4m；二是驱动条件较好，地层压力较高，压力达到 23.8MPa。

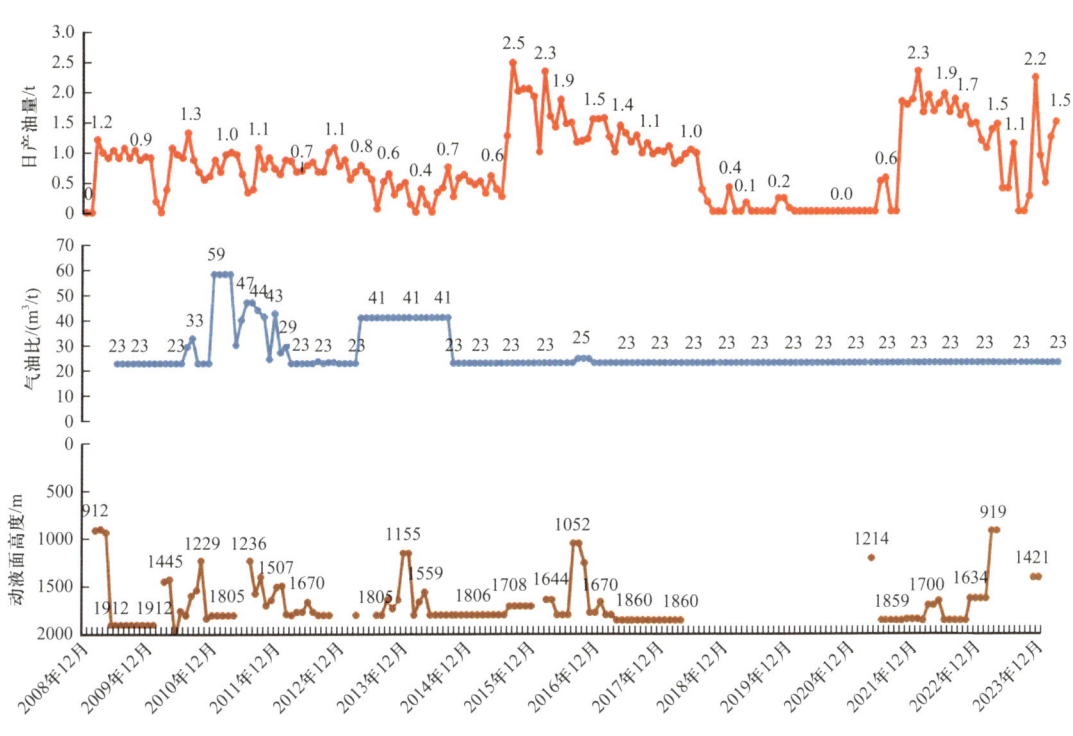

图 4.20　树 101 井先导性试验区树 91-碳 16 压裂井生产曲线

表 4.18　树 101 井先导性试验区压裂情况表

井号	层位	射开厚度/m 砂岩	射开厚度/m 有效	措施前情况 日产量/t	措施前情况 气油比/(m³/t)	措施前情况 累计产量/t	措施后情况 日产量/t	措施后情况 气油比/(m³/t)	措施后情况 累计增油量/t	措施规模/m
树 97-碳 12	Y16	4.8	4.0	0.3	23	393	1.9	23	4977	70
树 97-碳 12	Y24	6.4	4.6	0.3	23	393	1.9	23	4977	70
树 91-碳 16	F213	2.6	1.2	0.4	23	1585	2.0	23	1109	100
树 91-碳 16	F313	1.2	0.6	0.4	23	1585	2.0	23	1109	100
树 91-碳 16	Y16	6.0	5.6	0.4	23	1585	2.0	23	1109	100
树 91-碳 16	Y24	3.4	1.0	0.4	23	1585	2.0	23	1109	100

第五章 特低渗透—致密砂岩油藏直井缝网改造增产机理

本章首先利用基于岩心和大模型物理模拟实验方法，研究了特低渗透—致密砂岩油藏微观剩余油分布规律。在此基础上，建立了"岩心—平面大模型—油藏"多尺度下研究缝网改造增产机理方法，揭示了特低渗透—致密砂岩油藏直井缝网改造压裂增产机理。

第一节 微观剩余油分布规律

采用两种研究微观剩余油分布规律方法：一是岩心剩余油定量综合分析方法，即将水驱油物理模拟实验和核磁共振技术相结合；二是利用大模型剩余油研究方法。

一、岩心微观剩余油分布规律

利用核磁共振、恒速压汞等实验方法，建立了岩心剩余油定量综合分析方法，研究了不同渗透率区间的岩心中水驱油过程中剩余油的变化特征。实验结果如图5.1至图5.3所示。

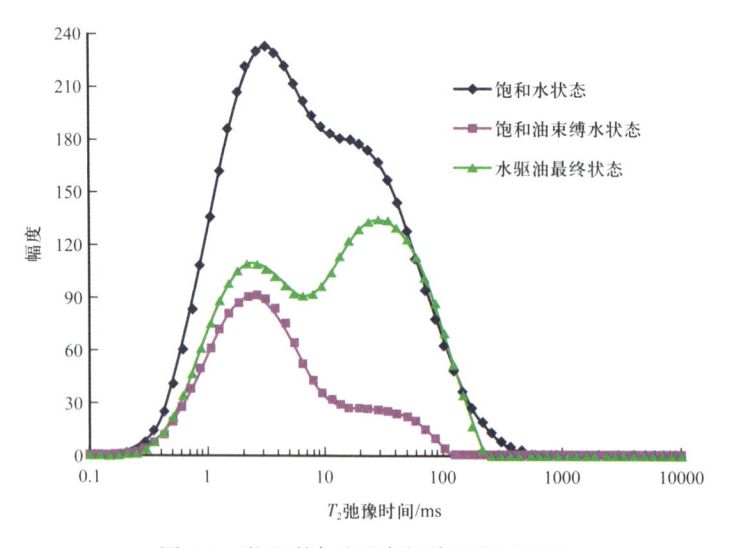

图5.1 微观剩余油赋存规律的测试原理

从图 5.3 中可以看出，研究目标区块大于弛豫时间 10ms 对应的孔隙区间内的流体相对采出程度很高，平均值为 77.49%；而小于弛豫时间 10ms 对应的孔隙区间内的流体相对采出程度很低，平均值为 20.66%。剩余油主要分布在小于弛豫时间 10ms 对应的孔隙区间；而这部分剩余油利用常规手段难以动用，需要进行缝网改造才能动用。

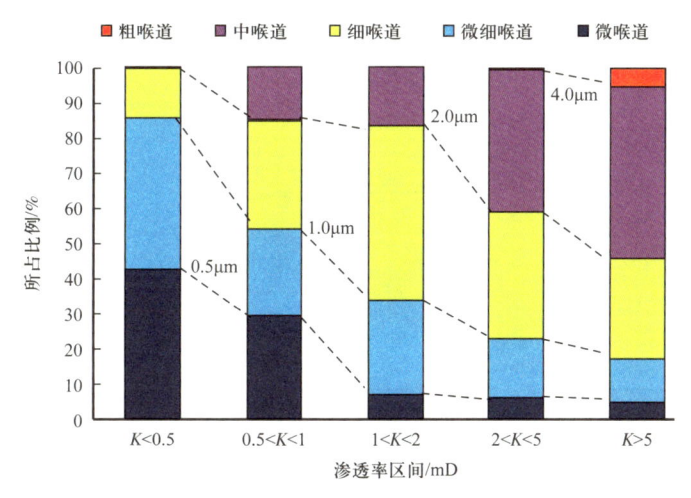

图 5.2　不同渗透率区间的岩心中喉道的分布图

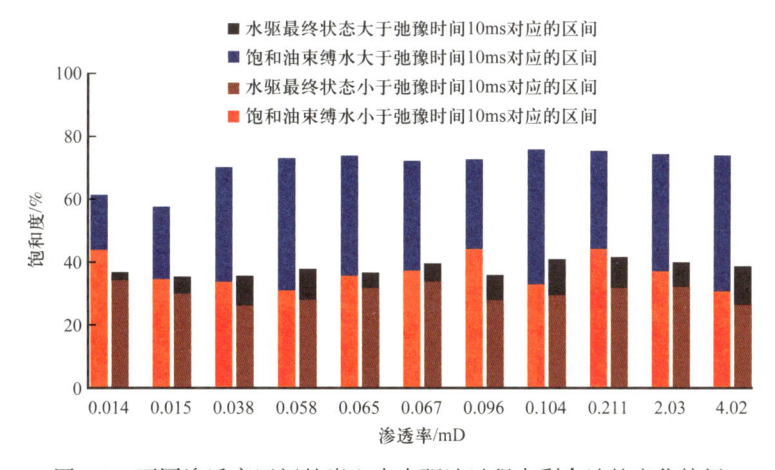

图 5.3　不同渗透率区间的岩心中水驱油过程中剩余油的变化特征

二、大模型微观剩余油分布规律

利用自主研发的大模型物理模拟实验系统，建立了多块天然露头大型平板模型并联驱替的物理模拟方法，模拟了榆树林油田多层开采的多层合采的渗流特征和开发规律。相对于传统的一维小岩心物理模拟试验可以更加直观地展示流场分布。多层合采模拟系统流程图和实验结果如图 5.4 和图 5.5 所示。

图 5.5 的模拟结果表明：三块模型的渗透率之比为 1∶6∶25，出口流速之比为

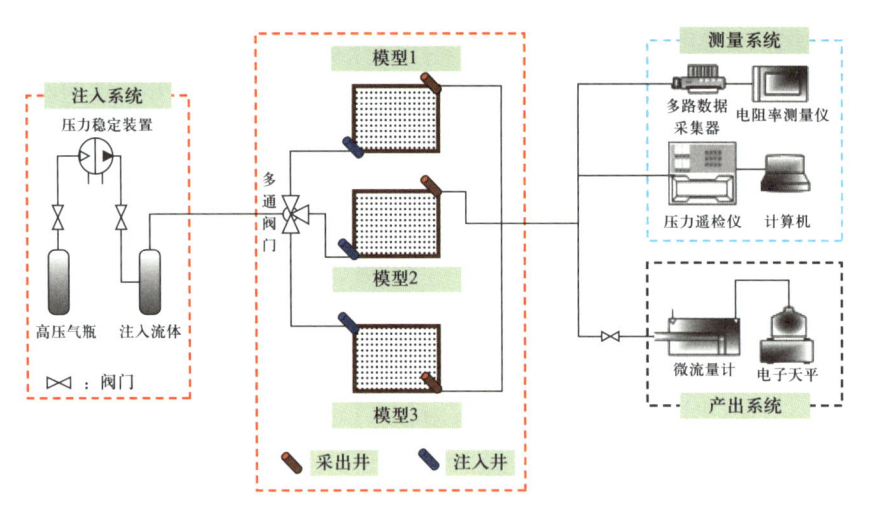

图 5.4 多层合采模拟系统流程图

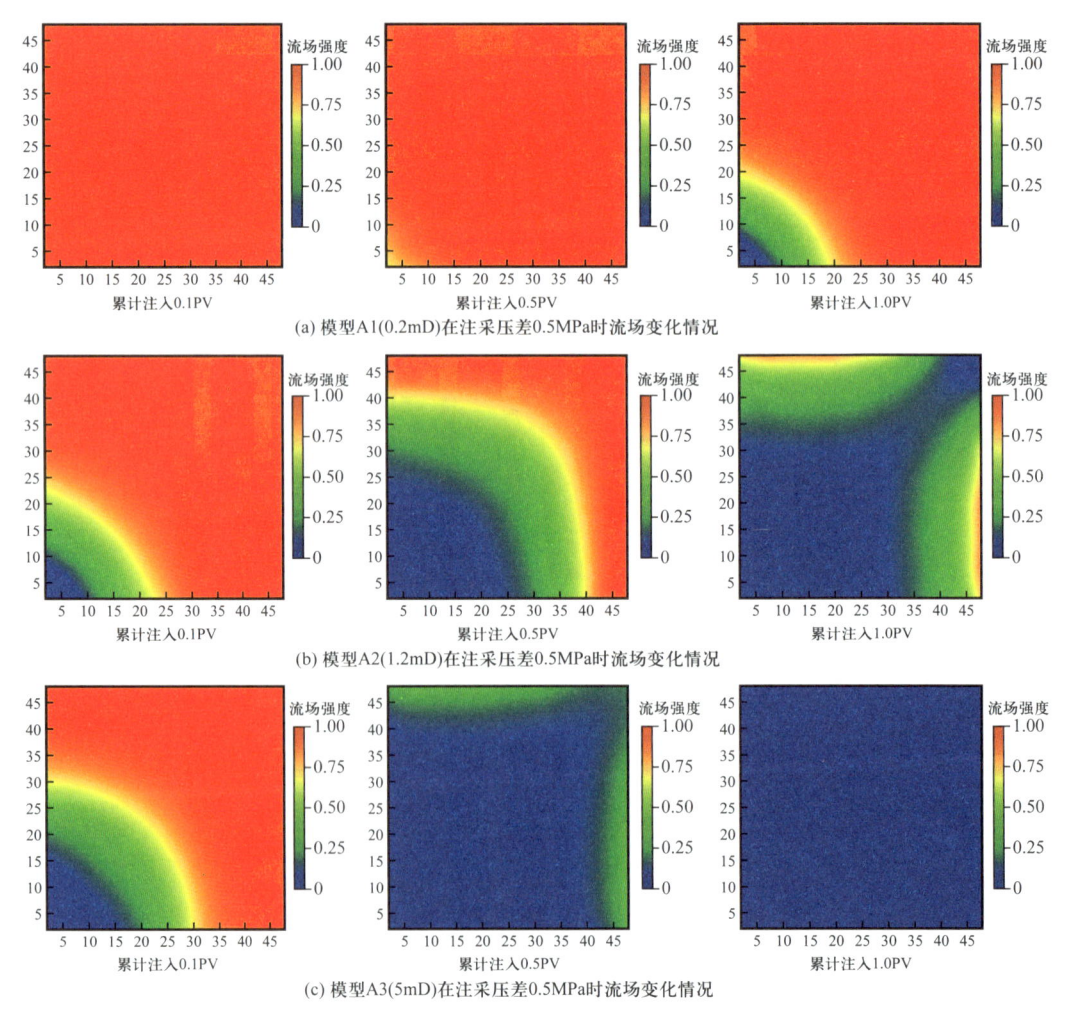

(a) 模型A1(0.2mD)在注采压差0.5MPa时流场变化情况

(b) 模型A2(1.2mD)在注采压差0.5MPa时流场变化情况

(c) 模型A3(5mD)在注采压差0.5MPa时流场变化情况

图 5.5 多层物理模拟实验结果

1∶11∶30，三块模型并联开采时，由于渗透率的差异，渗透率相对较高的模型产量高，水驱动用程度高，波及驱替效果好；而渗透率相对较低的模型产量低，波及驱替效果差。由于渗透率级差的存在，不同模型的波及驱替效果差异非常大，尤其是渗透率相对较低的模型波及效果非常差。渗透率越低的储层动用性越差，剩余油越丰富。得到的结论是剩余油主要分布在较低渗透层位置。

与之同时，利用自主研发的低渗透油藏非线性渗流数值模拟软件，分析了不同因素对水驱多层油藏剩余油分布规律的影响，为缝网改造提供基础。对目标研究区块不同渗透率极差及裂缝发育程度水驱油效果进行模拟计算，研究结果如图5.6和图5.7所示。

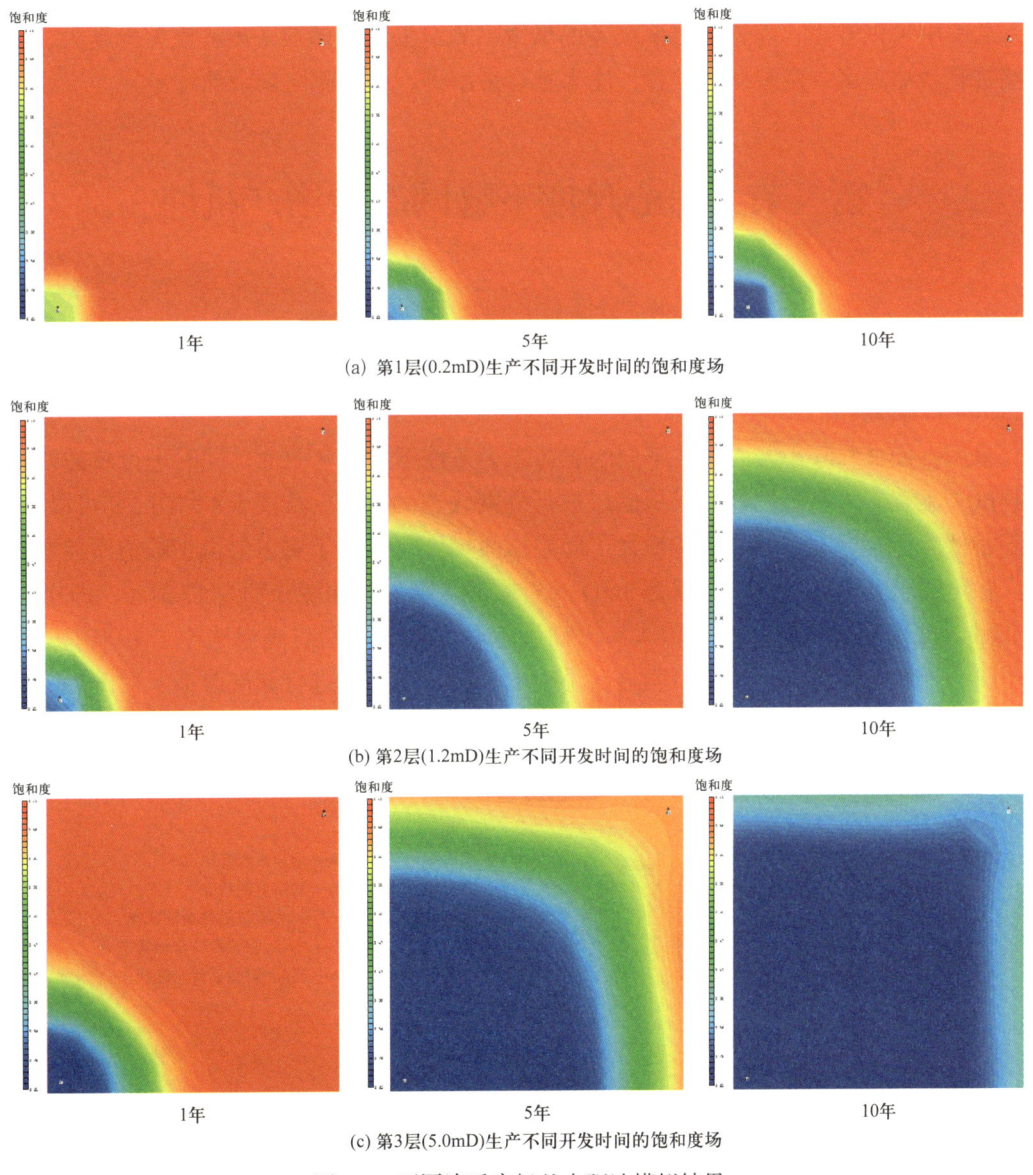

(a) 第1层(0.2mD)生产不同开发时间的饱和度场

(b) 第2层(1.2mD)生产不同开发时间的饱和度场

(c) 第3层(5.0mD)生产不同开发时间的饱和度场

图 5.6 不同渗透率极差水驱油模拟结果

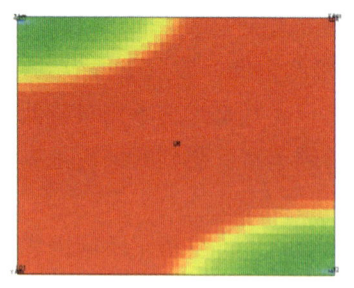

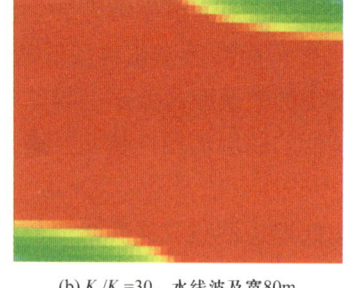

(a) $K_y/K_x=10$,水线波及宽140m (b) $K_y/K_x=30$,水线波及宽80m (c) $K_y/K_x=50$,水线波及宽40m

图 5.7　不同裂缝微裂缝发育程度水驱油模拟结果

从图中可以看出，随着渗透率级差的增大，高或低渗透储层采出程度差异越大，低渗透储层剩余油越多。微裂缝越发育，注水越容易窜进，裂缝侧向剩余油越多。

第二节　岩心尺度下缝网改造增产机理

一、缝网改造可以较好地动用低渗透—致密储层微观孔喉动用程度

采用直径2.5cm小岩心，在不同的驱替压力条件下进行水驱油，同时进行核磁共振T_2谱测试。驱替压力提高的过程模拟储层进行缝网改造的过程。从图5.8和图5.9可以看出，对于特低渗透率岩心，缝网改造增大了储层压力梯度，动用了更多的微细喉道所控制的储量。在不同压力梯度下，渗透率为3mD的岩样的可动油饱和度分别为17.31%、19.92%和24.93%，可见随着压力梯度的增大，可动油饱和度增加。而对高渗透率岩心来说，增大储层压力梯度对储量动用效果不明显。说明增大压力梯度（进行储层改造）对于提高低渗透—致密储层的微观动用程度具有重要意义。

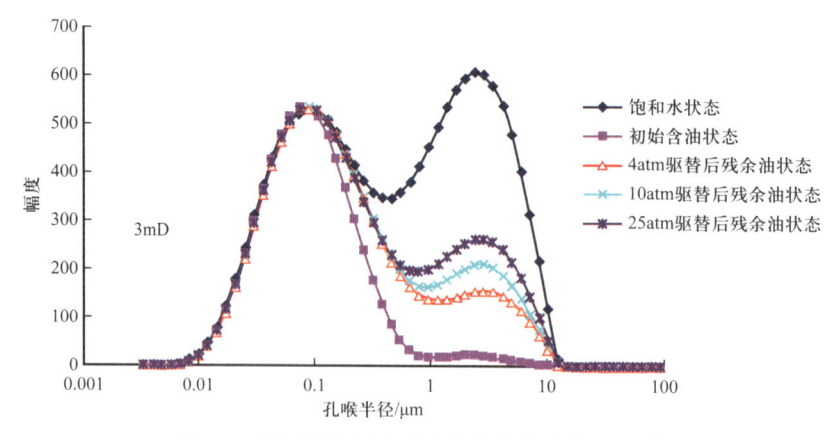

图 5.8　不同驱替压力下油水分布核磁共振 T_2 谱

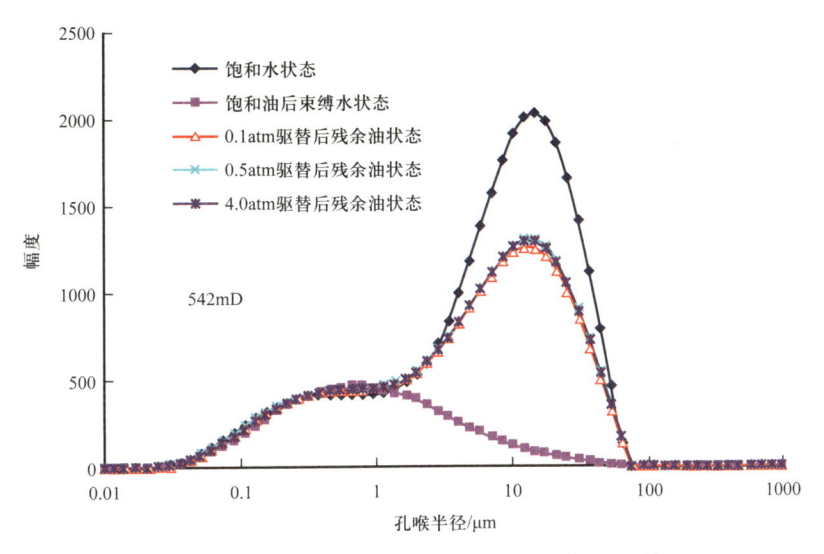

图 5.9　不同驱替压力下油水分布核磁共振 T_2 谱

二、缝网改造降低了基质岩心油水的启动压力梯度

同样利用直径 2.5cm 的小岩心，分别选取裂缝型及基质型，进行水相及油相的启用压力梯度测试，实验结果如图 5.10 和图 5.11 所示。从图 5.10 中可以看出，裂缝岩心油水的启动压力梯度要远低于基质岩心的油水的启动压力梯度，表明裂缝岩心的油水要比基质岩心的油水更易于流动，而且油的启动压力梯度要高于水的启动压力梯度，水比油更易于流动。该实验也揭示了高束缚水低—超低渗透油藏体积压裂改造会伴随着大量产水的机理。即在高束缚水低—超低渗透油藏经过体积压裂改造后，一部分束缚水会变成可动水并被优先采出。

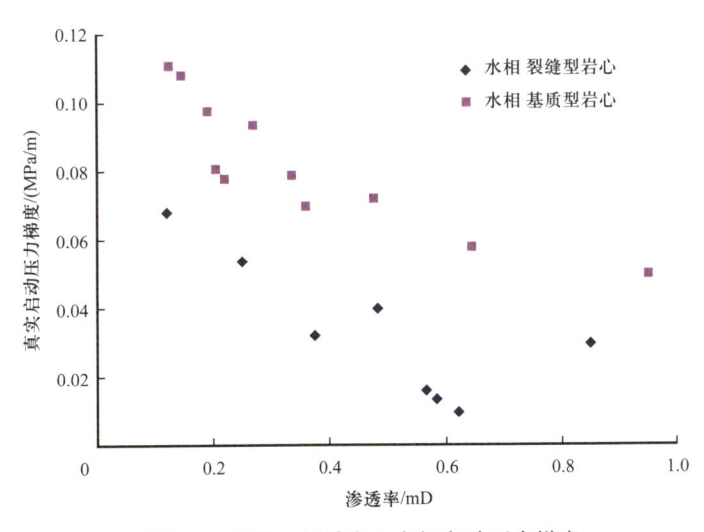

图 5.10　裂缝、基质岩心水相启动压力梯度

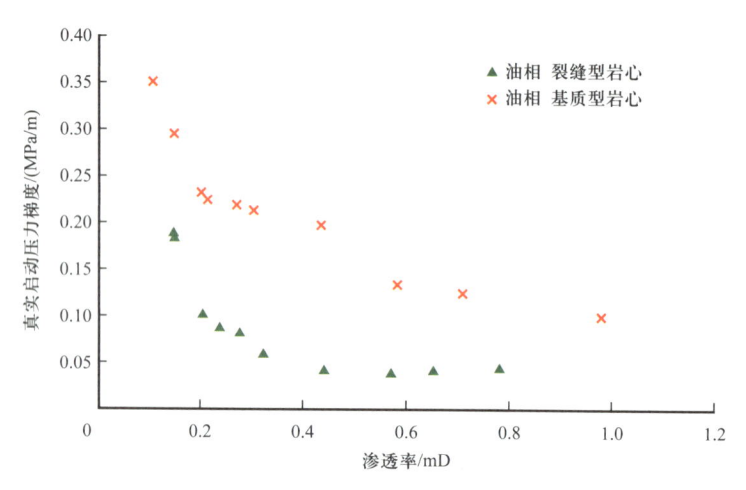

图 5.11　裂缝、基质岩心油相启动压力梯度

三、缝网改造可以提高低渗透—致密储层储量动用效果

设计的实验流程如下：对所取岩心进行洗油、烘干、测岩心的长度、直径、干重、气测渗透率及孔隙度。从中挑选具有代表性的岩样，将其抽真空饱和油，测试核磁 T_2 谱。之后将岩心放入夹持器中，以氦气或氮气为驱替介质，保持温度 27℃，设置驱替压力为 10MPa，驱替时间相同，在驱替过程中连续测试测试核磁 T_2 谱，最后利用 T_2 谱数据计算采出程度，分析渗流规律。其中裂缝—基质型岩心是通过线切割方式在基质岩心上切割一条缝隙，而后再进行填砂处理得到的（图 5.12）。

图 5.12　裂缝—基质型岩心

在核磁 T_2 谱图中，可以认为 0~5ms 的弛豫时间对应纳米级孔隙空间，5~10ms 的弛豫时间对应微纳米级孔隙空间，10~100ms 的弛豫时间对应亚微米级孔隙空间，100ms 以上的弛豫时间对应微米级孔隙空间或微裂缝空间。

图 5.13 和 5.14 对应 0.15mD 基质岩心驱油实验，0.15mD 的左锋信号幅度远大于右峰信号幅度，说明原油在 0.15mD 岩心中主要赋存于纳米级、微纳米级孔隙空间。驱替

压差为 1MPa、在驱替量为 0.3PV 时，累计采出程度为 17.5%，其后随着注气量的增加，原油采出程度增长平缓。在气驱替过程中，相较于 0.7mD 气驱采出程度结果，纳米级孔隙空间和微纳米级孔隙空间所对应的采出程度有明显的增加，说明岩心越致密，气体越不易形成大孔隙优势通道，气体可以流经小孔隙空间，在一定程度上增加气驱的波及范围。

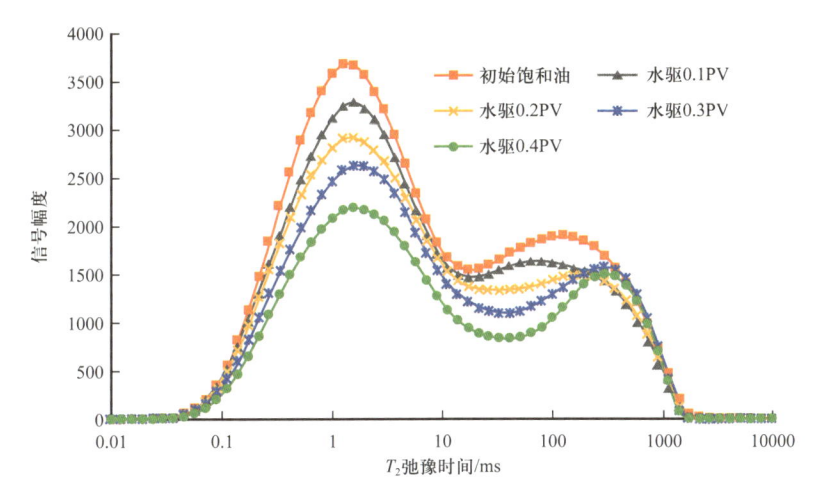

图 5.13　0.15mD 实验岩心气驱油核磁 T_2 谱

图 5.14　0.15mD 实验岩心气驱油采出程度

图 5.15 为基质与前端有裂缝岩心的采出程度对比图，从图中可以看出，在相同驱替时间下，前端有裂缝岩心的采出程度要高于前端无裂缝岩心，注水可以动用 10ms 以下弛豫时间对应的孔喉，注水时渗吸作用明显，且裂缝加速了渗吸作用。

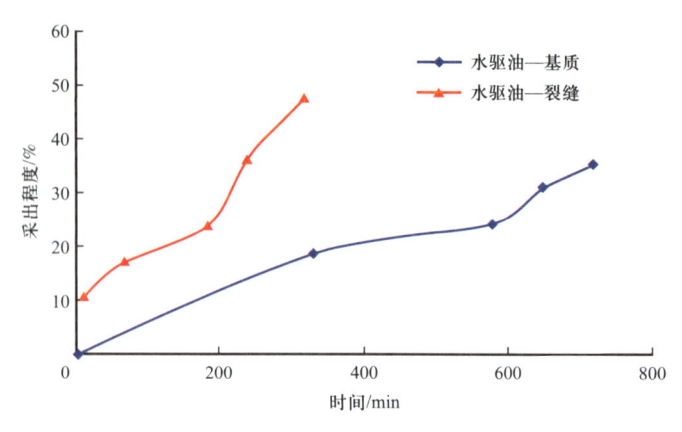

图 5.15 基质与前端有裂缝岩心的采出程度对比

第三节 平面大模型尺度下缝网改造增产机理

一、平板露头模型设计

为了研究宽带压裂动用的渗透率界限和不同压裂带宽对压裂效果的影响，选择渗透率分别为 0.1~0.3mD（难以建立有效压力驱替系统）和 1~2mD（能够建立有效压力驱替系统），制作两种不同压裂带宽共 4 块平板模型，1 号和 2 号模型取自同一块平板岩样 L9，该岩样的平均渗流率为 0.31mD；3 号和 4 号模型取自平板岩样 M4，该岩样的平均渗透率为 1.35mD；将 1 号和 3 号模型裂缝设置成单一裂缝模型，模拟常规体积压裂，将 2 号和 4 号模型设置成三条裂缝模型，模拟体积压裂，具体境况见图 5.16 和表 1.1，分析不同流动区域（不流动区、非线性流动区、拟线性流动区）渗流规律。

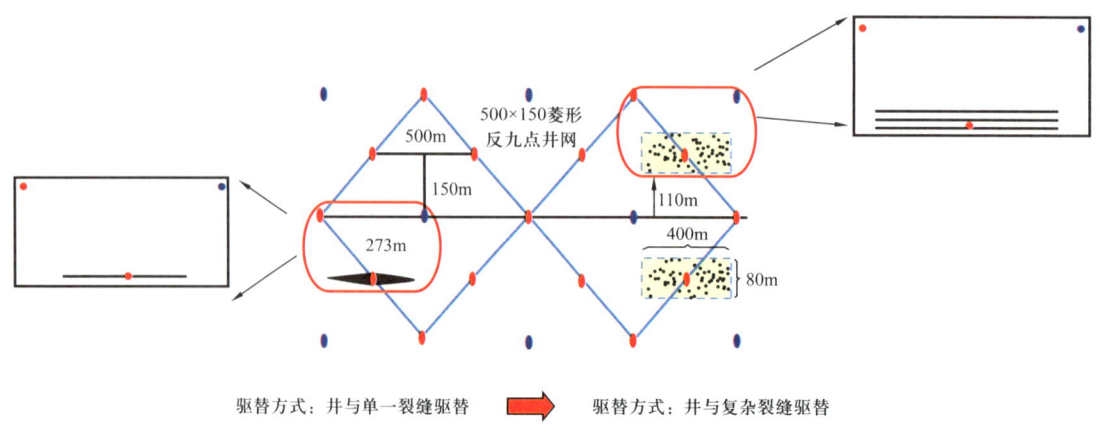

图 5.16 典型井网与对应的实验模型示意图

表 5.1 模型设置情况

平板露头编号	模型编号	平均渗透率 /mD	模型尺寸 /cm	裂缝类型
L9	1	0.31	40×12	单一裂缝
L9	2	0.31	40×12	三条裂缝
M4	3	1.35	40×12	单一裂缝
M4	4	1.35	40×12	三条裂缝

二、物理模型的制作及饱和技术

模型制作是本实验的关键，模型设计要保证实验在流动过程中的几何相似、运动相似和动力相似，要满足一系列的相似准数，难点在于裂缝的等效设计。因为，在地层中的人工压裂裂缝宽度就仅为3～5mm，若按照常规的几何相似原则，将原型缩小到模型时人工压裂裂缝就被等效为只有3～5μm的孔隙了，根本无法模拟压裂裂缝对渗流的影响。笔者在裂缝设计时，采用等效无量纲导流能力的方法，即保证实际原型和实验模型在无量纲导流能力上保持一致。裂缝无量纲导流能力是油井增产作业中一个主要的设计参数，它是裂缝传输流体至井眼的传导能力与地层输送流体至裂缝的传导能力的比较。因此，只要保证无量纲导流能力在模型和原型上的一致性，就能保证流场的相似性。无量纲导流能力定义为：

$$C_f = K_f b / (K_m L) \tag{5.1}$$

式中　K_f——裂缝渗透率，mD；

　　　K_m——基质渗透率，mD；

　　　b——裂缝宽度，m；

　　　L——裂缝半长，m。

若原型中裂缝条数为N_1，无量纲导流能力为C_{f1}；模型中裂缝条数为N_2，无量纲导流能力C_{f2}；模型中裂缝条数为N_3，无量纲导流能力C_{f3}为保证无量纲导流能力相等，则有：

$$C_f = N_1 C_{f1} + N_2 C_{f2} + N_3 C_{f3} \tag{5.2}$$

由于用于实验的平板模型的最大尺寸只能为40cm×40cm，为了最大限度地利用平板露头模型反映渗流特征，选用了分段压裂水平井井组的1/4大小（500m×150m）按照相似准则缩小1250倍可得到平板模型的尺寸大小为40cm×12cm。以1号和2号模型为例，通过相似准则和等效无量纲导流能力的方法确定模型的基本参数见表5.2。

表 5.2 井组与平板模型参数

模型参数	1/4 井组参数	实验模型参数
模型大小	500m×150m	40cm×12cm
基质渗透率	0.35mD	0.31mD

续表

模型参数	1/4 井组参数	实验模型参数
裂缝类型	单一裂缝/缝网	一条缝/三条缝
裂缝半长	136.5/200m	10.9/16cm
裂缝宽度	0.5cm	0.1cm

然后按以下步骤制作和饱和实验模型。

（1）在上面两角和裂缝中间钻取深孔模拟注水井和采出井，根据注采井间压力梯度的分布规律，钻取表层浅孔（降低钻孔对平板模型流场的影响）布置12个测压点，压力测量点的布设遵循两个原则：一是测量点需要模型的主要区域，二是探头数量不应过多，探头对模型的压力分布不可避免地产生影响，且探头过多不易实验模型的制作。注采井及测压点的分布如图5.17所示。

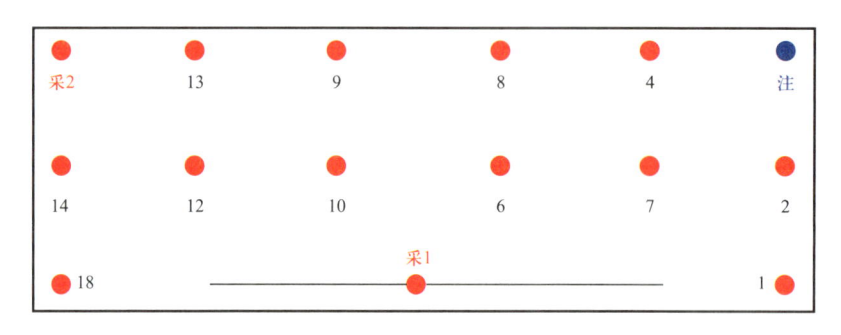

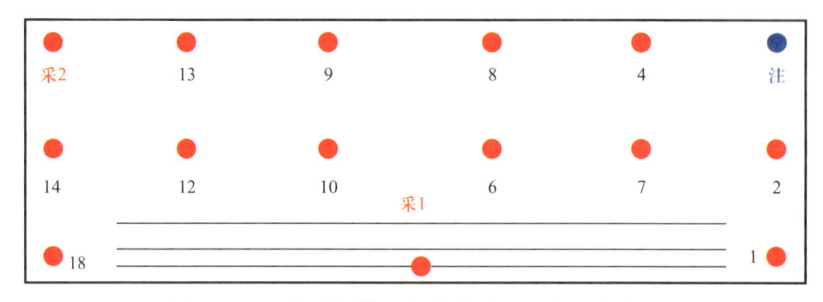

图5.17 两种平板模型注采井及测压点的分布图

（2）将第一步中处理过的模型用水冲洗，将钻孔过程中残留在注采井及测压孔中的粉末清洗干净，然后放入温度为80℃的恒温箱中24h。

（3）将平板露头从恒温箱中取出，静置在空气中2~3h，让其自然冷却。用云石胶将传感器接头粘贴在钻孔处，并做好钻孔处的密封处理，防止封装用胶流入钻孔中。

（4）组装模型封装用模具，模型封装用模具由侧板和底板组成，板与板之间用螺栓进行连接，组装好模具后，将模具进行密封处理，防止封装用胶泄漏。

（5）将平板露头垂直居中放置在模具的中间位置，将使用一定原料混合而成的封装用胶对平板露头进行浇注，静置24h。

（6）将模具拆解，将固化后的模型放入80℃恒温箱中6h进行固化处理。关闭恒温箱电源，自然冷却至室温，即得到实验用特低渗透平板模型。

（7）将特低渗透平板模型抽真空，饱和地层水。先将模型在常压下进行饱和，当在常压下模型不能够继续饱和进水时，将模型在0.1MPa压力下进行饱和24h后结束饱和。然后将模型静止放置48h，以使模型充分均匀地饱和地层水。

至此，平板模型制作完成。与人工填砂模型相比，通过该法封装的物理模型能够更真实地模拟特低渗透油藏特征，平板模型最高工作压力约为1MPa，最高工作温度约为60℃，封装好的平板模型实物图如图5.18所示。

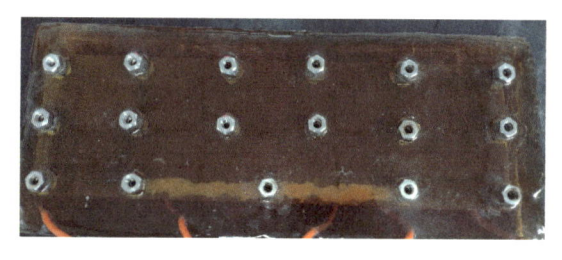

图5.18 特低渗透平板模型实物图

三、物理模拟实验流程的建立

实验装置由驱动系统、实验模型、平面压力测量系统、压力数据采集系统、采出液流速测量系统五部分组成。

1. 驱动系统

驱动系统由氮气瓶（提供气源）、中间容器（内装实验用地层水）、稳压仪（美国ALICAT公司生产的PCD系列压力控制器，能够提供连续稳定的供给压力）、压力传感器（监测供给压力的大小）等组成。

2. 实验模型

采用利用本章所叙述方法封装的特低渗透平板模型。

3. 平面压力测量系统

压力测量系统由高精度压力传感器组成。将压力传感器连接在特低渗透平板模型的测压孔处。本实验所用高精度压力传感器量程为0～6atm。

4. 压力数据采集系统

使用压力巡检仪实时监测特低渗透平板模型各个测压点的压力变化，并将信号传输给计算机，利用M400数据采集管理软件实时记录测压点的压力变化，实现压力数据的自动采集。

5. 采出液流速测量系统

采出液测量仪器为高精度微流量计（内径 1mm，长度 100mm，液面流动位移精度达 1μm），精度高，读数较为精确，避免了天平称重存在的受环境影响大、计量不连续的缺点。

实验时利用驱动系统提供实验所需的稳定、连续的压力，在注采井处用微流量计采集流体流量，分别记录模型上各测压点处的压力及注采井的流体流量随生产时间的变化情况。实验流程如图 5.19 所示。

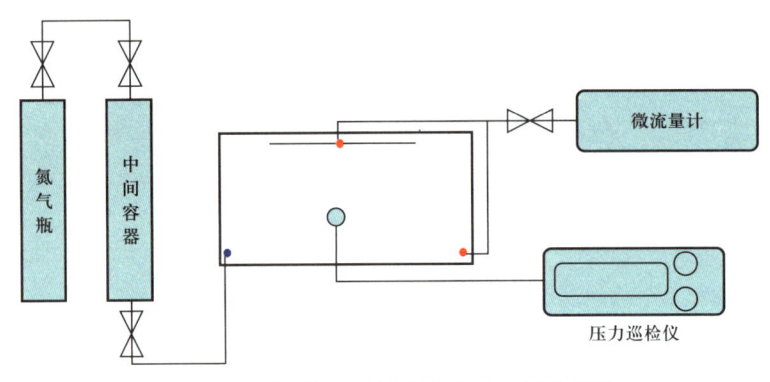

图 5.19 大型物理模拟系统实验流程示意图

四、实验结果分析

利用上述实验方法和流程，用两种渗透率级别、两种压裂类型共 4 块实验模型进行了实验，分析四块模型在注采时渗流流态分布规律和采出程度。

1. 渗流流态分布规律

在实验时，只要渗流状态没有达到稳定状态，那么储层中各点的压力等参数会随着时间不断发生变化，压力会不断向前传播，推动着流体不断向着低压区流动，下面是这 4 块实验模型在实验过程的渗流流态分布规律分析。

1）1 号模型注采井间渗流流态分布规律

绘制了平板模型的等压线分布曲线，如图 5.20 所示，图 5.17 中右上角为注入井，下中和左上角为产出井。

由图 5.20 中可以看出，在渗流状态由非稳态到稳态的变化过程中，注水井附近压力梯度逐渐变小（图 5.17 中右上角中等压线由密集逐渐变稀疏），采出井附近压力梯度逐渐变大（等压线由稀疏逐渐变密集）。这是由于致密平板露头启动压力度的存在，使得在驱替刚开始时在注水井附近形成局部的高压区，随着流动时间的延长，压力逐渐向采出井附近传播。压力优先于沿注水井与裂缝前端的方向传播，然后再沿着裂缝方向向采出井方向传播，裂缝的存在相当于缩短了渗流距离，使得裂缝周围压力梯度增大（裂缝周围等压线逐渐变密集）。

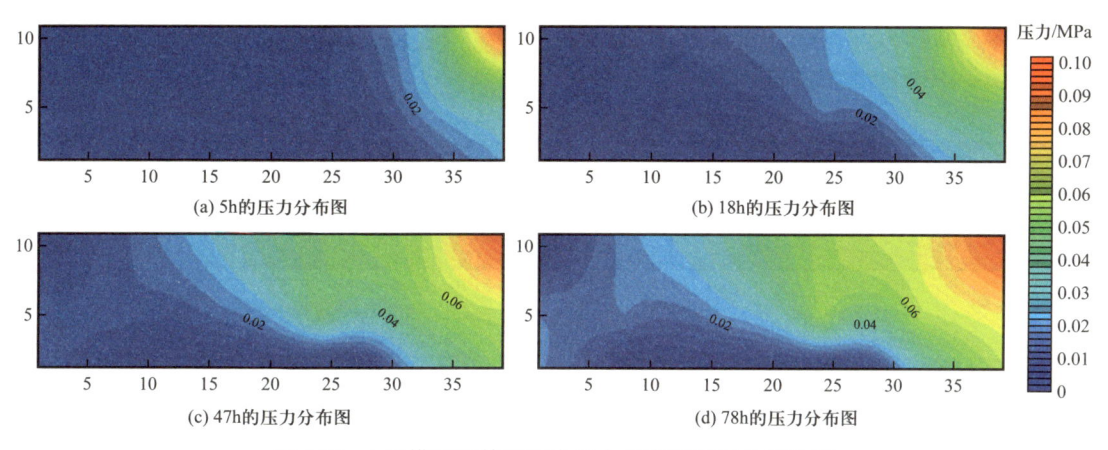

图 5.20　1号模型驱替过程中压力分布随时间的变化图

2）2号模型注采井间渗流流态分布规律

同理 2 号模型在 0.1MPa 驱替压力下，进行实验。绘制了平板模型的等压线分布曲线（图 5.21）。

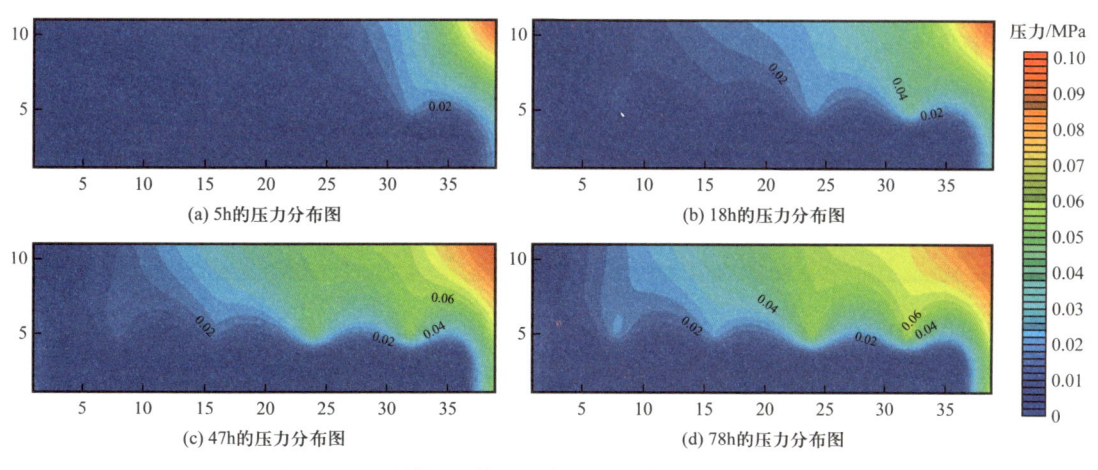

图 5.21　2号模型驱替过程中压力分布随时间的变化图

由图 5.21 中可以看出，在渗流状态由非稳态到稳态的变化过程中，注水井附近压力梯度逐渐变小（图 5.17 中右上角中等压线由密集逐渐变稀疏），采出井附近压力梯度逐渐变大（等压线由稀疏逐渐变密集）。与 1 号模型的单一裂缝模型相比，该宽带压裂模型流体侧向波及范围更广。

3）3号模型注采井间渗流流态分布规律

3 号模型的在 0.1MPa 驱替压力下进行实验，绘制了平板模型的等压线分布曲线（图 5.22）。

由图 5.22 中可以看出，在渗流状态由非稳态到稳态的变化过程中，注水井附近压力梯度逐渐变小（图 5.17 中右上角中等压线由密集逐渐变稀疏），采出井附近压力梯度逐渐

变大（等压线由稀疏逐渐变密集）。对比于 1 号的单一裂缝模型，3 号模型的渗透率更大，流体在储层中更易流动，流体波及的面积相对更大。

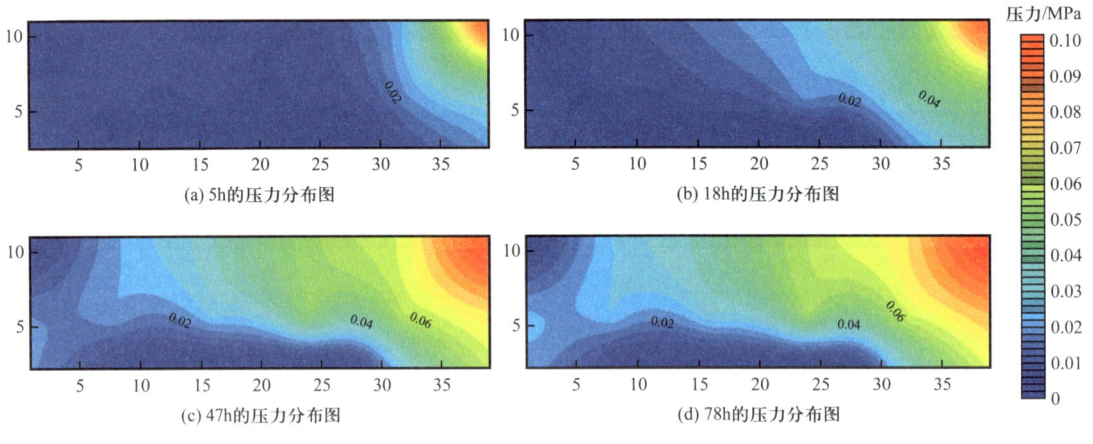

图 5.22　3 号模型驱替过程中压力分布随时间的变化图

4）4 号模型注采井间渗流流态分布规律

4 号模型的在 0.1MPa 驱替压力下进行实验，绘制了平板模型的等压线分布曲线（图 5.23）。

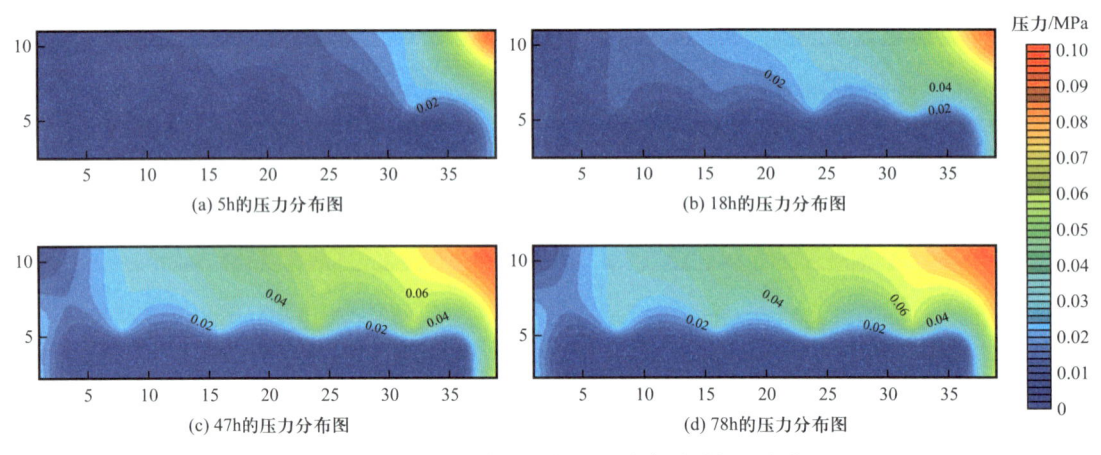

图 5.23　4 号模型驱替过程中压力分布随时间的变化图

由图 5.23 中可以看出，在渗流状态由非稳态到稳态的变化过程中，注水井附近压力梯度逐渐变小（图 5.17 中右上角中等压线由密集逐渐变稀疏），采出井附近压力梯度逐渐变大（等压线由稀疏逐渐变密集）。与 2 号和 3 号模型相比，流体波及面积更大，流动也更快趋于稳定。

对比 4 块大模型渗流场图可以看出，宽带压裂模型（2 号、4 号）压力波及的范围更大，侧向压降漏斗更大，动用程度更大，更有利于流体的采出，稳定所需时间更短。

5）正确性验证

为了验证本实验的结果，利用商业软件 CMG 中 GEM 模块模拟 1 号模型和 2 号模型，得到最后稳定后的压力分布如图 5.24 所示。

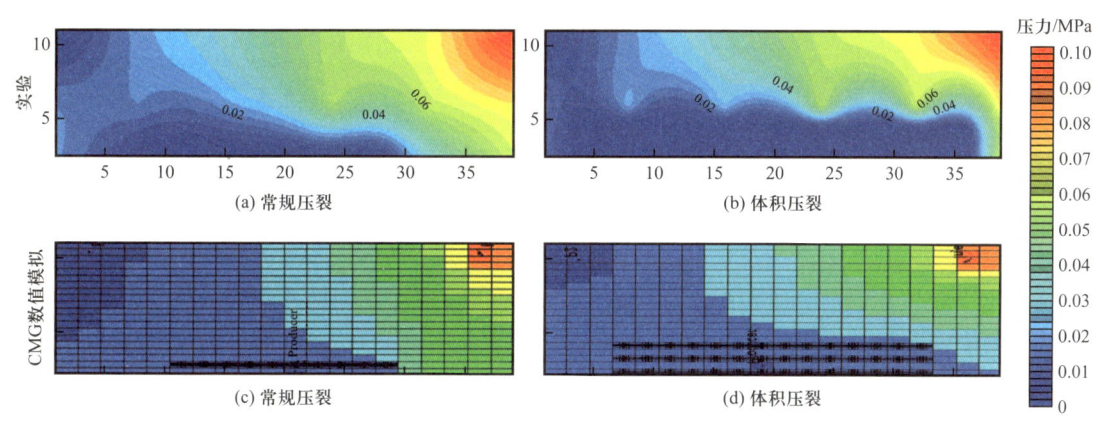

图 5.24　实验和数模常规压裂和体积压裂模型最后稳定时的压力分布

从图 5.24 可以看出，1 号模型和 2 号模型达到稳定后压力分布，实验结果和数值模拟结果基本一致，验证了本实验结果的正确性。

2. 采出量分析

对 4 个实验模型的采出量进行统计，结果如图 5.25 和图 5.26 所示。

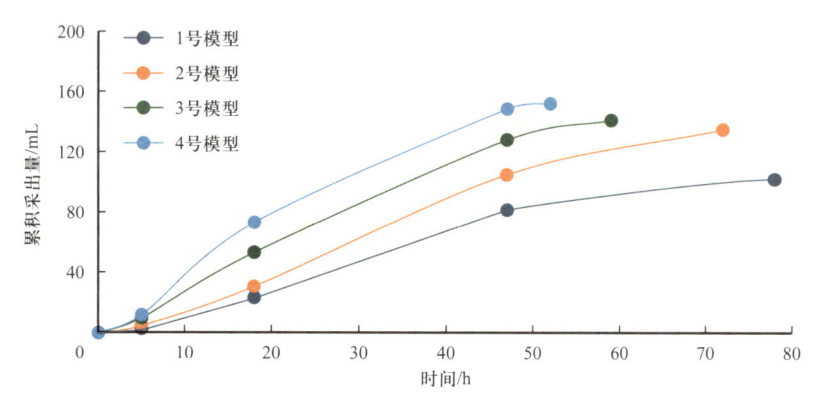

图 5.25　四个实验模型采 1 井累计采出量曲线

从图 5.26 中可以看出，4 个实验模型在最初的 5h 内，采 1 井都有液体采出，而采 2 井没有；由于裂缝的存在，使得流体从注入井到采 1 井的渗流距离更短，采 1 井采出液体的时间更早。1 号模型相对于其他三个模型，采 2 井直到 47h 都没有液体采出，说明压力还没有传播到此处，还有形成压力梯度差；1 号模型的渗透率低，同时该模型还是常规压裂模型，所以流体从注入井渗流到采 2 井相对比较困难，所需要的时间更长。

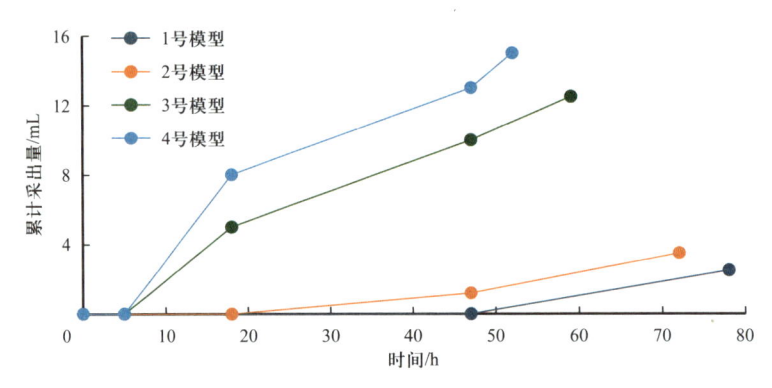

图5.26　四个实验模型采2井累计采出量曲线

相比于常规压裂（1号、3号）模型，在相同实验条件下，体积压裂（2号、4号）模型达到稳定的时间更短，采1井和采2井最终的采出量也比常规压裂模型多，说明宽带压裂能够更有利于流体的流动和采出。2号模型相比于1号模型，两口井累计采出多34mL，提高了32.4%；4号模型相比于3号模型，两口井累计采出量多13.5mL，提高了8.7%，提升幅度没有渗透率为0.31mD时候的大，由此可知当渗透率较低时，宽带压裂能够显著地提高累计采出量。

第四节　油藏尺度下缝网改造增产机理

本节首先研究了包括裂缝模拟、应力敏感模拟在内的直井体积压裂数值模拟的表征方法，然后结合典型致密油藏参数，对典型井油样的高压物性实验进行拟合，建立了直井体积压裂开采致密油的数值模拟典型模型，并对缝网改造增产机理进行了模拟计算与分析。

一、数值模拟方法

1. 压裂裂缝模拟

本研究采用局部网格对数加密法，对压裂裂缝进行模拟，示意图如图5.27所示。加密表达式见式（5.3）和式（5.4）。该方法根据导流能力等效原则进行裂缝流动的模拟，在裂缝的中心区域渗透率高，远离裂缝中心区域渗透率呈对数递减，这种方法可以精确模拟致密油储层的不稳定流动过程，收敛性好，计算稳定，且能够刻画裂缝附近场图的变化。采用相渗分区的方法模拟裂缝中高速非达西流动，基质和裂缝区域各用一套相渗描述流体流动。

$$r = \sqrt[N_f]{dX / 2h_f} \tag{5.3}$$

$$\begin{cases} dX(\text{mnfr}) = 2h_f \\ dX(\text{mnfr}+i) = h_f\left(r^i - r^{i-1}\right) \\ dX(\text{mnfr}-i) = h_f\left(r^i - r^{i-1}\right) \end{cases} \quad (5.4)$$

式中 r——各级加密网格距中心网格的距离；

dX——所加密网格的加密方向的长度；

mnfr——所加密网格的中心网格所在位置；

N_f——网格的加密数量；

h_f——加密方向网格长度的一半。

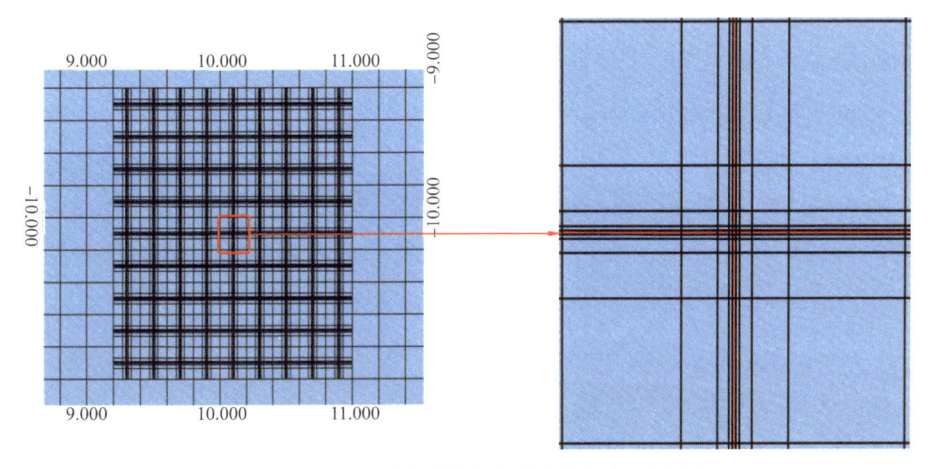

图 5.27 局部网格对数加密法裂缝模拟示意图

2. 应力敏感

根据现场开发实践和室内岩心实验，应力敏感特征是低—特低渗透、致密油藏在开发过程中区别于常规油藏的主要差异之一。在油藏开发过程中，由于应力敏感现象的存在，导致油气流动渗流阻力增大，单井产量低，递减速度加快，稳产难度增大。致密油藏渗透率更低，孔喉直径更为细小，应力敏感的影响更为突出。

在实际生产中，油气不断采出，储层地层压力逐渐降低，岩石骨架的有效应力增大，导致储层发生弹塑性压实变形，油藏的渗透率降低，影响油井产能。压实—反弹模型是通过使用恒定的压缩系数和热膨胀系数来定义弹塑性变形的油藏压实反弹模型，示意图如图 5.28 所示。

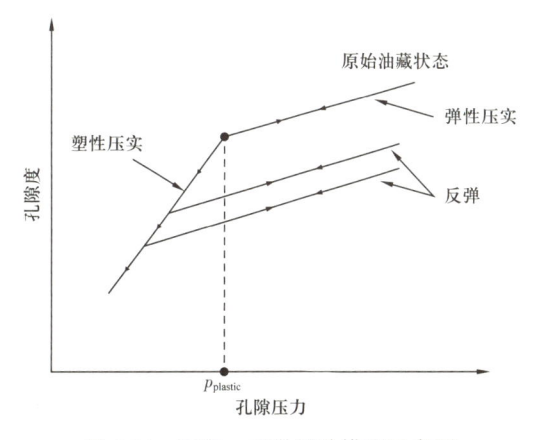

图 5.28 压实—反弹经验模型示意图

采用压实—反弹模型描述致密油藏开采过程中的应力敏感效应，渗透率的变化关系为：

$$K = K_0 \exp\left[K_{mul}\left(\frac{\phi - \phi_0}{1 - \phi_0}\right)\right] \quad (5.5)$$

式中 K_0——储层初始渗透率，mD；

ϕ_0——储层初始孔隙度；

K——当前地层压力下的渗透率，mD；

ϕ——当前地层压力下的孔隙度；

K_{mul}——模型参数，根据室内压敏实验数据回归得到。

3. 吸附现象

压裂液由多种添加剂按一定配比形成的非均质不稳定化学体系，是造缝和携砂的介质，压裂液性能的好坏是压裂施工成功的关键。压裂液主体为造缝的滑溜水，主要构成为水、减阻剂、防膨剂和表面活性剂，实质是一种活性水。表面活性物质在一定程度上能够吸附到储层孔喉表面，采用 Langmuir 吸附等温式描述表面活性物质的吸附平衡见式（5.6）。Langmuir 吸附等温曲线示意图如图 5.29 所示。

$$\Gamma = \frac{abc}{1 + bc} \quad (5.6)$$

式中 Γ——表面活性物质的吸附量，mol/m³；

a——表面活性物质的最大吸附量，mol/m³；

b——与吸附体系性质相关的参数；

c——表面活性物质在水相中的摩尔浓度。

a、b 的值根据室内吸附实验数据回归得到。

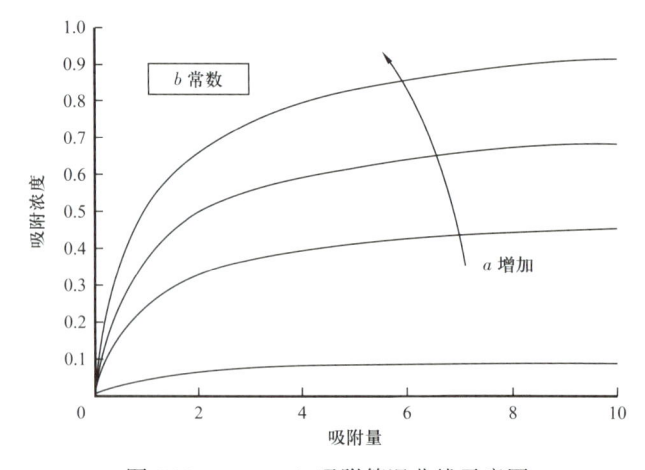

图 5.29 Langmuir 吸附等温曲线示意图

4. 降低油水界面张力

储层在压裂过程中,表面活性剂组分的存在能够降低油水界面张力,提高洗油效率,改变毛细管数,从而降低渗流阻力,以提高原油的产量。通过输入不同表面活性剂浓度下的界面张力值,结合插值方法实现。

5. 润湿反转

随着表面活性物质在孔隙表面吸附量的增加或减少,岩石表面的润湿性会发生改变。如图 5.30 所示,随着表面活性物质浓度的变化,体系的界面张力发生变化,毛细管压力大小改变,油水的相渗曲线也发生变化。当吸附量达到一定值时,岩石会发生润湿反转,由水湿性变为油湿性,如图 5.31 所示。

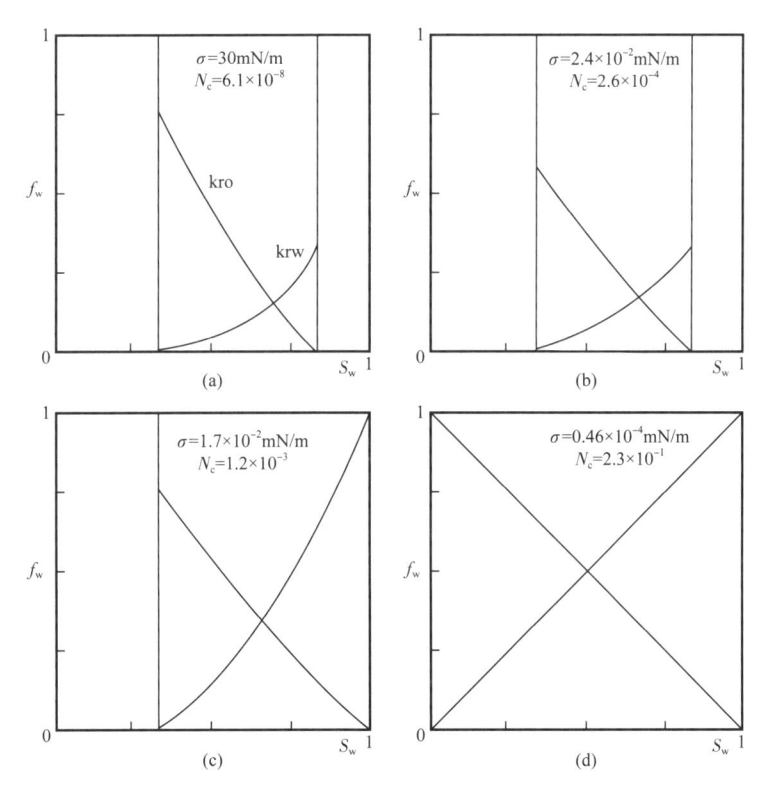

图 5.30 相对渗透率曲线随表面活性剂浓度的变化示意图

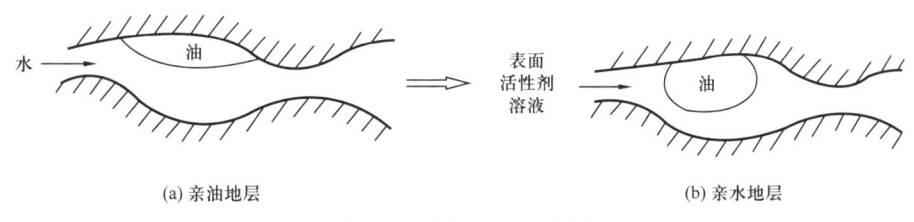

图 5.31 润湿反转示意图

(a) 亲油地层　　(b) 亲水地层

采用岩石流体插值技术和相对渗透率插值技术，分别表征润湿反转现象和表面活性剂对相渗的影响（降低残余油饱和度），来模拟表面活性剂的作用，插值公式见式（5.7）。

$$K_{rw}=(1-\omega_w)K_{rwA}+\omega_w K_{rwB}$$
$$K_{ro}=(1-\omega_o)K_{roA}+\omega_o K_{roB} \quad (5.7)$$

其中：

$$\omega_w=\left(\frac{x_i-x_{wA}}{x_{wB}-x_{wA}}\right)^{n_w}$$

$$\omega_o=\left(\frac{x_i-x_{oA}}{x_{oB}-x_{oA}}\right)^{n_o}$$

式中 K_{rw}，K_{ro}——分别为一定表面活性物质浓度下的水相相对渗透率和油相相对渗透率；
ω_w，ω_o——分别为水相相对渗透率和油相相对渗透率的插值参数。

6. 非线性渗流

研究人员通过大量实验观测，提出以宏观启动压力梯度及拟启动压力梯度来表示油气储层中纳微米级孔道边界层对渗流结果的影响规律。启动压力梯度体现了多孔介质中只有在超过某个起始的压力梯度时才发生液体渗流的现象。

启动压力梯度受原油黏度、有效围压和岩石润湿性的影响。在孔隙结构相似的储层中，原油黏度越高，岩心测得的启动压力梯度就越大。岩石受到的上覆压力增大，会使岩石颗粒间胶结物受挤压缩，孔隙体积和喉道半径减小，岩石颗粒受压发生弹性形变，表现为流动能力的应力敏感特性。岩石孔隙的减小将增加渗流流体中边界流体的比重，边界层流体黏度增大，从而使启动压力梯度增大，体现出地层中流动的非线性特征。

致密油藏相比于传统的低渗透油藏，孔隙介质的孔喉更狭小，孔隙结构更复杂，渗透率低，导致渗流阻力更大，原油难以驱动。国内外学者通过大量的室内岩心实验证实，致密油藏孔隙介质内的液体渗流普遍表现为具有启动压力梯度的低速非线性渗流特征。图5.32为非达西渗流的示意曲线。通过拟启动压力梯度修正达西定律，表征非线性渗流：

$$\begin{cases} v=0 & \nabla p<G \\ v=-\dfrac{K}{\mu}\nabla p\left(1-\dfrac{G}{\nabla p}\right) & \nabla p>G \end{cases} \quad (5.8)$$

式中 v——达西流动速度，cm/min；
∇p——压力梯度，MPa/m；
G——启动压力梯度，MPa/m。

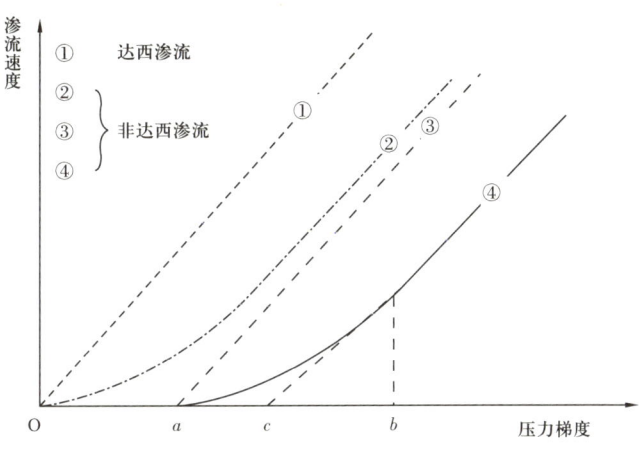

图 5.32 渗流速度随压力梯度的变化示意图

二、典型模型建立

1. 高压物性实验拟合

某典型致密油藏油井的原始储层压力为 17.041MPa，储层温度为 71.18℃，根据高压物性数据，整理了 PVT 资料，其井流物组成分析数据见表 5.3。根据研究需要，将流体组分划分为 CO_2、CH_4、C_{2-6}、C_{7+} 四种拟组分。

使用相态拟合软件，状态方程选择 PR 方程，通过调整组分的临界性质参数、体积变化因子、相互作用系数等物性参数及黏度模型参数，对高压物性实验进行了拟合。

表 5.3 流体组成及拟组分划分

组分		闪蒸油摩尔组成/%	闪蒸气摩尔组成/%	井流物摩尔组成/%	拟组分
CO_2	二氧化碳	0	1.902	0.853	CO_2
C_1	甲烷	0.341	44.336	20.094	C_1
C_2	乙烷	0.546	17.052	7.957	
C_3	丙烷	2.459	20.163	10.407	
iC_4	异丁烷	0.540	2.811	1.560	
nC_4	正丁烷	1.830	7.428	4.343	C_{1-6}
iC_5	异戊烷	1.219	1.868	1.510	
nC_5	正戊烷	1.845	2.049	1.937	
C_6	己烷	4.996	1.565	3.456	

续表

组分		闪蒸油摩尔组成/%	闪蒸气摩尔组成/%	井流物摩尔组成/%	拟组分
C_7	庚烷	8.968	0.591	5.207	C_{7+}
C_8	辛烷	4.384	0.235	2.521	
C_9	壬烷	10.113	0	5.572	
C_{10}	癸烷	6.044	0	3.330	
C_{11+}	十一烷以上	56.715	0	31.252	
合计		100	100	100	

根据室内高压物性实验结果进行流体相态的拟合，拟合结果如图 5.33 所示。可以看出，随压力增加，体系的相对体积先下降，然后趋于稳定；随压力升高，原油的密度略有增加；随压力升高，原油的黏度有一定增加。

拟合完成后，相对体积、密度和黏度三者的变化趋势与实验规律一致，且对应的平均拟合误差分别为 0.534%、0.311%、1.17%，拟合精度较高，满足工程计算的要求。通过拟合高压物性实验数据，建立模型所需的流体相态模型。

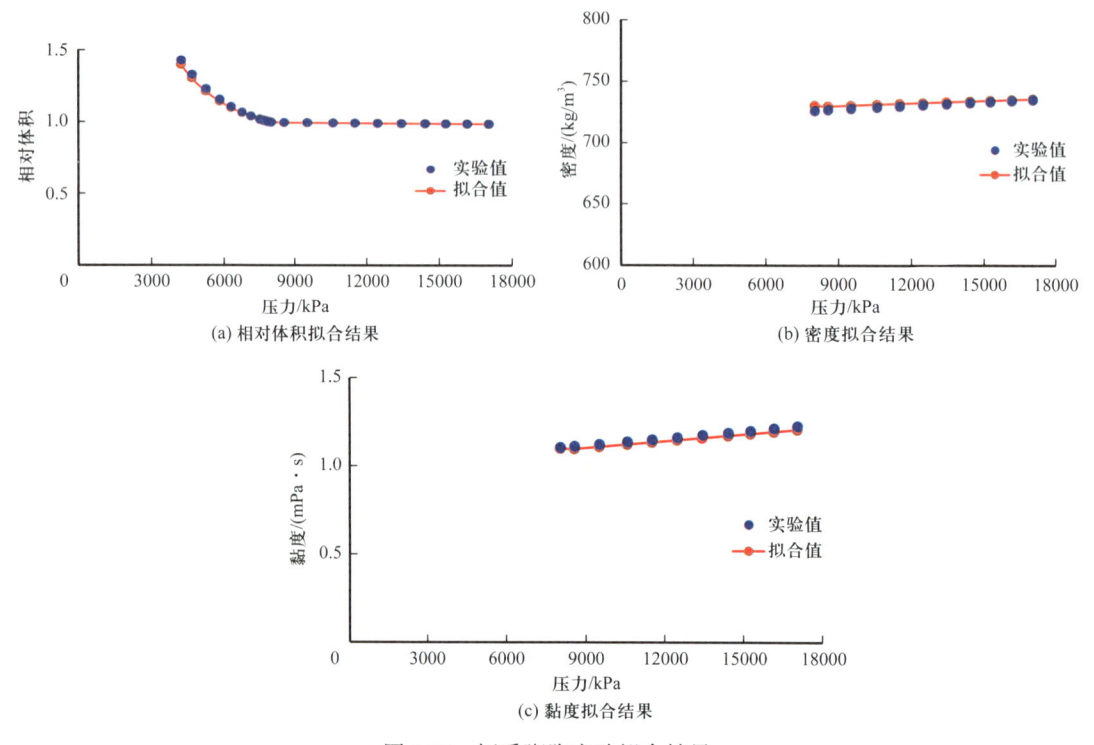

(a) 相对体积拟合结果

(b) 密度拟合结果

(c) 黏度拟合结果

图 5.33 恒质膨胀实验拟合结果

2. 岩石流体模型

将介质类型分为基质和裂缝两类，采用两套不同的相对渗透率曲线描述两种介质中的流动规律。基质和裂缝的初始油水相对渗透率曲线和气液相对渗透率曲线分别如图 5.34 至图 5.37 所示。

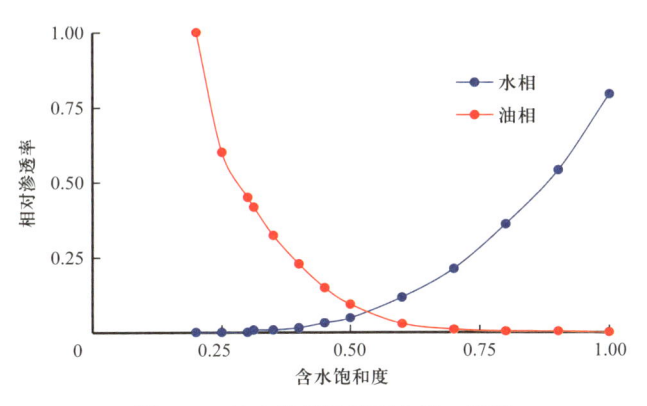

图 5.34 油水相对渗透率曲线—基质

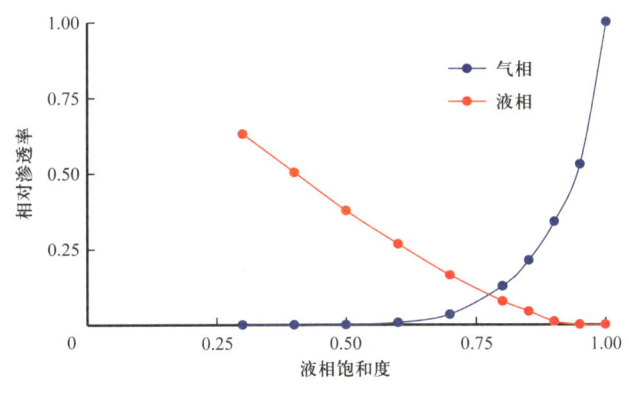

图 5.35 气液相对渗透率曲线—基质

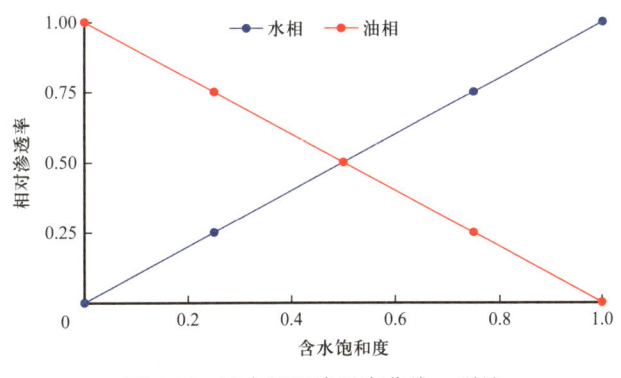

图 5.36 油水相对渗透率曲线—裂缝

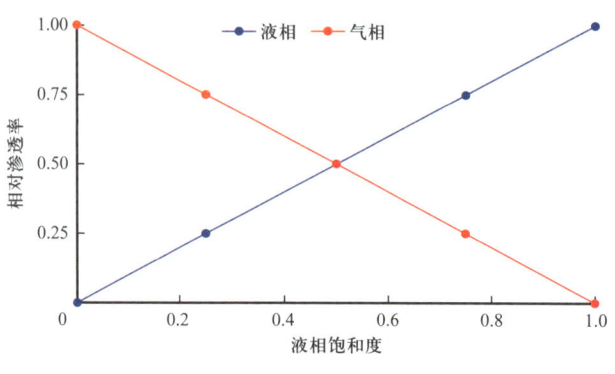

图 5.37 气液相对渗透率曲线—裂缝

3. 模型基础参数

在流体相态模型和岩石流体模型基础上，结合典型致密油藏参数，建立了井网下体积压裂的基础模型（图 5.38）。

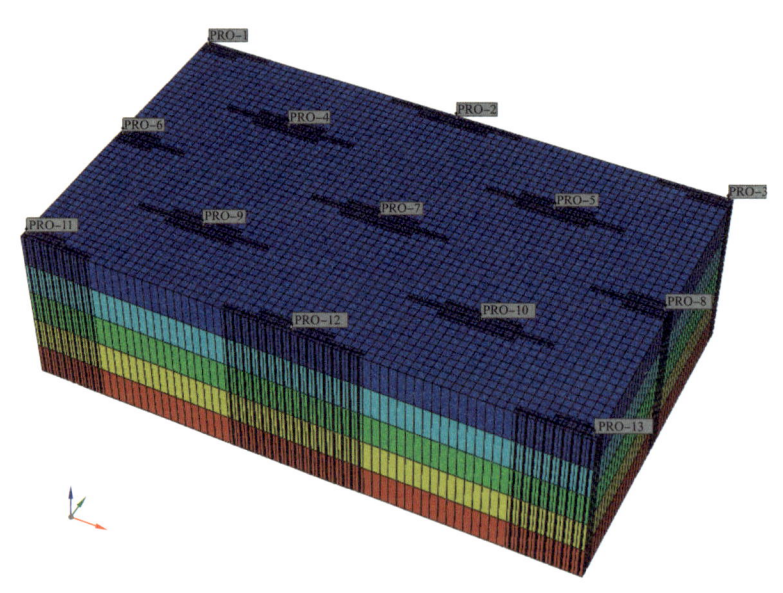

图 5.38 模型网格划分示意图

储层顶部深度为 2000m，模型大小为 1015m×615m×10m，采用直角网格系统（69×41×5），网格数共计 14145，纵向划分为 5 个模拟层。网格划分示意图如图 5.38 所示。模型基础参数见表 5.4，原始原油储量为 $2.97×10^5 m^3$。

模型共包括 13 口直井，井距为 500m，排距为 150m，储层全部射开。各井均进行了体积压裂。根据导流能力等效原则，采用局部网格对数加密法进行压裂裂缝的流动模拟。裂缝的中心区域渗透率高，远离裂缝中心区域的渗透率呈对数递减。压裂区域的主裂缝半长为 125m，主裂缝的等效导流能力取 42mD·m，等效渗透率为 25mD，裂缝高度为储层厚度（即裂缝纵向穿透储层）。

表 5.4 油藏基础参数

模型参数	参数值
原始地层压力 /MPa	17
油藏温度 /℃	71.18
饱和压力 /MPa	8.1
油藏顶深 /m	2200
孔隙度	0.093
基质渗透率 /mD	0.17
初始含油饱和度	0.65
厚度 /m	10

三、直井体积压裂增油机理研究

本章结合致密油藏典型数值模拟模型，综合分析储层改造和压裂液的作用，从降低渗流阻力、补充地层能量、降低压敏和润湿作用等方面开展对直井体积压裂下的增油机理进行探讨。

1. 降低渗流阻力

根据研究需要，建立了不压裂、常规压裂和体积压裂的对比模型，均进行 5 年的衰竭开采。不同压裂方式下的流线分布如图 5.39 所示。在储层不进行压裂时，地层流体的渗流是以各生产井为中心的径向流，近井地带压力迅速下降，大部分能量消耗在井底附近，渗流阻力高；而储层压裂后，填砂裂缝的形成改变了流体的渗流状态，常规压裂方式下，原来径向流动变为油层与裂缝近似的单向流动和裂缝与井筒间的单向流动，消除了径向节流损失，降低了能量消耗，渗流阻力明显下降；而相对于常规压裂，体积压裂的改造范围更广，有效泄油范围更大，能够显著降低渗流阻力。

以生产井 PRO-7 井为例，生产结束时，近井地带 200m 范围内的压力分布如图 5.40 所示。可以看出，相对于不压裂和常规压裂，体积压裂后的压降漏斗更宽、更低，近井地带压降更平缓，渗流阻力更低。

开采 5 年后的含油饱和度分布如图 5.41 所示，可以看出，相对于不压裂和常规压裂，体积压裂方式下的动用范围和程度更好。

2. 补充地层能量

相对于常规压裂，体积压裂具有施工排量更大、施工液量更大的特点。但大量压裂液注入地层后，平均只有 0~50% 的压裂液返排，返排率较低。生产实践表明，压裂液的滞留量越大，油井累计产量越高（图 5.42）；并且统计数据还显示，开井后产量较高的井，

(a) 不压裂　流线分布　单井流线分布

(b) 常规压裂　流线分布　单井流线分布

(c) 体积压裂　流线分布　单井流线分布

图 5.39　不同压裂方式下的流线分布

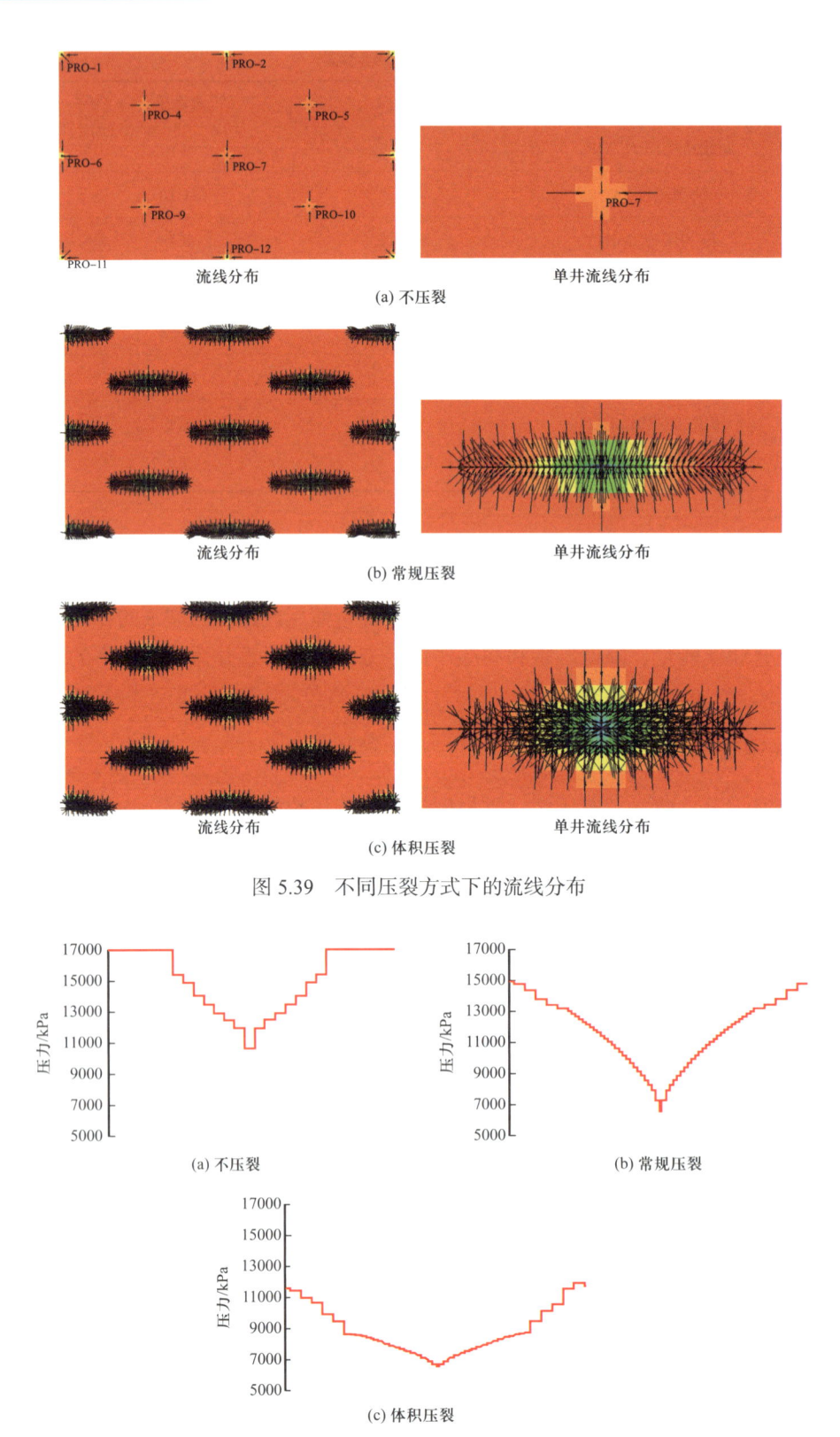

(a) 不压裂

(b) 常规压裂

(c) 体积压裂

图 5.40　生产结束时不同压裂方式下的压降漏斗（PRO-7 井）

压裂液的返排率比较低（低于20%），而开井后产量较低的井，压裂液的返排率比较高（高于60%）。压裂液在储层中滞留具有多方面作用，有助于改善储层的开发效果。

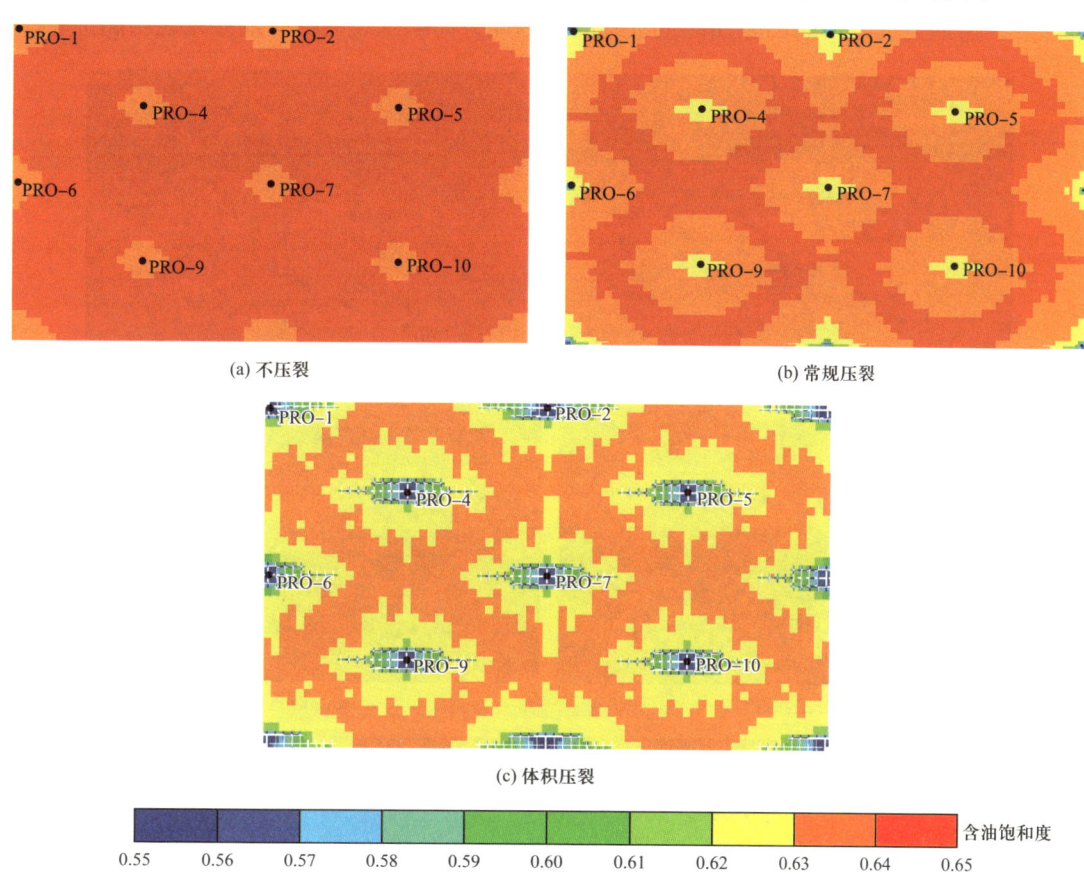

图 5.41 开采结束时不同压裂方式下的含油饱和度分布

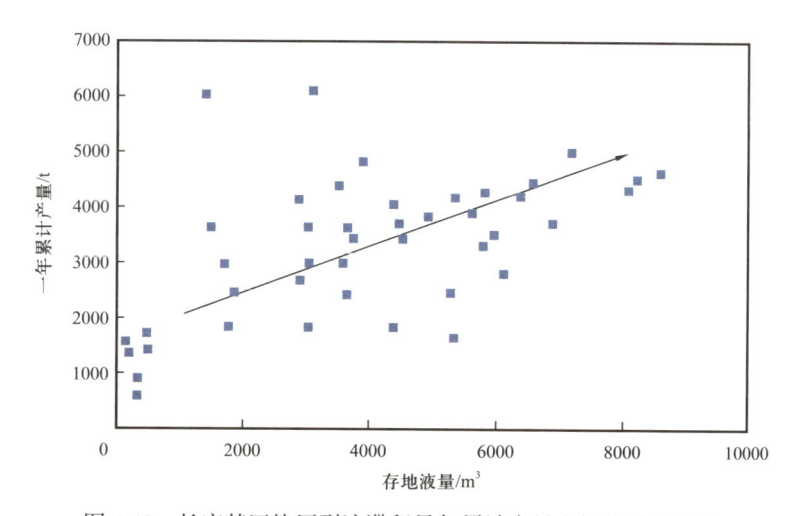

图 5.42 长庆某区块压裂液滞留量与累计产量之间的关系曲线

在体积压裂过中，压裂液注入后，压裂区域地层压力上升明显。图 5.43 为不同压裂液注入量下，注入结束时的地层压力分布。可以看出，压裂液注入量越大，地层能量增加越显著，后期开井生产时的驱油能量也越高。因此，体积压裂能够有效补充地层能量。

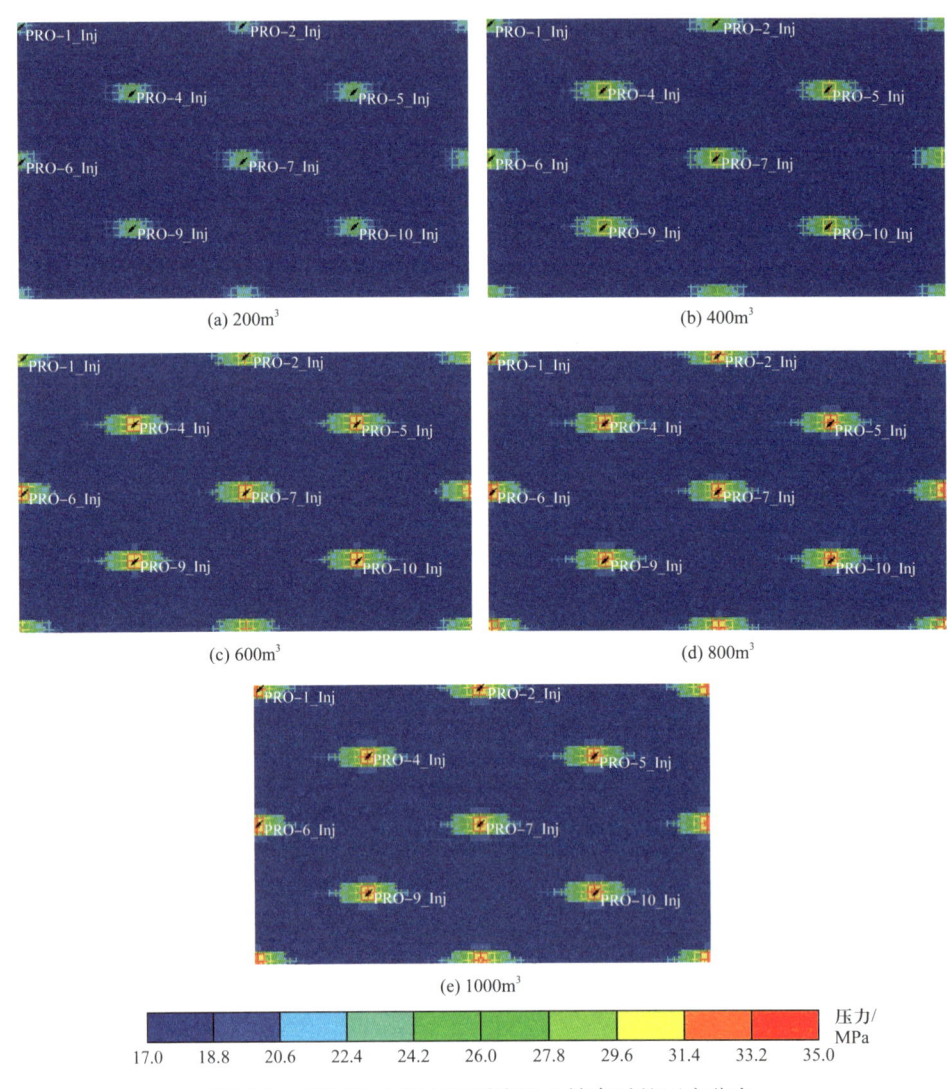

(a) 200m³

(b) 400m³

(c) 600m³

(d) 800m³

(e) 1000m³

压力/MPa
17.0　18.8　20.6　22.4　24.2　26.0　27.8　29.6　31.4　33.2　35.0

图 5.43　不同注入量下压裂液注入结束时的压力分布

图 5.44 为不同压裂液注入量下的平均地层压力，可以看出，随着压裂液注入量的增加，地层平均压力逐渐上升，但上升幅度逐渐变慢。

3. 降低压敏

压裂液注入后，压裂区域地层压力上升，有效应力减小，基质渗透率上升；而地层压力的降低会导致有效应力增加，引起基质渗透率的减小。因而，压裂液的注入一定程度上有利于缓解应力敏感效应对生产的不利影响。图 5.45 为模拟采用的基质渗透率随有效应力的变化关系。

图 5.46 和图 5.47 分别为压裂液注入结束后的地层压力分布和基质渗透率分布。可以看出，压裂液注入结束后，压裂区域的渗透率增加明显，且越接近井底渗透率值越高，与地层压力的分布特征一致。

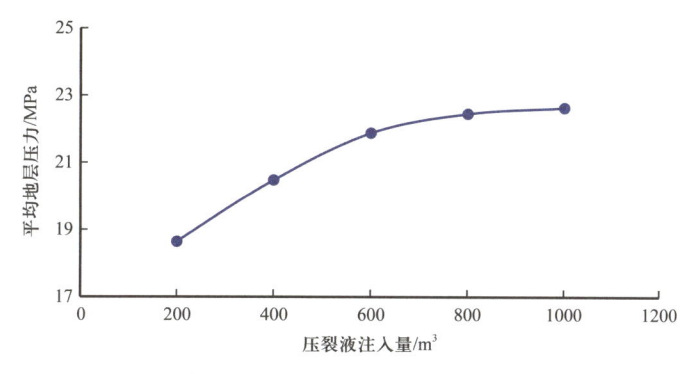

图 5.44 不同注入量下压裂液注入结束时的平均地层压力

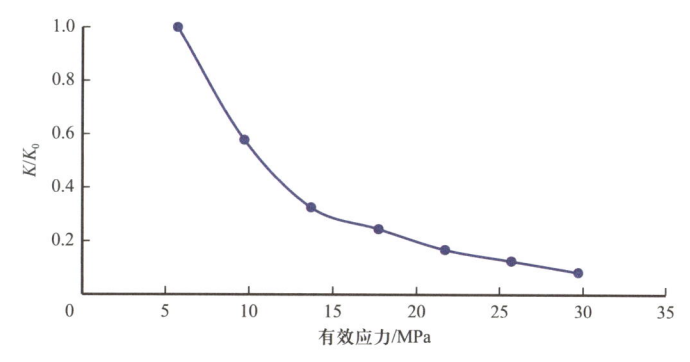

图 5.45 基质渗透率随有效应力的变化关系

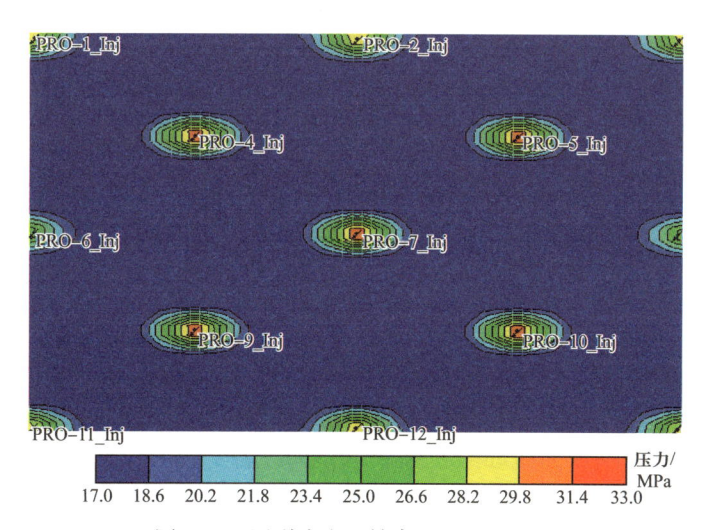

图 5.46 压裂液注入结束后的压力分布

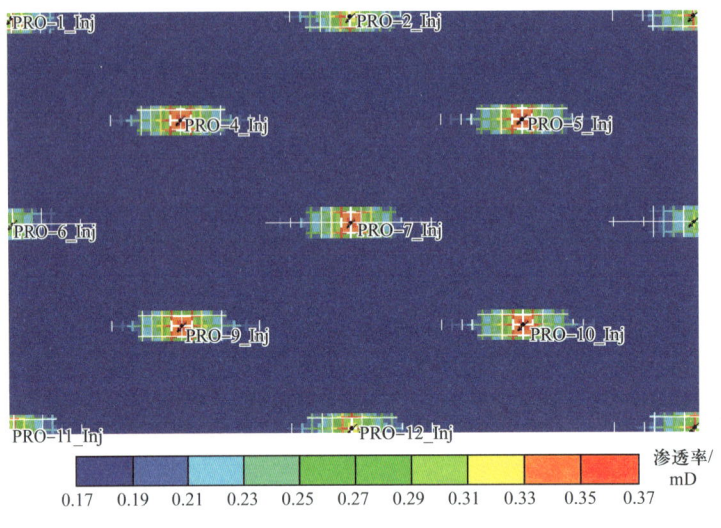

图 5.47 压裂液注入结束后的基质渗透率分布

4. 润湿作用

压裂液中表面活性物质的存在，有利于改善岩石的润湿性，降低油水界面张力。图 5.48 为压裂液注入结束后的表面张力分布。可以看出，由于压裂液的存在，压裂区域的油水界面张力较低，且越靠近井底，油水界面张力值越低。

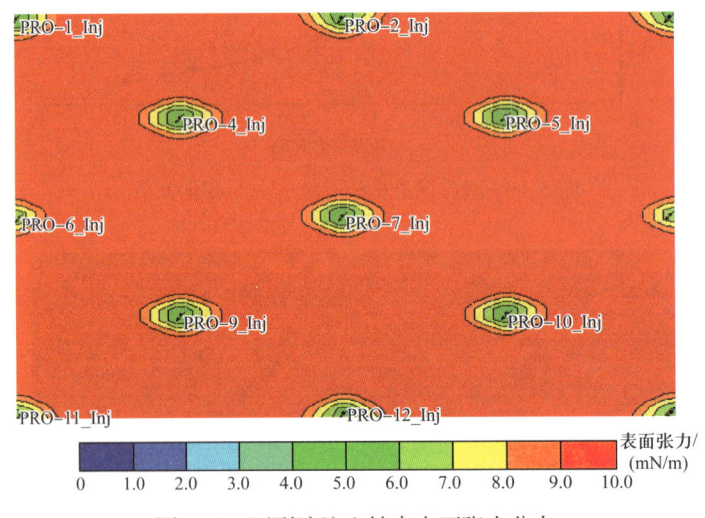

图 5.48 压裂液注入结束表面张力分布

为研究润湿作用对开采的作用效果，建立了不考虑和考虑润湿作用的模拟模型。图 5.49 为模拟采用的表面活性物质浓度为 0 和超低界面张力下的油水相对渗透率曲线。

两种模型下的日产油量曲线如图 5.50 所示，可以看出，由于表明活性物质的作用，在压裂结束开井生产阶段，日产油量相对于不考虑润湿作用时有明显增加；而生产后期两种模型的日产油量基本相同。生产结束后，润湿作用能够增加约 8% 的累计产量（图 5.51）。

(a) 无表面活性剂

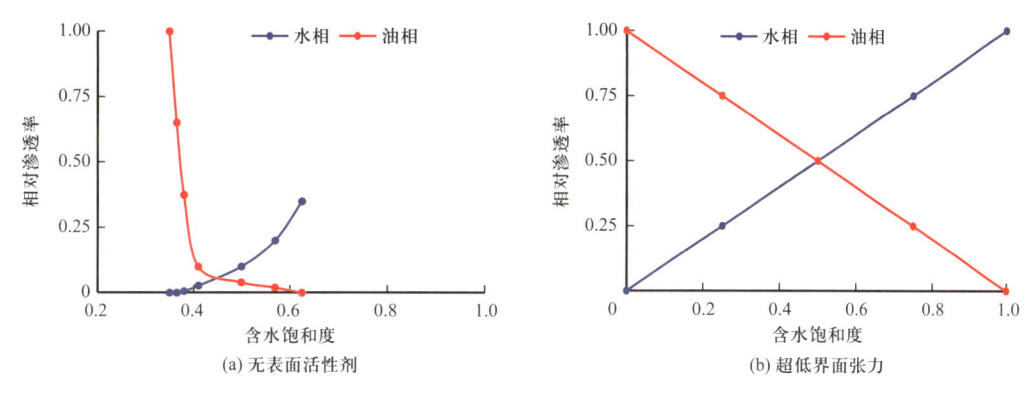

(b) 超低界面张力

图 5.49　油水相对渗透率曲线

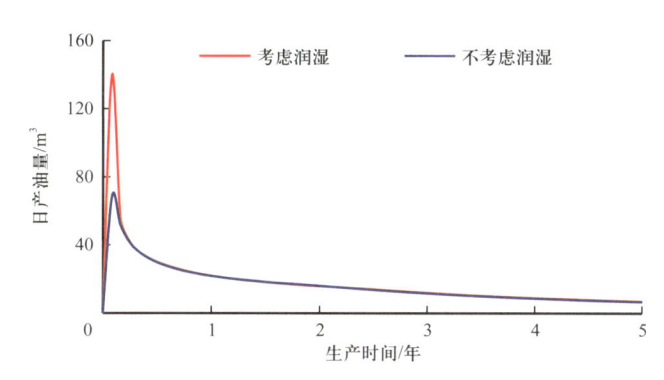

图 5.50　润湿作用对日产油量的影响

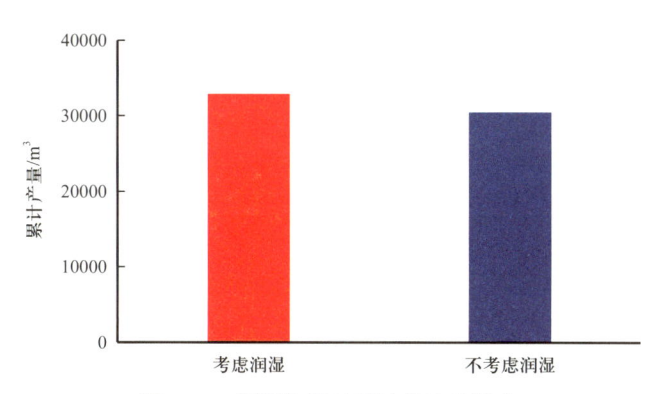

图 5.51　润湿作用对累计产油的影响

第六章 特低渗透—致密油藏直井缝网改造数学模型

由于常规的结构网格难以精确描述复杂的裂缝网络，笔者基于非结构网格划分，建立了特低渗透—致密油藏直井体积压裂的地层渗流模型和井模型。通过建立模型，结合边界条件和初始条件便能计算出地层的压力分布，得出的结果与实测井底流压拟合分析得出储层改造区域范围等参数。

第一节 油藏数值模拟网格剖分

在早期的油藏数值模拟中，笛卡尔坐标系下网格剖分占据主导地位。由于缝网压裂后油藏的地质条件较为复杂，笛卡尔网格不能精确描述油藏裂缝网络。非结构网格能够灵活地描述地层中断层、尖灭、裂缝网络的范围和走向。

本章的直井缝网压裂渗流模型基于非结构网格剖分。PEBI 网格是一种非结构网格，最早由 Heinemanm 提出来应用于油藏数值模拟中。PEBI 网格是 Delaunay 三角网格的对偶形式，Delaunay 三角网格是对空间点集通过 Delaunay 三角剖分得到。

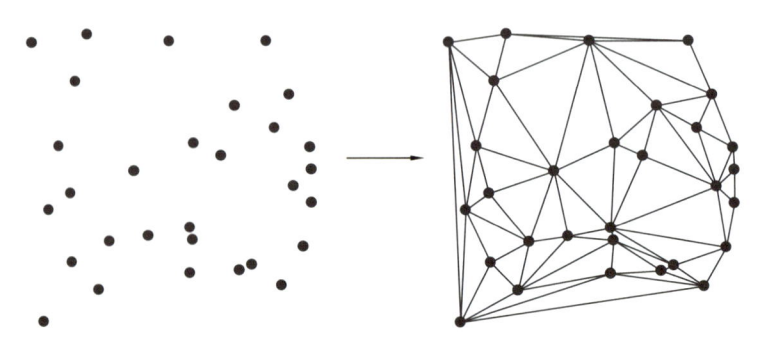

图 6.1 Delaunay 三角剖分

Delaunay 三角剖分需满足两个特性：（1）任意四个点不能共圆，即在 Delaunay 三角网格中任一三角形外接圆内不会有其他点的存在；（2）最大化最小角原则：即三角剖分所形成的三角形最小角最大，因此 Delaunay 三角网格是最接近规则化的三角网格。

PEBI 网格是 Delaunay 三角网格的对偶形式，如图 6.2 所示。虚线为 Delaunay 三角网格，实线为 PEBI 网格。因此，将空间点集进行 Delaunay 三角剖分后，通过连接相邻三角形的外心即可得到 PEBI 网格。

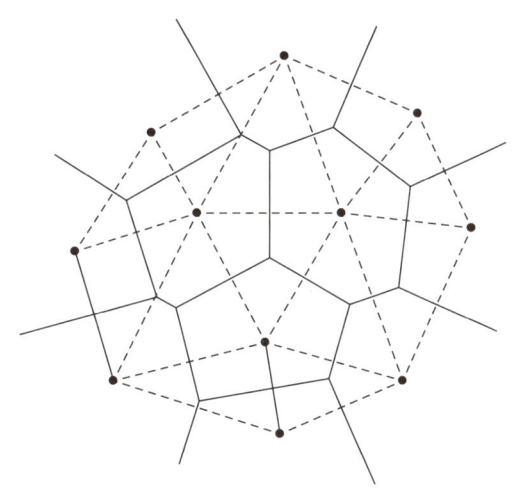

图 6.2　Delaunay 三角网格与 PEBI 网格互为对偶形式示意图

第二节　直井缝网压裂渗流数学模型

本节建立直井缝网压裂的地层模型和井模型。对模型采用有限体积法，并对数值模拟模型采用 PEBI 网格差分离散。

一、模型假设

缝网压裂后地层中存在复杂缝网，也存在支撑剂、油、水等流体。缝网压裂后的地层流体流动是个复杂的渗流过程。因此需要对模型做以下假设和简化：（1）油藏中只存在于油水两相系统，油水两相不互溶；（2）整个油藏系统与外界不存在能量交换，且处于热力学平衡状态；（3）岩石和流体微可压缩；（4）油藏具有非均质性和各向异性；（5）模型中不考虑毛细管压力和重力的影响。

二、油水两相渗流数学模型

在井的返排阶段和开发生产阶段，可以将地层中支撑剂、油、水的流动简化为油水两相流动。结合连续性方程和流体的运动方程，可以得到油水两相的渗流方程。

油相：

$$\nabla \cdot \left(\frac{KK_{ro}}{\mu_o B_o} \nabla p \right) = \frac{\partial}{\partial t} \left(\frac{\phi S_o}{B_o} \right) + q_o \quad (6.1)$$

水相：

$$\nabla \cdot \left(\frac{KK_{rw}}{\mu_w B_w} \nabla p \right) = \frac{\partial}{\partial t} \left(\frac{\phi S_w}{B_w} \right) + q_w \tag{6.2}$$

研究采用的数值模拟模型基于有限体积方法，油相和水相的有限体积方程相类似。本节以油相为例，对油相体积进行积分。

$$\iiint_{V_i} \nabla \cdot \left[\frac{KK_{ro}}{\mu_o B_o} (\nabla p_o - \gamma_o \nabla Z) \right] d\Omega = \iiint_{V_i} \left[\frac{\partial}{\partial t} \left(\frac{\phi S_o}{B_o} \right) + q_{osc} \right] d\Omega \tag{6.3}$$

式中 K——绝对渗透率，m^2；

K_{ro}——油相相对渗透率；

K_{rw}——水相相对渗透率；

ϕ——孔隙度；

μ_o——油黏度，Pa·s；

B_o——油体积系数；

μ_w——水黏度，Pa·s；

B_w——水体积系数；

p_o——油相压力，MPa；

γ_o——油相重度，N/m；

Z——深度，m；

S_o——油相饱和度；

q_{osc}——标准情况下油的源汇项，m^3/s；

q_o——油的源汇项，m^3/s；

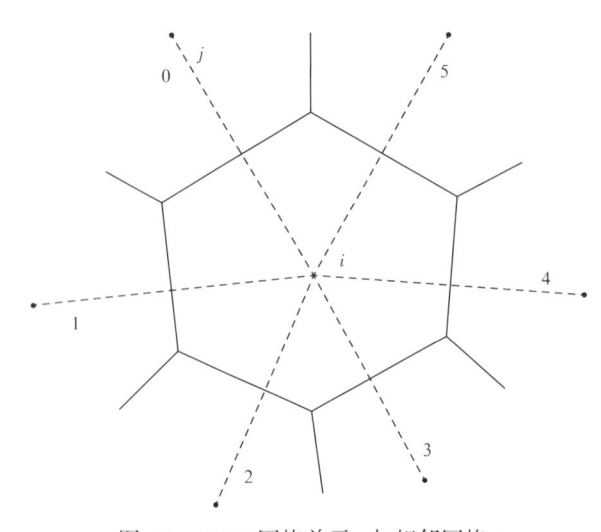

图 6.3 PEBI 网格单元 i 与相邻网格 j

q_w——水的源汇项，m³/s；

∇p_o——压力梯度，MPa/m。

研究人员采用 PEBI 网格对有限元方程进行差分离散（图6.3），由于 PEBI 网格的相邻网格不能像规则网格那样显式给出，记网格 i 相邻网格的编号为 j，用 $\sum_j$ 形式表示对网格 i 的所有相邻网格求和。

应用高斯定理，通过一系列的变形，采用隐式格式，方程左边离散后有：

$$\sum_j \left[T_{ij,o} \left(\Delta p_o - \gamma_o \Delta Z \right) \right]^{n+1} = \frac{V_i}{\Delta t} \left[\left(\frac{\phi S_o}{B_o} \right)_i^{n+1} - \left(\frac{\phi S_o}{B_o} \right)_i^n \right] + q_{osc}^{n+1} \quad (6.4)$$

$$T_{ij,o} = \lambda_{ij,o} G_{ij} \quad (6.5)$$

$$G_{ij} = K_{ij} \omega_{ij} / d_{ij} \quad (6.6)$$

$$\lambda_{ij,o} = \left(\frac{K_{ro}}{\mu_o B_o} \right)_{ij} \quad (6.7)$$

式中　$T_{ij,o}$——油相传导系数，m³/(Pa·s)；

$G_{ij,o}$——网格 i、j 间几何因子，m³；

$\lambda_{ij,o}$——网格 i、j 间的油相流度，(Pa·s)⁻¹；

Δt——时间微元，s；

d_{ij}——相邻两网格中心点的距离，m；

S_o——油相饱和度；

B_o——油相体积系数；

K_{ro}——油相相对渗透率；

K_{ij}——某网格绝对渗透率，m²；

ϕ——孔隙度；

V_i——网格 i 的体积，m³；

q_{osc}——标准状况下油的源汇项，m³/s。

同理，对水相有限体积方程左边离散后有：

$$\sum_j \left[T_{ij,w} \left(\Delta p_o - \Delta p_{cow} - \gamma_w \Delta Z \right) \right]^{n+1} = \frac{V_i}{\Delta t} \left[\left(\frac{\phi S_w}{B_w} \right)_i^{n+1} - \left(\frac{\phi S_w}{B_w} \right)_i^n \right] + q_{wsc}^{n+1} \quad (6.8)$$

式中　$T_{ij,o}$——水相传导系数，m³/(Pa·s)；

B_w——水体积系数，m³/m³；

p_{cow}——毛细管压力，Pa；

γ_w——水相重度，N/m；

Z——深度，m；

S_w——水相饱和度；

q_{wsc}——标准状况下水的源汇项，m³/s。

方程右边含有时间项的方程离散，采用一阶差商，对含有 $\partial f/\partial t$ 形式的方程泰勒展开有：

$$\frac{\partial f}{\partial t} \approx \frac{1}{\Delta t}\Delta_t(f) = \frac{1}{\Delta t}\left(f^{n+1} - f^n\right) \qquad (6.9)$$

如果展开式满足下列形式，则称展开式是守恒的：

$$\Delta_t f = f^{n+1} - f^n \qquad (6.10)$$

因此对于含有多项乘积的等式有：

$$\Delta_t f = \Delta_t(UVXY) = (UVXY)^{n+1} - (UVXY)^n \qquad (6.11)$$

对式（6.11）展开有以下恒等式：

$$\Delta_t(UVXY) = (VXY)^n\Delta_t U + U^{n+1}(XY)^n\Delta_t V + (UV)^{n+1}Y^n\Delta_t X + (UVX)^{n+1}\Delta_t Y \qquad (6.12)$$

按照式（6.12）展开有：

$$\Delta_t\left(\frac{\phi S}{B}\right) = S^n\left[\frac{1}{B^n}\Delta_t\phi + \phi^{n+1}\Delta_t\left(\frac{1}{B}\right)\right] + \left(\frac{\phi}{B}\right)^{n+1}\Delta_t S \qquad (6.13)$$

对式（6.13）中孔隙度和体积系数展开有：

$$\Delta_t\phi = \phi^{n+1} - \phi^n = \frac{\phi^{n+1} - \phi^n}{p^{n+1} - p^n}\left(p^{n+1} - p^n\right) = \frac{\partial \phi}{\partial p}\Delta_t p \qquad (6.14)$$

$$\Delta_t\left(\frac{1}{B}\right) = \frac{\frac{1}{B^{n+1}} - \frac{1}{B^n}}{p^{n+1} - p^n}\left(p^{n+1} - p^n\right) = \frac{\partial(1/B)}{\partial p}\Delta_t p \qquad (6.15)$$

将式（6.14）、式（6.15）代入式（6.13）有：

$$\Delta_t\left(\frac{\phi S}{B}\right) = S^n\left[\frac{1}{B^n}\frac{\partial \phi}{\partial p} + \phi^{n+1}\frac{\partial(1/B)}{\partial p}\right]\Delta_t p + \left(\frac{\phi}{B}\right)^{n+1}\Delta_t S \qquad (6.16)$$

结合式（6.15），油水两相分别有：

$$\Delta_t\left(\frac{\phi S_o}{B_o}\right) = S_o^n\left(\frac{1}{B_o^n}\frac{\partial \phi}{\partial p_o} + \phi^{n+1}\frac{\partial(1/B_o)}{\partial p_o}\right)\Delta_t p_o + \left(\frac{\phi}{B_o}\right)^{n+1}\Delta_t S_o \qquad (6.17)$$

$$\Delta_t\left(\frac{\phi S_w}{B_w}\right) = S_w^n\left(\frac{1}{B_w^n}\frac{\partial \phi}{\partial p_w} + \phi^{n+1}\frac{\partial(1/B_w)}{\partial p_w}\right)\Delta_t p_w + \left(\frac{\phi}{B_w}\right)^{n+1}\Delta_t S_w \qquad (6.18)$$

由于油水两相系统中有：

$$S_o + S_w = 1 \qquad (6.19)$$

$$\Delta_t S_o = -\Delta_t S_w \quad (6.20)$$

$$p_{cow} = p_o - p_w \quad (6.21)$$

因此对油水两相系统油相组分离散方程有：

$$\begin{aligned}\sum_j \left[T_{ij,o}\left(\Delta p_o - \gamma_o \Delta Z\right)\right]^{n+1} &= \frac{V_i}{\Delta t}\left[\left(\frac{\phi S_o}{B_o}\right)_i^{n+1} - \left(\frac{\phi S_o}{B_o}\right)_i^n\right] + q_{osc}^{n+1} \\ &= \frac{V_i}{\Delta t}\left[\frac{1}{B_o^n}\frac{\partial \phi}{\partial p} + \phi^{n+1}\frac{\partial(1/B_o)}{\partial p}\right]\left(1 - S_w^n\right)\Delta_t p_o - \left(\frac{\phi}{B_o}\right)^{n+1}\Delta_t S_w + q_{osc}^{n+1} \\ &= C_{op}\delta p + C_{ow}\delta S_w + q_{osc}^{n+1}\end{aligned} \quad (6.22)$$

其中：

$$C_{op} = \frac{V_i}{\Delta t}\left[\frac{1}{B_o^n}\frac{\partial \phi}{\partial p_o} + \phi^{n+1}\frac{\partial(1/B_o)}{\partial p_o}\right]\left(1 - S_w^n\right) \quad (6.23)$$

$$C_{ow} = -\frac{V_i}{\Delta t}\left(\frac{\phi}{B_o}\right)^{n+1} \quad (6.24)$$

$$\Delta p = p_j - p_i \quad (6.25)$$

$$\Delta Z = Z_j - Z_i \quad (6.26)$$

同理，水相组分离散有：

$$\sum_j \left[T_{ij,w}\left(\Delta p - \Delta p_{cow} - \gamma_w \Delta Z\right)\right]^{n+1} = C_{wp}\delta p_w + C_{ww}\delta S_w + q_{wsc}^{n+1} \quad (6.27)$$

其中：

$$C_{wp} = \frac{V_i}{\Delta t}\left[\frac{1}{B_w^n}\frac{\partial \phi}{\partial p_w} + \phi^{n+1}\frac{\partial(1/B_w)}{\partial p_w}\right]S_w^n \quad (6.28)$$

$$C_{ww} = \frac{V_i}{\Delta t}\left(\frac{\phi}{B_w}\right)^{n+1} \quad (6.29)$$

$$\Delta p_{cow} = p_{cow,j} - p_{cow,i} \quad (6.30)$$

式中 q_{osc}——标准状况下水的源汇项，m^3/s；

S——饱和度；

C_{wp}，C_{op}，C_{ww}，C_{ow}——系数；

p_w——水相压力，Pa；

Z_i，Z_j——网格 i、j 从某一及准备算起的高度，m；

p_i, p_j——网格 i、j 的油相压力，Pa；

Δp_{cow}——油水两相的毛细管压力的变化值，Pa。

在恒温系统中，组分中体积系数、黏度、重度、孔隙度等参数基本取决于压力变化的影响。因此属于弱非线性，使用上一步压力值对结果影响较小，因此可以显式处理。而对压力和饱和度联立求解时，组分饱和度与相渗曲线关系较大，渗透率和毛细管压力也有较强的非线性特征，因此需要用下一步压力值隐式处理。

三、非线性渗流油藏数值模拟模型

对于普通中高渗透油藏，流体流动符合达西定律，即：

$$v = -\frac{K}{\mu}\nabla p \tag{6.31}$$

然而由于特低渗透—致密油藏低孔隙度、低渗透率的特点，流体流动存在非线性渗流。因此在计算模型中需要考虑储层非线性渗流的特征，使得模型计算结果更加精确。

本书参照 Li 的非线性渗流模型，得到：

$$u = -\beta\frac{K}{\mu}\left(\nabla p - \frac{\nabla p}{|\nabla p|}\lambda\right) \tag{6.32}$$

式中 β——非线性影响因子；

K——渗透率，m^2；

μ——黏度，Pa·s；

∇p——压力梯度，Pa/m；

λ——启动压力梯度，Pa/m；

v——渗流速度，m/s。

$$\begin{cases} \beta = 1 & |\nabla p| > \lambda_{max} \\ \beta = \dfrac{\left(\nabla p - \dfrac{\nabla p}{|\nabla p|}\lambda_{min}\right)^{n-1}}{(\lambda_{max} - \lambda_{min})^n}(\lambda_{max} - \lambda_{pseudo}) & \lambda_{max} \geqslant |\nabla p| \geqslant \lambda_{min} \\ \beta = 0 & |\nabla p| < \lambda_{min} \end{cases} \tag{6.33}$$

$$\begin{cases} \lambda = \lambda_{pesudo} & |\nabla p| > \lambda_{max} \\ \lambda = \lambda_{min} & \lambda_{max} \geqslant |\nabla p| \geqslant \lambda_{min} \end{cases}$$

式中 λ_{pseudo}——拟启动压力梯度，Pa/m；

λ_{max}——最大启动压力梯度，Pa/m；

λ_{min}——最小启动压力梯度，Pa/m。

代入得控制方程：

$$\nabla \cdot \left[\frac{\beta K}{\mu B} \left(\nabla p - \frac{\nabla p}{|\nabla p|} \lambda \right) \right] = \frac{\partial}{\partial t} \left(\frac{\phi}{B} \right) + q \quad (6.34)$$

式中　B——地层体积系数，m^3/m^3；

　　　ϕ——孔隙度；

　　　q——井的液量，$kg/(m^3 \cdot s)$；

　　　λ——启动压力梯度，Pa/m。

对于普通直井，考虑井所在网格的非线性渗流引起的附加流量及井的表皮因子，井的控制方程如下：

$$q_{sc} = J_w(p - p_{wf}) - \frac{2\pi \beta K h}{B\mu} \lambda (r_e - r_w)$$

$$J_w = \frac{2\pi K h \beta}{\mu B \left[\ln(r_e/r_w) + S \right]} \quad (6.35)$$

其中，非线性流引起的附加流量项为 $\frac{2\pi \beta K h}{B\mu} \lambda (r_e - r_w)$。

式中　p——压力，Pa；

　　　p_{wf}——井底流压，Pa；

　　　h——油藏厚度，m；

　　　r_e——油藏等效半径，m；

　　　r_w——实际井半径，m。

对于未改造的直井，井所在的网格的流量方程需要考虑式（6.35）右边的附加流量项；而对于体积压裂后的裂缝井，近井地带被改造，井所在的网格的产量方程不考虑启动压力梯度的附加流量项。该模型采用有限体积法，将式（6.35）代入式（6.34），并对控制方程（6.34）进行差分及全隐式线性化处理可得式（6.36）。

$$\sum_j T_{ij+}^{n+1\,v} \left[p_j^{n+1\,v} - p_i^{n+1\,v} - d_{ij}(\lambda_j - \lambda_i) \right] + \sum_j T_{ij+}^{n+1\,v}(\delta p_j - \delta p_i) + \sum_j \left(\frac{\partial T_{ij}}{\partial p} \right)_+^{n+1\,v} \left[p_j^{n+1\,v} - p_i^{n+1\,v} - d_{ij}(\lambda_j - \lambda_i) \right] \delta p_+$$

$$= C_p^{n+1\,v} \delta p_i + C_p^{n+1\,v}(p_i^v - p_i^n) + q_{sc}^{n+1\,v} + \frac{\partial q_{sc}^{n+1}}{\partial p_i} \left(p_i^{n+1\,v+1} - p_i^{n+1\,v} \right) + \frac{\partial q_{sc}^{n+1}}{\partial p_{wf}} \left(p_{wf}^{n+1\,v+1} - p_{wf}^{n+1\,v} \right)$$

$$\delta p_i = p_i^{n+1\,v+1} - p_i^{n+1\,v}$$

$$C_p^{n+1\,v} = \frac{V_i}{\Delta t} \left[\frac{1}{B^n} \frac{\partial \phi}{\partial p} + \phi^{n+1\,v} \frac{\partial (1/B)}{\partial p} \right] \quad (6.36)$$

$$T_{ij} = \left(\frac{\beta K G}{\mu_o B_o} \right)_{ij}$$

式中　　n——时间步；

v——某时间步下的迭代次数；

p_i，p_j——分别表示网格 i、j 的压力；

V_i——网格 i 的体积；

T_{ij}——传导系数，$m^3/(mPa \cdot s)$；

$G_{ij,\,o}$——网格 i、j 间几何因子，m^3；

下标 +——上游加权。

同理，对井产量方程（6.35）进行全隐式线性化处理有：

$$\frac{\partial q_{sc}^{v+1}}{\partial p_i}\left(p_i^{n+1} - p_i^{v}\right) + \frac{\partial q_{sc}^{v+1}}{\partial p_{wf}}\left(p_{wf}^{v+1} - p_{wf}^{v}\right) - \frac{C}{\Delta t}\left(p_{wf}^{v+1} - p_{wf}^{n}\right) = 0 \quad (6.37)$$

其中：

$$\frac{\partial q_{sc}}{\partial p_i} = \frac{\partial J_{sc}^{v+1}}{\partial p_i}(p_i - p_{wf}) + J_w - 2\pi\beta Kh\lambda(r_e - r_w)\frac{\partial(1/B\mu)}{\partial p} \quad (6.38)$$

联立上述模型和边界条件，便可计算出地层压力并进行拟合分析。

在关井测压阶段，该模型可以考虑致密油藏非线性流的情况。式（6.33）中当 $\lambda=0$ 时，地层中不存在可以非线性渗流特征，此时 $\beta=1$。此时控制方程（6.34）变为常规的单相渗流方程，而对于井的流动方程（6.35）也因此没有考虑非线性渗流引起的附加流量项。然而实际的模型选取依据油田关井测试所获得的秒点数据。由于压裂液返排数据只记录开井后到见油花前这一时期，因此压裂施工阶段可用单相流体模型进行分析。压裂施工阶段的渗流模型与关井测压时期不考虑非线性流的模型基本一致。

关井测压阶段所获得秒点数据能较为精准地反映测试时刻的井底状况。然而由于关井测压时间较短（至多一个月），并不能反映重复体积改造后长期的压裂效果变化情况。因此，也需要对开发生产阶段进行分析和评估。在开发生产阶段，如果井在体积改造后含水率较为稳定，并且只对单井做压裂效果分析，可用单相渗流模型进行分析；也可将油水两相的流体数据带入到油水两相的渗流模型中计算。

目前大多采用绝对渗透率表征地层物性参数。针对试井及开发生产数据，由于模型的解释结果存在多解性的情况。为了解决数值试井启动压力梯度和渗透率存在多解性的问题，笔者将模型中的非线性影响因子考虑进来，用式（6.39）表示视渗透率 K。

$$K = \beta k \quad (6.39)$$

四、油水两相渗流的井模型

在油井的实际生产历史中，产液量会发生着变化。根据生产历史进行时间段的划分，在产液量恒定的情况下，把该时间段设定为定液量生产。

井底流量：

$$q_{m,b}^{n+1} = \sum_{j}\left(J_{o,m}^{n+1} + J_{w,m}^{n+1}\right)\left(p_{j,m}^{n+1} - p_{wf,m}^{n+1}\right)$$

$$J_{l,m} = \frac{\theta K K_{rl} h}{\mu_l B_l \left[S + \ln(r_o / r_w)\right]} \tag{6.40}$$

式中　$J_{l,m}$——井的生产指数 m³/(s·Pa)；

K_{rl}——l 相的相对渗透率，m²；

下标 o、w——油相与水相；

下标 b——井底；

下标 m——第 m 层；

θ——边所对应的角度，弧度；

S——表皮因子；

h——层厚，m；

$p_{j,m}$——第 m 层 j 网格压力，Pa；

$p_{wf,m}$——第 m 层井底流压，Pa；

q_{mb}——第 m 层总产油量，m³/s。

对于多层压裂的直井，设油藏中压开 N 个生产层，假设无层间窜流，第 m 层所占液量百分比为 β，则：

$$\beta = \frac{q_{m,b}}{q_b} = \frac{\sum_{j}\left(J_{o,m} + J_{w,m}\right)\left(p_{j,m} - p_{wf,m}\right)}{\sum_{m=1}^{N}\sum_{j}\left(J_{o,m} + J_{w,m}\right)\left(p_{j,m} - p_{wf,m}\right)} \tag{6.41}$$

考虑到井底储集效应：

$$Qs_m^{n+1} = Qp_m^{n+1} - q_{m,b}^{n+1} = -\frac{\beta C}{\Delta t}\left(p_{wf,m}^{n+1} - p_{wf,m}^{n}\right) \tag{6.42}$$

式中　q_b——井底总产液量，m³/s；

Qp_m——第 m 层总产量，m³/s；

Qs_m——第 m 层井储效应引起的产量，m³/s；

C——井储系数，m³/Pa。

联立式（6.40）至式（6.42），第 m 层的井底压力为：

$$p_{wf,m}^{n+1} = \frac{\sum_{j}\left(J_{o,m}^{n+1} + J_{w,m}^{n+1}\right)p_{j,m}^{n+1} + \frac{C\beta}{\Delta t}p_{wf,m}^{n} - Qp_m}{\sum_{j}\left(J_{o,m}^{n+1} + J_{w,m}^{n+1}\right) + \frac{C\beta}{\Delta t}} \tag{6.43}$$

代入式（6.40），也可以得出油相产量：

$$q_{i,o}^{n+1} = J_{o,m}^{n+1}\left(p_i^{n+1} - p_{wf,m}^{n+1}\right) \quad (6.44)$$

式中 $q_{i,o}$——为第 m 层油相产量，m³/s。

同理，类似于式（6.44），第 m 层水相产量也可求出。

五、应力敏感效应渗流模型表征

特低渗透—致密油藏随着开采的进行，储层内部压力逐渐下降，岩石有效应力增大，地层渗透率会逐渐减小。由于特低渗透—致密油藏储层渗透率极低，缝网压裂改造井的数值方程也需要重点引入应力敏感模型。

在试井、生产数据分析或产能预测中，储层孔渗受地应力的影响，它们与杨氏模量和泊松比满足式（6.45）和式（6.46）：

$$\frac{\phi}{\phi_i} = 1 + \frac{p - p_i}{\phi_i M} \quad (6.45)$$

$$\frac{K}{K_i} = \left(\frac{\phi}{\phi_i}\right)^3$$

$$M = E\frac{1-\nu}{(1+\nu)(1-2\nu)} \quad (6.46)$$

式中 E——杨氏模量，MPa；
ν——泊松比；
K_i——原始压力下的渗透率，m²；
K——生产过程中的渗透率，m²；
ϕ——生产过程中的孔隙度；
ϕ_i——原始压力下的孔隙度。

第三节 油藏边界条件

在油藏数值模拟中存在三类边界条件：

（1）第一类边界条件。

在偏微分方程中，这一类边界条件又称为 Derichlet 条件。对于第一类边界问题，油藏边界为定压力边界，边界面也是等势面。因此可以写成：

$$\Phi = \frac{K}{\mu}p = \Phi(x,y,z,t) \quad (6.47)$$

式中　Φ——油界面等势面。

（2）第二类边界条件。

第二类边界问题又称为Neumann边值问题。这类边值条件给出了边界的流动速度，即沿着边界面的法向速度是相同的。

$$v_n = v_n(x, y, z, t) \tag{6.48}$$

对于不渗透边界，其边界法向速度为0，则有：

$$\nabla \cdot \Phi = 0 \tag{6.49}$$

式中　v_n——边界面的法向渗流速度，m/s。

（3）第三类边界条件。

第三类边界条件通常是第一类和第二类边界条件的混合形式。

$$\partial \Phi / \partial N + \lambda(x,y,z)\Phi = f(x,y,z) \tag{6.50}$$

第四节　模型验证

由于商业数值模拟软件没有考虑非线性渗流情况，为了验证数学模型正确性，本节模型验证时考虑启动压力梯度为0的情况。如图6.4所示，采用地层中一注一采的地质模型为验证算例。油藏大小为200m×200m×10m，其中生产井定产量生产30天，产液量为10m³/d，注入井定液量注入30天，注入量为10m³/d。

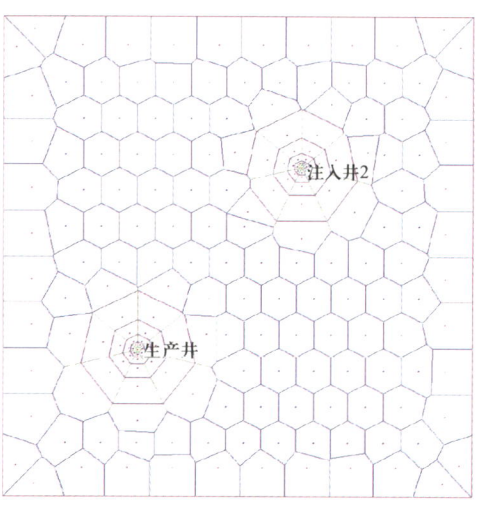

图6.4　模型示意图

在Eclipse模型中平面上网格数为50×50，纵向为一层网格，单个网格大小为4m×4m×10m。本研究计算模型采用PEBI网格剖分计算，如图6.4所示，模型基本参数

见表 6.1。利用上述数学模型计算结果与 Eclipse 软件进行对比，模型验证结果如图 6.5 所示，从图中可以看出，生产井的井底流压的相对误差在 1% 以内，证明建立的数学模型是可行的。

表 6.1　模型基本参数

模型参数	值	单位
原始压力	20	MPa
油体积系数	1.109	m^3/m^3
油黏度	0.27	$mPa·s$
油压缩系数	1×10^{-29}	1/MPa
水体积系数	1.02	m^3/m^3
水黏度	0.30	$mPa·s$
水压缩系数	4.35×10^{-13}	MPa^{-1}
井半径	0.1	m
层厚	10	m
地层渗透率	5	mD
孔隙度	0.2	
水相饱和度	0.3	
油藏温度	65	℃

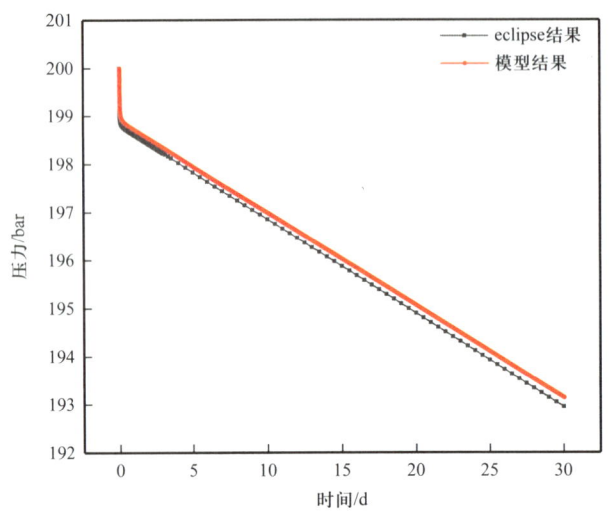

图 6.5　生产井模型结果对比图

第五节 参数敏感性分析

敏感性分析对效果评价时的调参具有指导意义。井筒储集系数、表皮系数、裂缝半长、非线性参数和储层渗透率等参数都会对井底压力造成影响,为了消除计算参数过多造成多解性的问题,对这些参数进行了敏感性分析。

本研究敏感性分析主要参数如下:油藏厚度为 7.4m,孔隙度为 0.11,平均有效渗透率为 0.85mD,原始地层压力为 20.11MPa,其他参数见表 6-2。通过效果评价得到的井筒储集系数为 $1m^3/MPa$,表皮系数为 5,裂缝半长为 10m,储层渗透率为 1mD,裂缝改造区域面积为 $1426.8m^2$。

表 6.2　敏感性分析模型油藏主要参数

名称	值	名称	值
油藏厚度 /m	7.4	平均有效渗透率 /mD	0.85
孔隙度 /%	11.23	岩石压缩系数 /MPa^{-1}	0.00011828
体积系数	1.22	原始地层压力 /MPa	20.11
压缩系数 /MPa^{-1}	0.0007	油的黏度 /(mPa·s)	3.03

一、井筒、裂缝和储层参数敏感性分析

1. 井筒储集系数

为了研究井筒储集系数对双对数曲线的影响,保持其他参数不变,选择井筒系数分别为 $0m^3/MPa$、$1m^3/MPa$、$2m^3/MPa$、$3m^3/MPa$、$4m^3/MPa$,对比其双对数曲线和井底压力,其结果如图 6.6 所示。

从图 6.6 可以得出,随着井筒系数的增大,双对数曲线整体向右下平移,使得压力响应进入下一阶段的时间推迟。在井底压力曲线图中,井筒系数大的则井底压力大;井底压力前期相差很大,到中后期相差非常小。这是由于井筒储集系数越大,井筒续流的时间就越长,从而推迟了压力变化。调参遇到双对数曲线与实测曲线平行,位于左上方时,可以增大井筒储集系数;如果平行且位于右下方时,减小井筒储集系数。

2. 表皮系数敏感性分析

为了研究表皮系数对双对数曲线的影响,保持其他参数不变,将表皮系数分别设定为 0、2、4、6、8,分析他们双对数和井底压力曲线之间的变化规律,其结果如图 6.7 所示。

从图 6.7 可以看出,双对数曲线前半段重合,后半段随着表皮系数的增大,压力和压

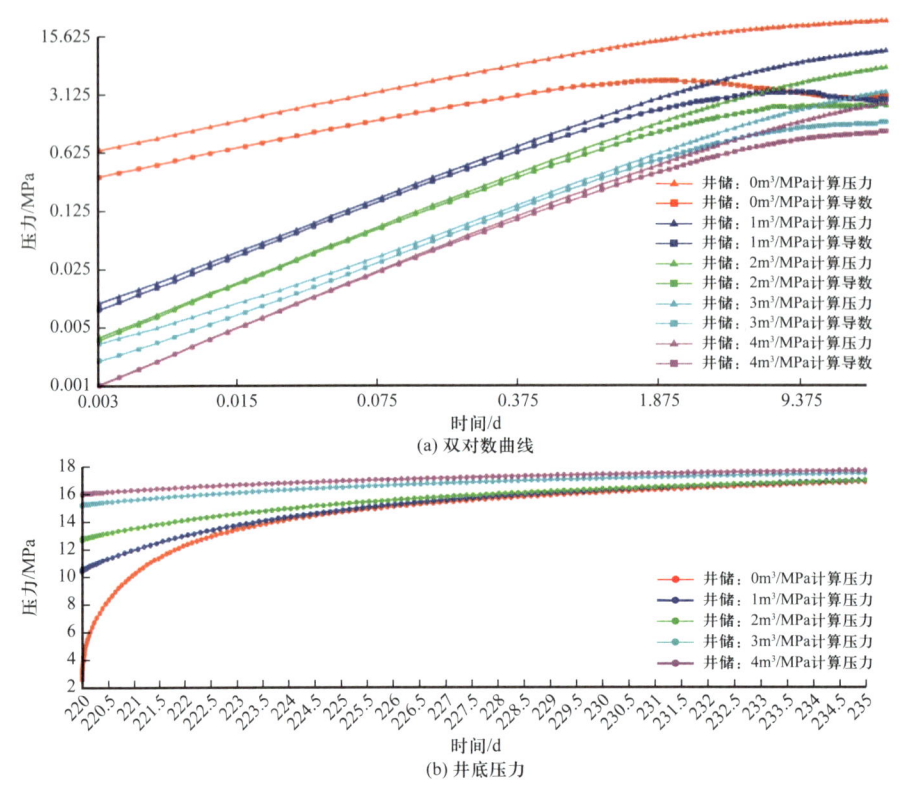

图 6.6 不同井筒储集系数的双对数曲线和井底压力图

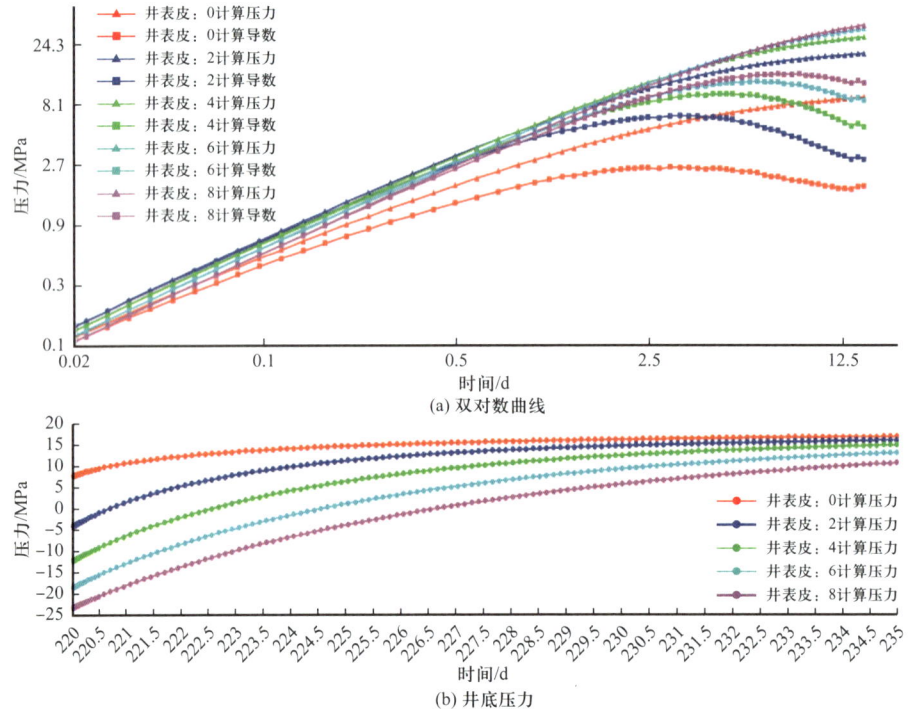

图 6.7 不同表皮系数的双对数曲线和井底压力图

力导数曲线逐渐上移，压力导数凸起的峰值越来越大。在井底压力曲线图中，井底压力随着表皮系数的增大而减小，并且随着关井时间的增加，井底压力差在逐渐减小。表皮系数表示的是近井的伤害程度，当表皮系数大于0，数值越大，表示井筒受到的伤害程度越大；小于0，数值越大，表示增产措施效果越好。在这里由于表皮系数都大于0，数值越大，井筒伤害越严重，伤害面积也越大，使得井筒附加压降变大，压力响应进入下一阶段的时间往后推迟。调整参数时，遇到图6.7所示的现象时，可以适当地增大或减小表皮系数。

3. 裂缝半长敏感性分析

为了研究裂缝半长对双对数曲线的影响，保持其他参数不变，将裂缝半长分别设定为5m、10m、15m、20m、26m，分析它们双对数曲线和井底压力曲线之间的变化规律，其结果如图6.8所示。

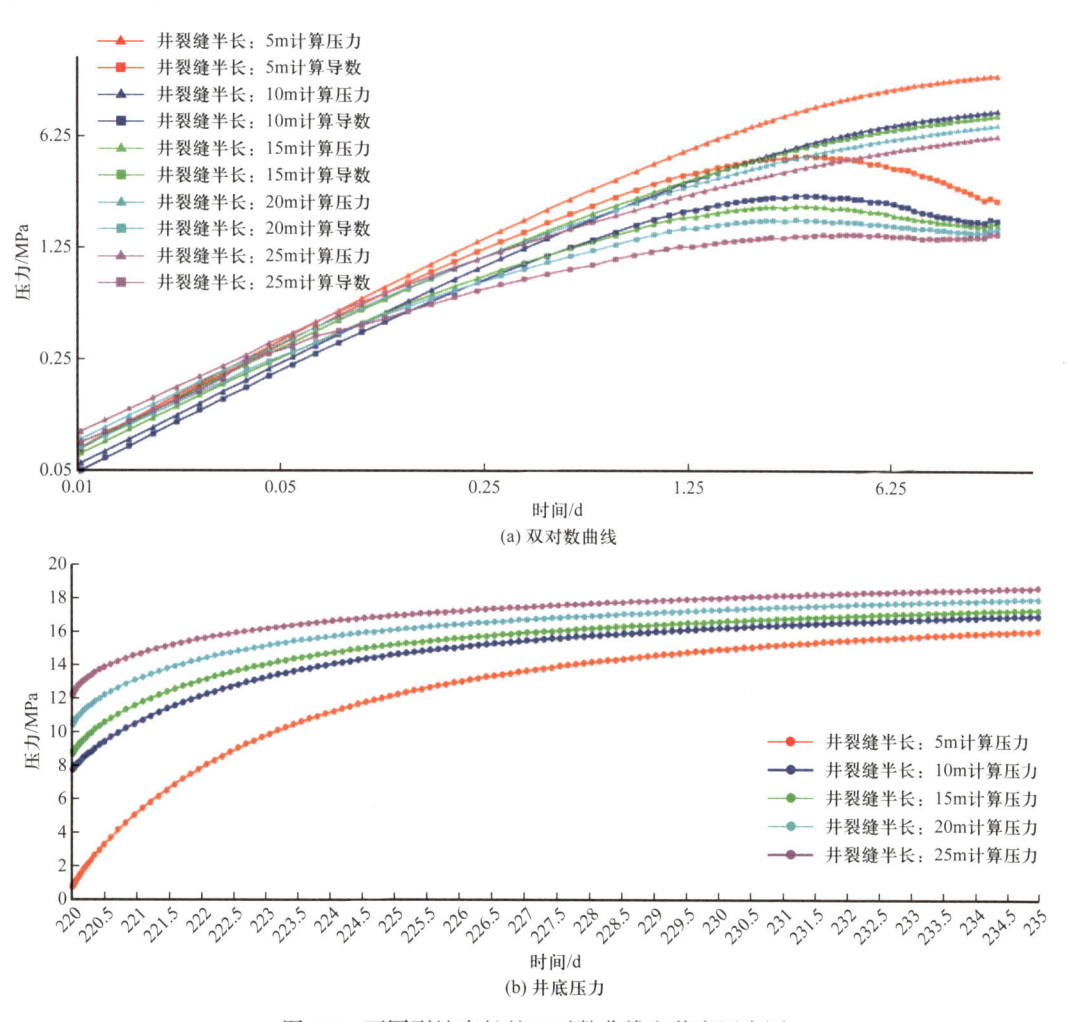

图6.8 不同裂缝半长的双对数曲线和井底压力图

从图 6.8 可以看出，双对数曲线前半段保持平行，压力导数的峰值随着裂缝半长的增加而减小，压力导数平缓段出现的时间随着裂缝半长增加而逐渐提前；在井底压力曲线中，井底压力随着裂缝半长的增加而整体往上移动。这是由于裂缝半长越长，井与地层的接触面积就越大，从地层流向井筒的渗流距离变小，遇到的阻力减小，井底压力后期变化幅度就越小。当出现图 6.8 所示的现象时，可以适当地增加或减小裂缝半长。

二、非线渗流参数敏感性分析

1. 最小启动压力梯度敏感性分析

为了研究最小启动压力对双对数曲线的影响，保持其他参数不变，最小启动压力梯度分别选取为 0、0.05MPa/m、0.1MPa/m、0.15MPa/m、0.18MPa/m，分析它们双对数曲线和井底压力曲线之间的变化规律，其结果如图 6.9 所示。

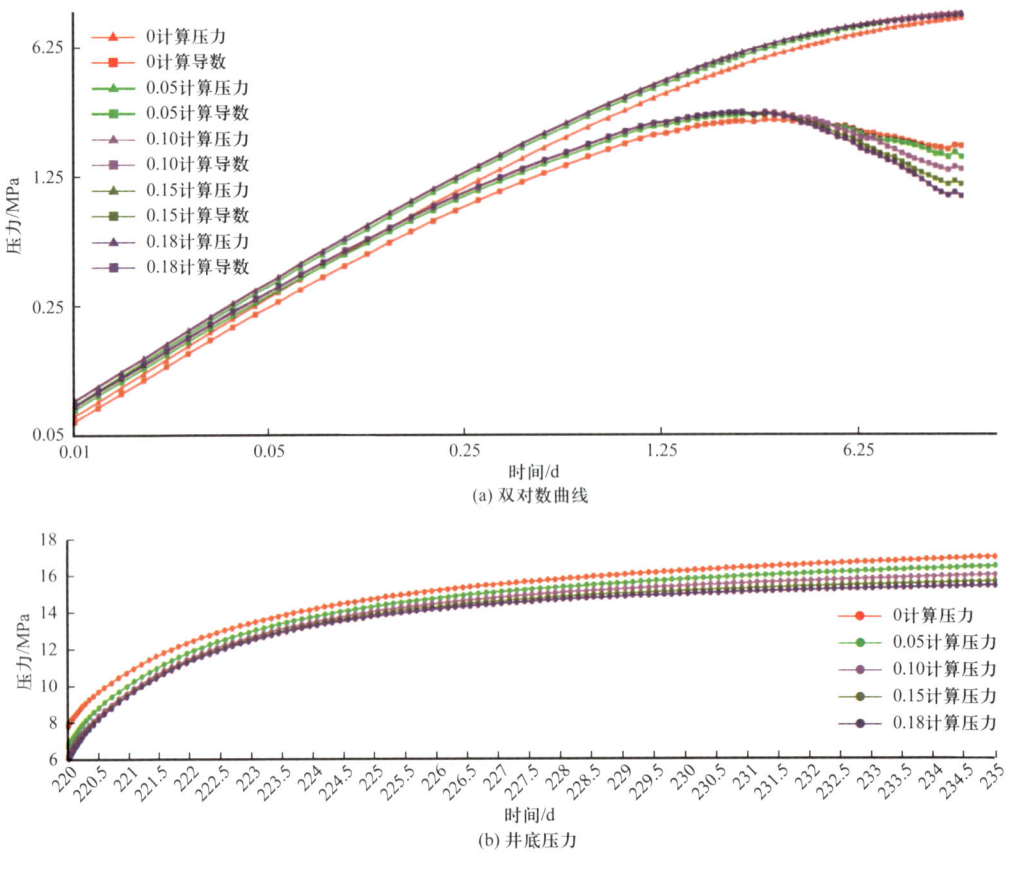

图 6.9 不同最小启动压力梯度的双对数曲线和井底压力图

从图 6.9 可以看出，最小启动压力梯度越小，压力恢复得越快。在压力恢复前期，最小启动压力越小，压力恢复得越快；从计算结果可以得出，最小启动压力较大的非线性流动压力恢复较慢且压力稳定得较快；在双对数曲线上，最小启动压力梯度越大，压力及压力导数越小，压力导数在关井测压后期向下。这是因为在最大启动压力梯度和拟启动压力梯度一定的前提下，当最小启动压力梯度变大时，补充能量所需的压降区间偏小，压力恢复的压降漏斗较小，流动相对比较容易达到稳定，关井后井底压力变化的幅度和速率较小，压力恢复相对较快。在双对数曲线中就体现为在关井测压后期，压力恢复速度变慢，地层能量区域稳定，曲线下掉。调整参数时，遇到图6.9所示的现象时，可以适当地增大或减小最小启动压力梯度。

2. 拟启动压力梯度敏感性分析

为了研究拟启动压力梯度对双对数曲线的影响，保持其他参数不变，拟启动压力梯度分别选取为 0、0.05MPa/m、0.1MPa/m 和 0.15MPa/m，分析他们双对数和井底压力曲线之间的变化规律，其结果如图6.10所示。

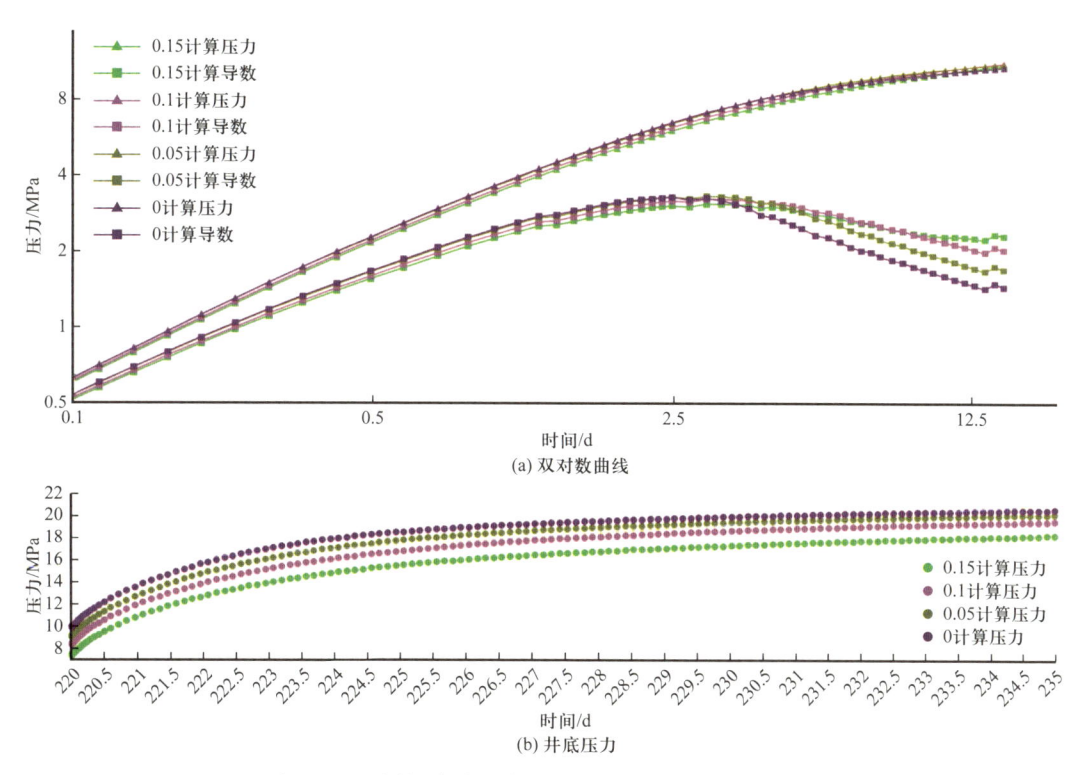

图6.10　不同拟启动压力梯度双对数曲线和井底压力图

从图6.10中可以看出拟启动压力梯度越大，压力恢复得越慢，而在双对数图中拟启动压力梯度越大，压力导数越大。这是因为关井测压时，井的压力逐渐恢复，拟启动压力梯度越大，非线性越强，恢复慢、恢复时间长，导致压力导数大。

3. 最大启动压力梯度敏感性分析

为了研究最大启动压力梯度对双对数曲线的影响，保持其他参数不变，最大启动压力梯度分别选取为 0.18MPa/m、0.19MPa/m、0.20MPa/m、0.21MPa/m、0.22MPa/m，分析它

们双对数曲线和井底压力曲线之间的变化规律，其结果如图 6.11 所示，从图中可以看出，最大启动压力梯度越大，在双对数导数曲线上压力及压力导数越大。

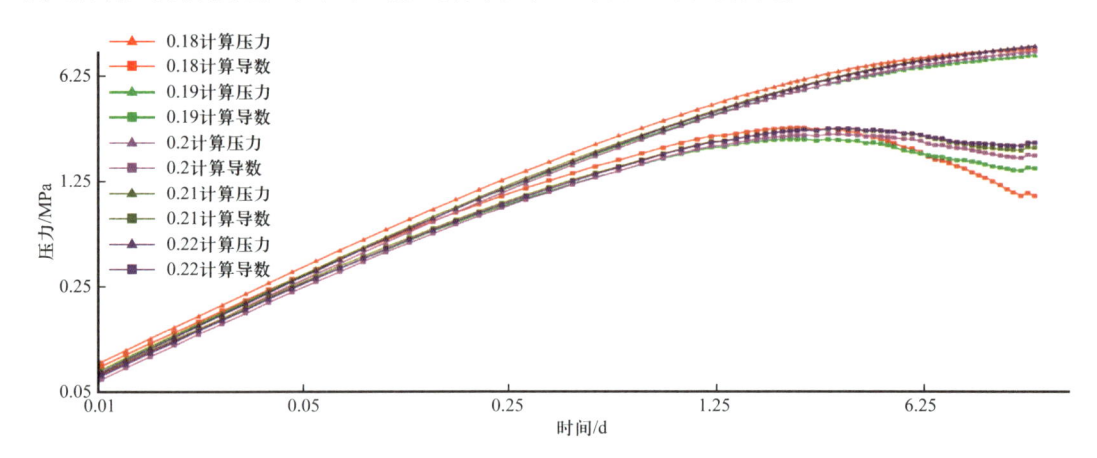

图 6.11　不同最大启动压力梯度双对数曲线图

第六节　基于物质平衡的缝网压裂产能预测方法

对于生产时间较长并且以定井底流压方式生产的油气井，Arps 根据产量与时间或累计产量与时间的关系，将油气井产量递减规律划分为指数递减、调和递减和双曲递减三类，该方法简单且适用范围广，其表达式为：

$$q = \frac{q_i}{\left(1 + bD_i t\right)^{1/b}} \quad (6.51)$$

式中　q——某一时刻的流量，m^3/d；

q_i——初始流量，m^3/d；

D_i——初始递减率，d^{-1}；

t——时间，d；

b——产量递减指数。

然后进行无量纲化，令无量纲递减时间 $t_{Dd}=D_i t$，无量纲递减流量为 q_{Dd}，无量纲累计产量为 N_{pDd}。

所以对于递减指数 b，当 $b=0$ 对应指数递减，$b=1$ 对应调和递减，$0<b<1$ 对应双曲递减，结果见式（6.52）至式（6.54）。

当 $b=0$ 时：

$$\begin{cases} q_{Dd} = e^{-t_{Dd}}, \\ N_{pDd} = 1 - e^{-t_{Dd}} \end{cases} \quad (6.52)$$

$0<b<1$ 时：

$$\begin{cases} q_{Dd} = (1+bt_{Dd})^{-1/b} \\ N_{pDd} = \dfrac{1}{b-1}\left[q_{Dd}^{(1-b)} - 1\right] \end{cases} \quad (6.53)$$

$b=1$ 时：

$$\begin{cases} q_{Dd} = \dfrac{1}{1+t_{Dd}} \\ N_{pDd} = \ln(1+t_{Dd}) \end{cases} \quad (6.54)$$

在缝网压裂改造时，会将大量的压裂液注入地层中，油藏能量得到迅速补充。生产井在正式投产之前，一般会经历一段闷井期，使压力进一步向基质深处波及并在毛细管压力作用下充分发挥油水置换（渗吸）作用，使更多原油从基质孔隙进入裂缝中。油井开始回采后，裂缝中流体先流入井筒，因此裂缝中的压力降低。随后，基质流体在压差作用下流入裂缝，最终流向井筒并被采至地面。

假设致密储层基质中的原油经过人工裂缝流入井筒，且油水两相在裂缝中的流动规律服从达西定律，根据分流量方程及相对渗透率比值与含水饱和度的关系可得：

$$\begin{cases} f_w = \dfrac{1}{1 + \dfrac{\mu_w}{\mu_o}\dfrac{B_w}{B_o} a e^{-bS_{we}}} = \dfrac{1}{1 + A e^{-BS_{we}}} \\ A = \dfrac{a\mu_w B_w}{\mu_o B_o} \quad A>0 \\ B = b \quad B>0 \end{cases} \quad (6.55)$$

式中 f_w——地面含水率；

μ_w，μ_o——地层原油和地层水的动力黏度，mPa·s；

B_w，B_o——地层原油和地层水的体积系数；

S_{we}——井眼出口端含水饱和度；

a，b——相关常数，均大于 0；

A，B——常量。

由式（6.54）可知，在水油黏度比一定的条件下，含水率是含水饱和度的函数。分析致密油藏压裂后的实际生产过程，根据质量守恒原理，可得如下油水两相物质平衡方程：

油相：

$$S_{oi}\phi_i V_t \rho_{oi} = M_{osc} + \bar{S}_o \phi V_t \rho_o \quad (6.56)$$

水相：

$$S_{wi}\phi_i V_t \rho_{wi} + M_{wi} = M_{wsc} + \bar{S}_w \phi V_t \rho_w \quad (6.57)$$

式中 V_t——油藏总体积，10^4m^3；

S_{oi}，S_{wi}——原始含油饱和度与含水饱和度；

$\bar{S}_o$，$\bar{S}_w$——某一时刻平均含油饱和度与平均含水饱和度；

ρ_{oi}，ρ_{wi}——原始地层压力下的油相密度与水相密度，t/m^3；

ρ_o，ρ_w——某一时刻地层平均压力下的油相与水相密度，t/m^3；

ϕ_i，ϕ——原始地层孔隙度与某一时刻地层平均压力对应的孔隙度；

M_{osc}，M_{wi}，M_{wsc}——地面累计产油质量、地面累计注入压裂液质量和地面累计产水质量，10^4t。

根据油相物质平衡方程式（6.56）可得：

$$\begin{cases} \bar{S}_o = S_{oi}\dfrac{1-X_{osc}}{\dfrac{\phi}{\phi_i}\dfrac{\rho_o}{\rho_{oi}}} \\ X_{osc}=\dfrac{M_{osc}}{S_{oi}\phi_i V_t \rho_{oi}} \end{cases} \quad (6.58)$$

由水相物质平衡方程（6.57）可得：

$$\begin{cases} \bar{S}_w = S_{wi}\dfrac{1-X_{wsc}+X_{wi}}{\dfrac{\phi}{\phi_i}\dfrac{\rho_w}{\rho_{wi}}} \\ X_{wsc}=\dfrac{M_{wsc}}{S_{wi}\phi_i V_t \rho_{wi}} \\ X_{wi}=\dfrac{M_{wi}}{S_{wi}\phi_i V_t \rho_{wi}} \end{cases} \quad (6.59)$$

若考虑流体和岩石的压缩性，根据 $\bar{S}_o + \bar{S}_w = 1$ 及压缩系数简化表达式，有：

$$\Delta p = \frac{1-S_{oi}B_{oref}(1-X_{osc})-S_{wi}B_{wref}(1-X_{wsc}+X_{wi})}{C_o+C_w+C_f-\left[C_w S_{oi}B_{oref}(1-X_{osc})\right]+\left[C_o S_{wi}B_{wref}(1-X_{wsc}+X_{wi})\right]} \quad (6.60)$$

忽略高阶压力项，有：

$$\Delta p = \frac{S_{oi}X_{osc}+S_{wi}(X_{wsc}-X_{wi})}{C_f+C_w\left[1-S_{oi}(1-X_{osc})\right]+C_o\left[1-S_{wi}(1-X_{wsc}+X_{wi})\right]} \quad (6.61)$$

式中 Δp——某一时刻的储层压降，MPa；

C_f，C_w，C_o——岩石、水相及油相压缩系数，MPa^{-1}；

为了简化分析，对于水相方程式（6.57），不考虑水及岩石的压缩性，则有：

$$\rho_w = \rho_{wi} \quad (6.62)$$

$$\phi=\phi_i \tag{6.63}$$

将上两式带入式（6.59），整理可得：

$$\begin{cases} \bar{S}_w = S_{wi}\dfrac{W_i+W_p}{\phi_i V_t} = C - DW_p \\ C = S_{wi} + \dfrac{W_i}{\phi_i V_t} \quad C>0 \\ D = \dfrac{1}{\phi_i V_t} \quad\quad D>0 \end{cases} \tag{6.64}$$

式中 W_i，W_p——分别为地面累计压裂液注入量与地面累计产水量，$10^4 m^3$。

由于压裂液被一次性注入储层，因此 W_i 为一常量，S_{wi}、V_t 也为常量，故 C、D 均可视为常量。

生产过程中，近似认为：

$$dS_{we}/dt \approx d\bar{S}_{we}/dt$$

则有：

$$S_{we}(t) \approx K\bar{S}_{we}(t) \tag{6.65}$$

将方程（6.64）带入式（6.65），再考虑到致密油的含水率最终往往有个稳定值，有：

$$\begin{cases} f_w = \dfrac{1}{1+Ae^{-B\cdot K(C-DW_p)}} + G = \dfrac{1}{1+Ae^{-E+FW_p}} + G \\ E = B\cdot K \cdot C \quad E>0 \\ F = B \cdot K \cdot D \quad F>0 \end{cases} \tag{6.66}$$

式中 K——比例常数；
　　E，F，G——常量。

由式（6.66）可知，含水率 f_w 是地面累计产水量 W_p 的函数。其中，参数 A、E、F、G 均可由矿场实际生产数据拟合得到。

封闭弹性驱动油藏产量递减符合 Arps 指数递减规律。致密油藏单井有效连通性极差，因此其有限衰竭产液过程可视为封闭弹性驱动下的油水两相流动过程，单井产液量递减由 Arps 指数递减模型计算：

$$Q_l = Q_{l0}e^{-D_l t} \tag{6.67}$$

式中 Q_l，Q_{l0}——分别为单井产液量与初始产液量，m^3/月；
　　D_l——产液量递减率。

由式（6.66）及式（6.67）可得产油量 Q_o 为：

$$Q_o = Q_{l0} e^{-D_l \cdot t} \left(1 - G - \frac{1}{1 + A e^{-E + F W_p}} \right) \quad (6.68)$$

式（6.68）即为致密油藏压裂后衰竭开采过程中产油预测模型。

由式（6.59）忽略水及岩石的压缩性，累计产油量 N_P 与累计产水量 W_P 之间的关系为：

$$\ln N_P = A + B W_P \quad (6.69)$$

$$A = \ln \left(\phi_l V_t \frac{\mu_w}{\mu_o} \frac{B_w}{B_o} \frac{a}{b} \right) - b S_{wi} - \frac{b W_i}{\phi_l V_t}$$

$$B = \frac{b}{\phi_l V_t}$$

通过相应推导可得单井可采储量采出程度与最小含水率，含水率之间的关系式为：

$$R_D = \frac{f_{w \min} (1 - f_w)}{f_w (1 - f_{w \min})} \quad (6.70)$$

即：

$$f_w = \frac{f_{w \min}}{f_{w \min} + R_D (1 - f_{w \min})} \quad (6.71)$$

由式（6.71）可知，致密油藏油井经过体积压裂改造后进行衰竭开采，在最小含水率一定时，单井可采储量采出程度与含水率有关。

第七章 直井缝网改造全生命周期压裂效果评价

由于直接法评价压裂效果所需的费用较高，无法在对直井缝网改造效果评价时进行大规模矿场应用。因此本章从间接法入手，对储层改造区域分区划分；考虑裂缝半长、储层改造区域渗透率、基质渗透率、储层非线性流的影响，对相关评价参数做敏感性分析；建立了试井数据、开发生产数据、压裂施工数据的全生命周期压裂效果评价数值方法。

第一节 直井缝网改造压裂区域划分

图 7.1 为直井缝网改造后微地震监测结果。在缝网压裂过程中，裂缝起裂延伸不仅受到张性破坏，还会受到剪切、滑移、错断等综合作用。在储层改造过程中，主裂缝两侧会诱导形成分支裂缝及次生裂缝，从而实现与天然裂缝和岩石层理的有效沟通。因此储层缝网改造后，储层中形成的不再是双翼对称裂缝，而是呈复杂的缝网形态。因此，储层改造区域的有效表征对压裂效果评价尤为重要。

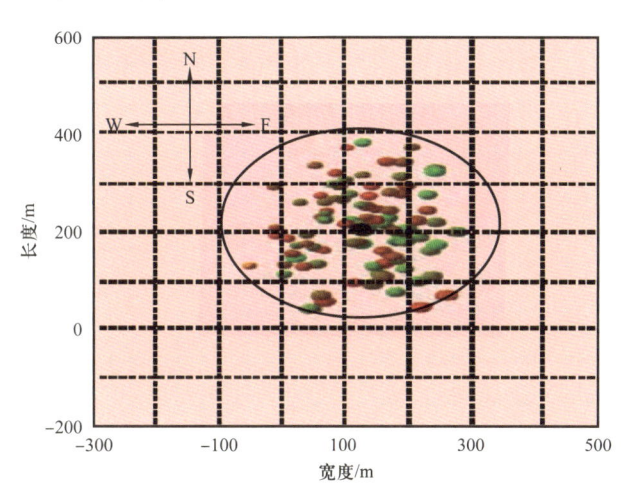

图 7.1 直井缝网改造后微地震监测俯视图（长庆油田）

由于缝网改造后形成的缝网较为复杂，目前难以有效且准确地表征储层改造区域。微地震、测斜仪等直接的裂缝监测技术仅是在压裂施工过程中对裂缝进行监测，也难以有效

地评价次级裂缝的形态。间接方法也需要微地震数据的校核进而评价压裂效果。缝网改造直井大多为老区直井，由于成本原因，无法做到大规模微地震监测。

基于此，笔者对储层改造区域进行划分，应用等效渗透率的理念表征改造后的储层改造区域。以封闭边界中一口缝网压裂直井为例，来划分不同缝网改造区域。如图 7.2 所示，该井有一条主裂缝并复合储层改造区域。图 7.2 中用红色区域来表征体积压裂主要改造区，即主裂缝区或核心区域；该区域在主裂缝周围，由于改造强度大，裂缝渗透率大，导流能力高。图 7.2 中用黄色区域来表征体积压裂影响区，即次级裂缝区或外部改造区域；由于该区域是改造影响区，裂缝渗透率要比核心区域的渗透率要小，导流能力也小一些。图 7.2 中黄色区域外部为未改造区域。

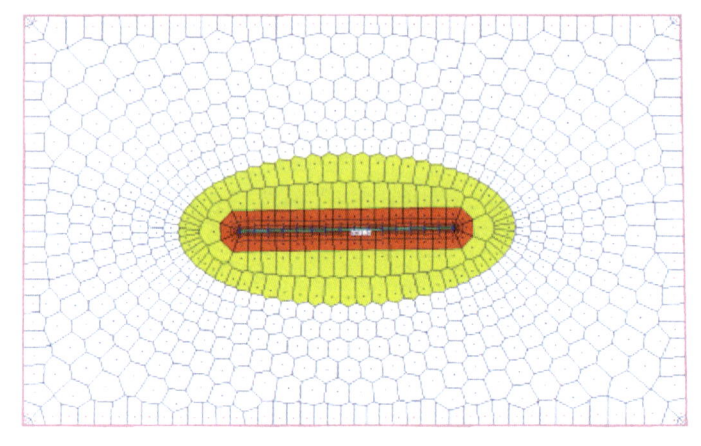

图 7.2 封闭边界体积压裂井分区示意图

第二节 直井缝网改造全生命周期压裂效果评价的三种数值方法

本节基于典型区块的试井数据、直井缝网改造的压裂施工数据和开发生产数据，通过模型流态和参数敏感性分析，建立了基于试井数据、开发生产数据、压裂施工数据的直井缝网改造全生命周期压裂效果评价的三种数值方法。

一、试井数据解释原理

试井数据一般为井的秒点数据，数据较为丰富且精确。针对直井缝网压裂的试井数据，利用试井得到压力和压力导数的变化规律、确定流体在储层中的各种流态。根据流体的流态，分析得到主次裂缝渗透率、裂缝半长、储层改造区域面积及基岩渗透率等参数。有别于常规试井分析利用解析公式对试井曲线进行拖拽，数值试井更像是对井进行小型的数值模拟研究，通过拟合得出相关的参数。

常规的 Saphir 试井解释软件通常以复合油藏及油藏复合半径来解释储层改造区域，该方法较为理想化；通过数值模拟的方法，可以克服常规试井分析模型较为理想化的问题。如图 7.2 所示，以一口封闭边界垂直裂缝井为例，分析了储层改造区域的影响。模型基本参数见表 7.1。

表 7.1 模型基本参数

参数	数值
初始压力 /MPa	16
油藏厚度 /m	10
水平渗透率 /mD	1.5
孔隙度	0.13
岩石压缩系数 /MPa^{-1}	0.00016
黏度 /（mPa·s）	2.2
体积系数	1.05
井储系数 /（m³/MPa）	0.8
表皮因子	0
井半径 /m	0.1

计算结构如图 7.3 所示，流动段①为早期段，主裂缝缝长影响此时的流态特征；流动段②为第一径向流段，受核心区域渗透率的影响，出现了局部短暂的径向流特征；若核心区域的渗透率较大，则曲线下移明显，若核心区域面积较大，第一径向流特征持续时间较长；流动段③为过渡流阶段，两个区域渗透率的差异影响曲线的流态特征；流动段④为第二径向流，此时受核心区域和外部改造区域共同影响；流动段⑤为边界流，受外围边界及区域影响。

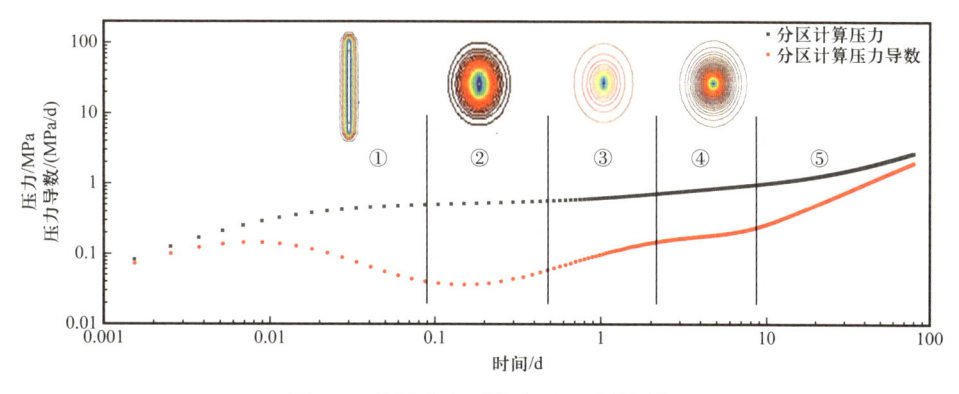

图 7.3 储层改造区域分区双对数图版

总结可得，外部改造区域渗透率比核心区域渗透率低，因此出现了过渡流段和第二径向流段。井在不同阶段的流态特征反映了储层的基本特征及储层改造区域的范围。

针对试井的秒点数据，数值试井解释方法与生产数据大致相同。导入完油藏的基本地质数据后需要截取数据进行分析，并且导入到相应的计算模型中。然后对截取所得的数据段进行流动段分析，通过井的特征流动段判断拟合所需要的模型。理想的试井曲线有多个流动段，如井储段、过渡段、早期径向流、边界流等。然而实际情况中可能只有一部分流动段得到反映，需要根据试井曲线实际的流动形态确定。

二、开发生产数据解释原理

在开发生产阶段，需要根据井的开发生产数据计算不同开发时间下的井底压力。根据压力下降程度，得到主裂缝周围渗透率、裂缝半长、储层改造区域面积及基岩渗透率等参数。由于井的日报数据时间跨度较长，需要分段拟合不同阶段的计算压力。

为了消除计算参数过多，拟合时存在多解性的问题，对相关参数进行了敏感性分析。假定油藏中有一体积压裂改造直井，体积压裂改造区域的大小恒定，研究裂缝半长、核心区域渗透率、基质渗透率的变化对井底流压的影响。模型基本数据见表7.2。

表 7.2 封闭边界缝网改造直井基本参数

参数	数值
初始压力 /MPa	9
油藏厚度 /m	11
水平渗透率 /mD	0.5×10^{-3}
孔隙度	0.10
岩石压缩系数 /mPa^{-1}	0.00015
黏度 /（mPa·s）	2.24
体积系数	1.05
井储系数 /（m^3/MPa）	1
表皮因子	0
井半径 /m	0.1

图 7.4 为不同裂缝半长（20m、60m、80m、120m）对压力曲线的影响，从图中可知，裂缝半缝长主要影响压力降落的前期段。在生产的 40 天内，前期压力曲线斜率较大，降落更快，而在后期曲线的形态都相对平行。因此，当压力曲线前期拟合不上时，要调整裂缝半长。因此，在评价方法中可将缝网改造后关井测压所评估的裂缝半长用作后期生产阶段和压裂返排阶段的基本数据；对于没有关井测压的直井，在对生产历史分段拟合时，也可在前期阶段调整裂缝半长而后期不做处理。

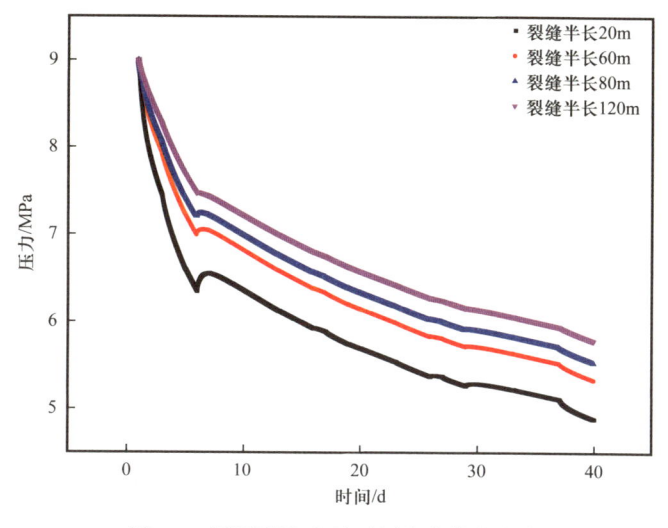

图 7.4 不同裂缝半长对压力曲线的影响

图 7.5 为不同核心区域渗透率（10mD、15mD、20mD、25mD）对压力曲线的影响，从图中可知，前期的压力曲线几乎是重合的，这说明相对于裂缝半长的变化，核心区域渗透率对压力影响较小；压力降落后期，压力曲线几乎平行，表明不影响后期的流动特征。

结合图 7.4 和图 7.5 可以发现裂缝半长和核心区域渗透率主要影响近井端的流动规律，即生产时早期规律。比较而言，裂缝半长对生产的影响更大。

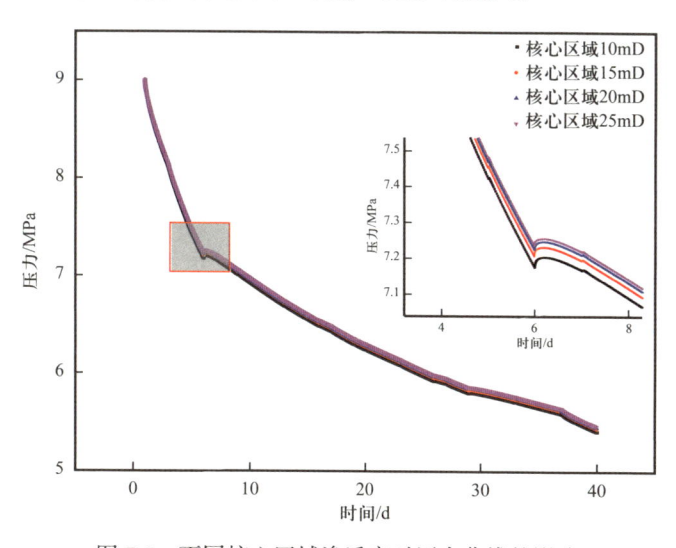

图 7.5 不同核心区域渗透率对压力曲线的影响

图 7.6 为不同基质渗透率（0.1mD、0.3mD、0.5mD、0.7mD）对压力曲线的影响，由图中可知，基质渗透率主要影响裂缝远端的流动。当基质渗透率越低，裂缝远端流动能力越弱，即基质向裂缝的流动能力越弱；基质渗透率也影响整条压力曲线形态。一般来说，不考虑应力敏感性的情况下，基质渗透率由前期的地质资料确定而不作改变。

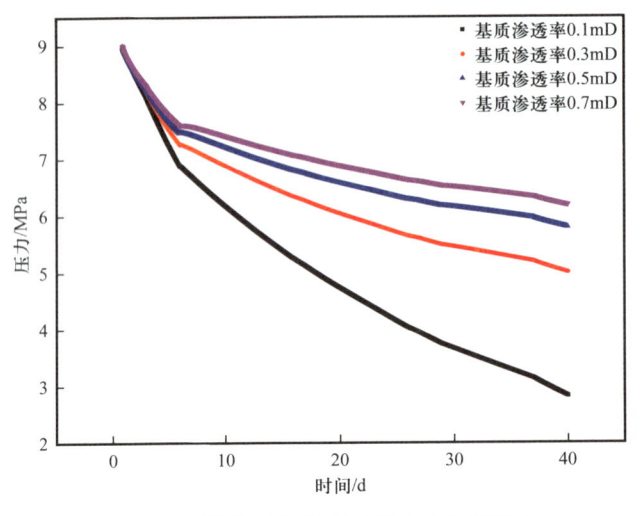

图 7.6 不同基质渗透率对压力曲线的影响

开发生产数据的解释步骤如下：(1) 结合 Petrel 数据体和相关井的综合柱状图建立该井周围的地层模型；(2) 根据日报数据导入井的生产历史资料；(3) 预设压力分布：主裂缝附近的压力大，远离主裂缝的压力小，更远处为原始地层压力，即压裂改造前的压力；(4) 预设井储系数、表皮因子、SRV 的个数与大小、SRV 内的渗透率与孔隙度分布；(5) 基于以上参数进行计算，判断计算压力与实测压力是否满足拟合精度；(6) 调整相关参数直到满足精度要求，获得 SRV 的大小及其渗透率与孔隙度分布、基岩的渗透率、油气藏边界、主裂缝半长等压裂效果评价参数。

在井的开发生产阶段，还需导入井的基本数据和油藏数据，也可将井的试井分析结果作为初始值进行计算，后期再根据开发生产数据进行历史拟合。如果该井没有进行过关井测压，则需要预设油藏压力分布和相关的压裂效果评价参数。具体流程如图 7.7 所示。

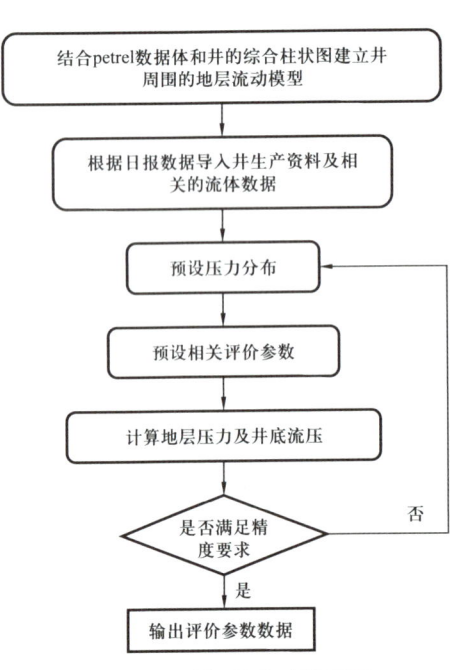

图 7.7 压裂评价方法流程图

三、压裂施工数据解释原理

对于压裂施工数据，本次研究采用体积压裂直井的压裂液返排数据。通过测试压裂液返排时井口压力随时间的变化，来预测主裂缝半缝长、裂缝周围渗透率、储层改造区域的面积及基岩渗透率。

图 7.8 为一口井的压裂液返排数据拟合结果。由于压裂返排数据的拟合解释原理与开发生产数据类似，结合图 7.4 可知，在压裂液返排前期，

主裂缝缝长影响井底流压；后期井底流压受次级裂缝影响，即外部改造区域。

在井的返排阶段，大量的砂与压裂液注入地层，地层压力分布与原始地层压力分布差异非常大。因而，在返排数据的拟合过程中，需调整初始压力分布来模拟压裂液注入对原始地层压力的影响。主裂缝周围的压力值可采用返排时最大的井底流压值，远离储层改造区域的压力值采用原始地层的压力值。其他区域的压力值介于二者之间。预设的压力分布图如图 7.9 所示。初始压力分布与渗透率分布需要协同调整。基岩渗透率会影响压裂液的分布，从而影响压力分布，最终影响井底流压。返排时的井底压力很高，因而井储效应不可忽略。

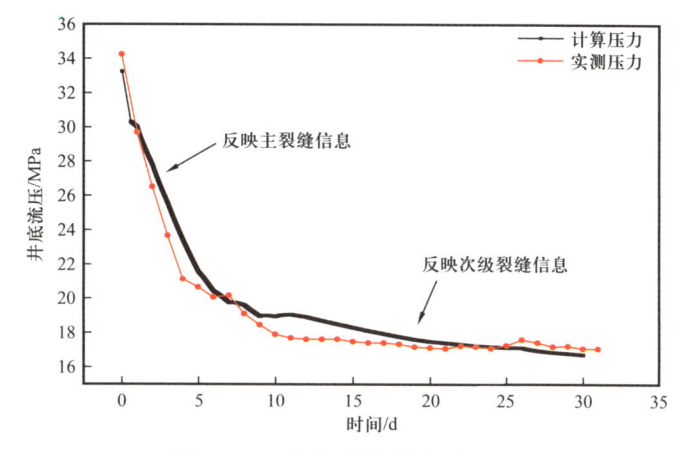

图 7.8　压裂液返排数据拟合结果

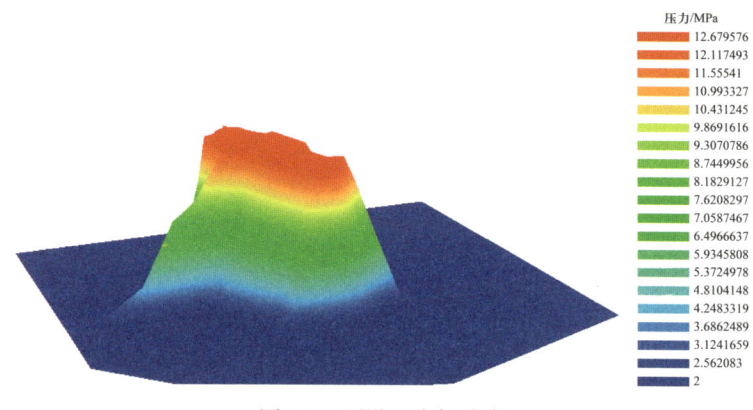

图 7.9　预设压力场分布

第三节　缝网改造导流能力新定义

如图 7.10 所示，常规的水力压裂只能压开一条主裂缝，因此常规的裂缝导流能力（裂缝渗透率 × 裂缝宽度）是针对常规压裂提出的，对于缝网改造来讲不适用，需要提出

- 173 -

新的缝网压裂导流能力的公式,来表征缝网流动的能力。

在本章第一节通过等效渗透率的思路,用较大的渗透率区域表示改造程度较高的改造区域。通过储层改造区域分区划分并结合参数敏感性分析有效地解决了在数值拟合过程中渗透率和压裂改造范围存在多解性的问题。

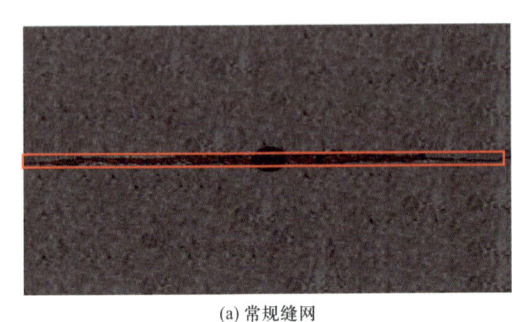

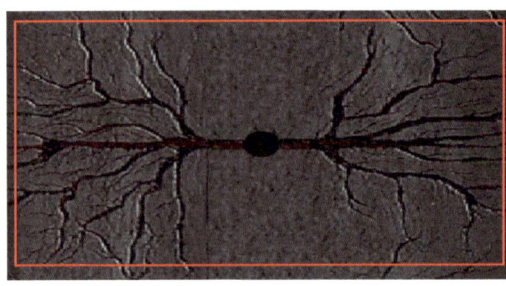

(a) 常规缝网　　　　　　　　　　　(b) 复杂缝网

图 7.10　常规裂缝(a)与复杂缝网(b)示意图

通过缝网改造的理念,大幅降低了储层动用下限,提高储层动用程度,进而提高特低渗透—致密储层的采收率。因此,油田开发人员也转变开发思路,从原先的井控储量模式转换为缝控储量模式;也更加关注缝控改造后储层改造区域的范围,改造区域的流动能力。

为此,采用缝网压裂改造区域导流能力新定义来表示缝网改造压裂效果,用改造区域渗透率和面积分别表征压裂后缝网的改造强度和规模。将体积压裂改造区域导流能力定义为改造区域渗透率与改造区域面积的乘积。由于压裂改造区域内的渗透率是非均质的,往往以多个区域或渗透率分布的形式进行描述,为此改造区域导流能力定义为:

$$\text{SRC} = \sum_{j=1}^{n} K_j A_j \tag{7.1}$$

式中　A_j——面积,m^2;
　　　K_j——对应渗透率,mD;
　　　n——区域数。

第四节　缝网改造压裂效果评价软件编制

如图 7.11 所示,基于本书 7.2 部分所建立的模型,开发了"直井缝网改造压裂效果评价数值模拟综合平台"软件,用以评价直井缝网改造后的压裂效果。通过前期对构建相关的地层流体流动模型、导入井的历史数据、划分 PEBI 非结构网格,最后进行模型计算。将计算的结果与现场实测的结果进行对比拟合,最后得出拟合的参数,并根据相关参数评价缝网改造的压裂效果。

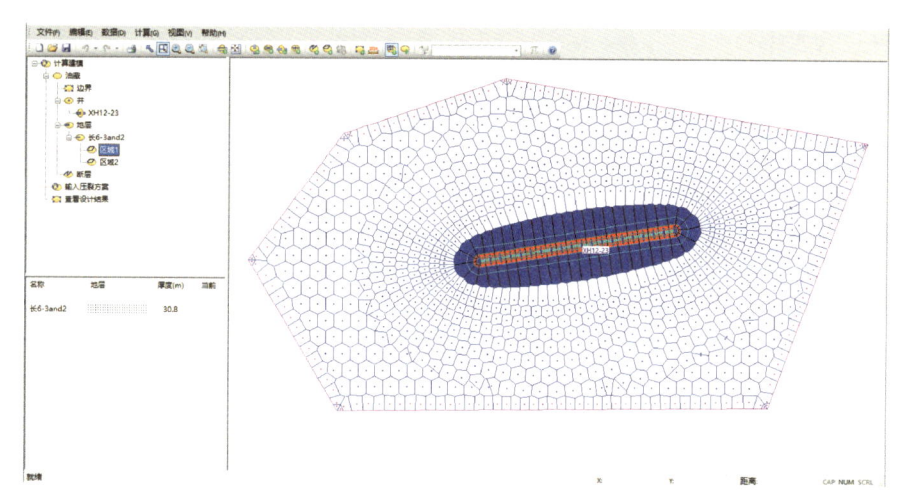

图 7.11 缝网改造压裂效果评价数值模拟软件示意图

为评价缝网改造后压裂效果变化,需要前期对地质数据和井的历史数据做相关准备。

第一步:首先建立针对该井周围的地质数值模型。如图 7.12 和图 7.13 所示,确定油藏的基本类型,根据前期的基本地质资料或者一些 Petrel 地质模型确定顶底边界的类型,以及是否有外界能量的流入。顶底边界有定压和封闭两种类型。在前期建模时由于选择的是可变的非结构网格,因此对于边界和井的位置。参考位置的渗透率、孔隙度等原始数据无法从 Petrel 数据体中直接导入。在建模时需要根据大地坐标确定井的位置、油藏中对应边界和对应参考点的位置。

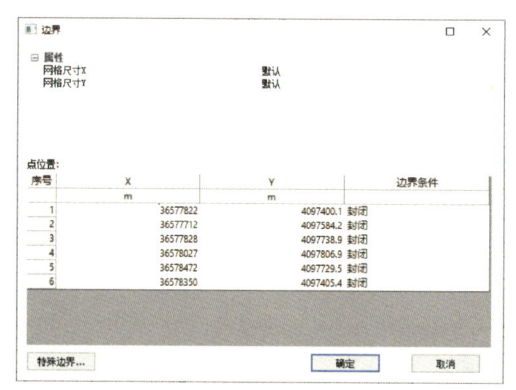

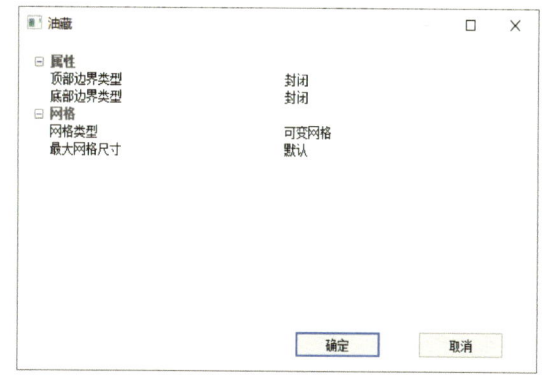

图 7.12 确认油藏边界及类型示意图

确定完油藏位置和油藏类型后,同时也要确定流体类型和油水两相的参考值。流体类型可以选择单相油、油水两相、油气水三相模型。由于笔者研究的目标油田老区直井并没有伴生气,因此在流体类型选择时只需考虑单相和油水两相。在缝网改造前后,如果该井的含水率虽有一定变化,但总体较为平稳时,可以选择单相模型进行计算。此时油和水的黏度、压缩系数、体积系数需要根据含水率进行折算,折算公式以油水的黏度为例有:

$$\mu = f_w \mu_w + (1-f_w) \mu_o \tag{7.2}$$

式中　f_w——含水率；

　　　μ_o——油的黏度，mPa·s；

　　　μ_w——水的黏度，mPa·s。

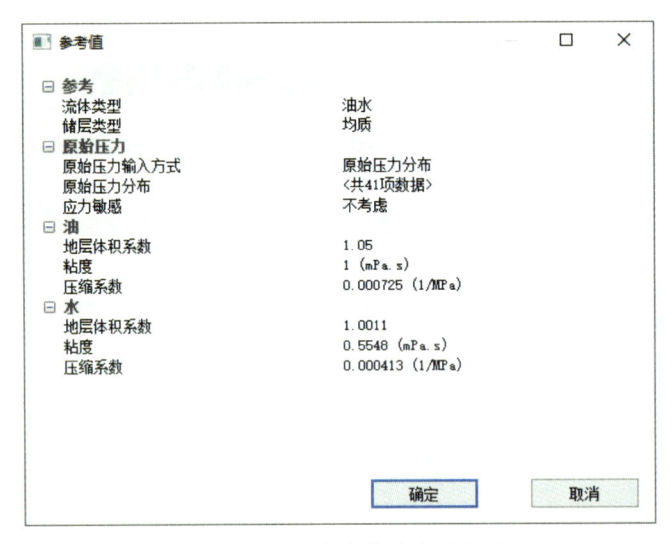

图 7.13　油藏参考值设定示意图

确定完油藏顶底边界类型，顶底边界后，结合井的综合柱状图和相关的数据确定生产层详细参数。如地层垂向渗透率、顶深分布、厚度分布、孔隙度、渗透率、饱和度等相关的地层原始数据（图 7.14）。地层的非线性流特征由实际的关井测压曲线确定，通过

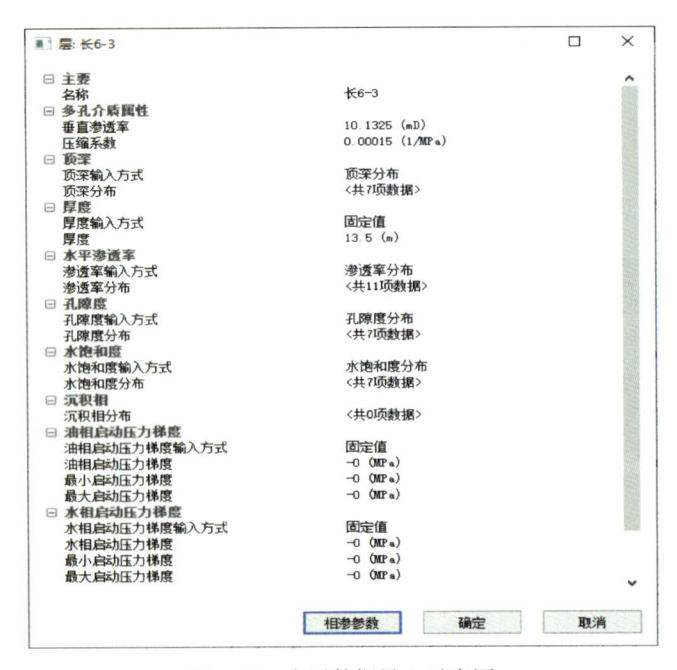

图 7.14　小层数据导入示意图

流动段分析地层的非线性流特征。如果矿场资料较为充足，也可以通过岩心驱替实验得到相关的岩心驱替数据，通过曲线拟合得到相关非线性渗流参数。如果模型选取为油水两相模型，则需考虑相对渗透率曲线的影响（图7.15）。一般来说，相对渗透率曲线由室内岩心实验数据获得。由于直井缝网改造后近井地带油水两相的相对渗透率曲线会有相应的改变，因此在拟合参数时也需考虑。由于相对渗透率的改变对整个模型都有较大影响，因此在单井拟合时主要对改造区域渗透率进行修改，而相对渗透率尽量不做大的改动。

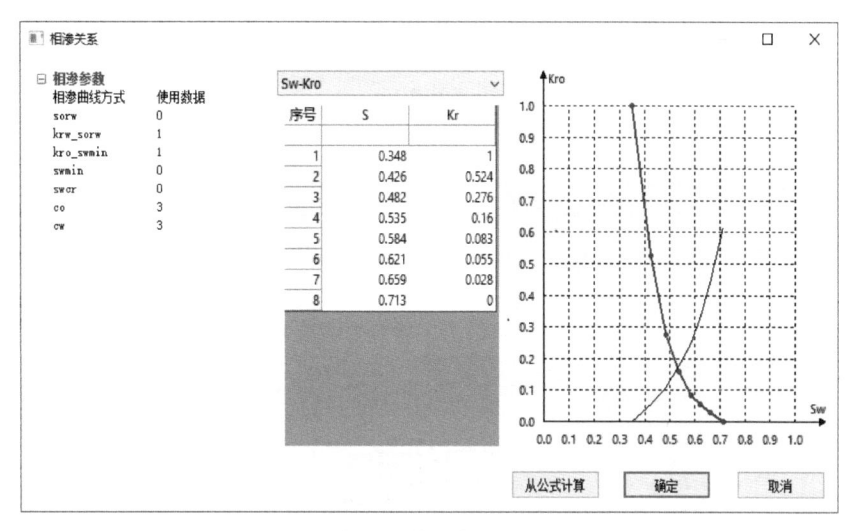

图 7.15 油水相对渗透率曲线导入示意图

小层相关数据定义完备后，再划定相应的体积压裂复合的储层改造区域。复合的 SRV 区域的初始压力、渗透率、孔隙度、压缩系数、黏度、饱和度等值可以单独定义（图 7.16）。缝网改造后，由于压裂液的注入导致近井地带的压力偏高，储层经过改造后其导流能力也会有显著的提高。因此在数值试井分析时，可以改造区域的渗透率来表征压裂后的效果，而储层改造范围可以预先设定 SRV 的面积进行表征。如果压裂前后井的含水率有较大变化，地层附近水饱和度会有所变化，因此地层流体的流动模型为油水两相渗流模型。此时参数拟合时需要压力和饱和度协同调整。

第二步：预设垂直裂缝井的裂缝半长、表皮因子、井储系数等参数，同时导入该井的流量和压力历史（图 7.17）。该井的流量历史可由该井的日报数据确认，而压力历史的精确度相对来说较低。对于极少部分需要测试的水平井下入了井下压力计可以实时观测井底流压变化。然而对于老区直井，由于没有下入井下压力计，压力值只能通过动液面高度和套压数据反算得到。虽然动液面高度数据与实际的数据有一定的差异性，但是其变化程度也能反映其井底流压的变化情况，进而反映出地层能量变化。

第三步：设定计算选项（图 7.18）。调整相关的计算时间和时间步长，最后进行计算。

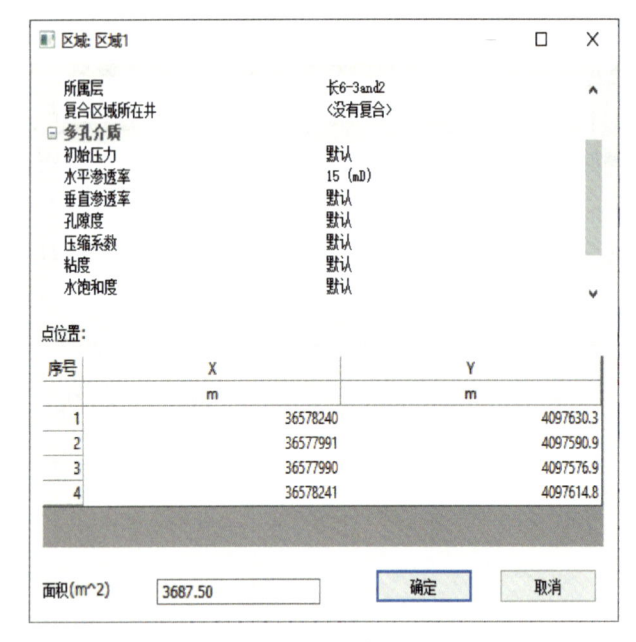

图 7.16 储层改造区域参数调整示意图

图 7.17 导入井模型数据示意图

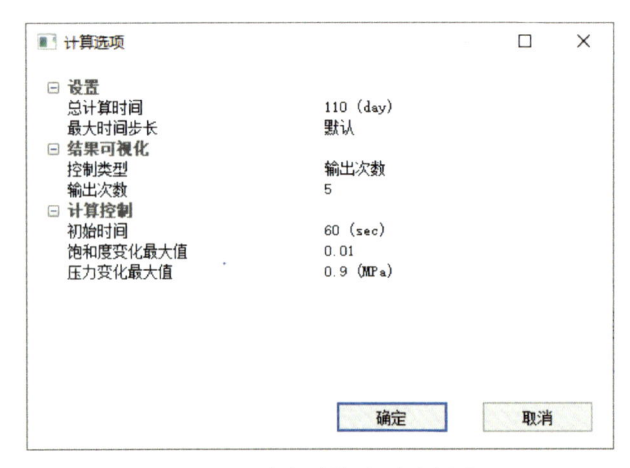

图 7.18 确定计算选项示意图

第五节 矿场实例分析

应用直井体积改造压裂效果评价方法，以榆树林油田某井为例，利用现场所获得的数据进行全过程评价了榆树林油田典型直井缝网改造的压裂效果动态变化。

一、目标井简介

目标井所在油层平均渗透率为 0.13mD，孔隙度为 9.9%，选取 2021 年 7 月 12 日至 2023 年 3 月 31 日的日生产数据作为压裂效果评价阶段，其生产历史如图 7.19 所示。

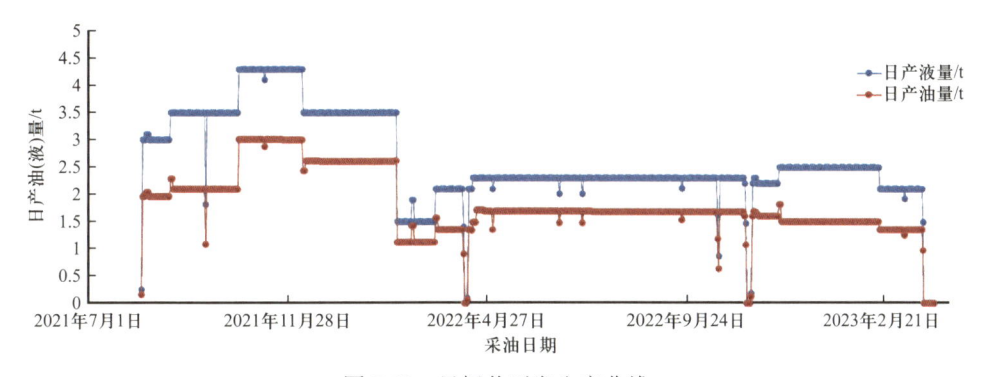

图 7.19 目标井开发生产曲线

由生产曲线可知，在这段时间目标生产井日产液量和产油量变化不大，整体处于波动减缓期，下面首先进行压裂效果评价。

二、压裂效果评价

根据套管压力和静液面高度，计算出井底流压。油田现场静液面高度数值太少，对于压裂效果反演来说数据量不够，因此采用插值算法，对井底流压进行插值计算，并将产液量数据与其进行对比（图 7.20）。

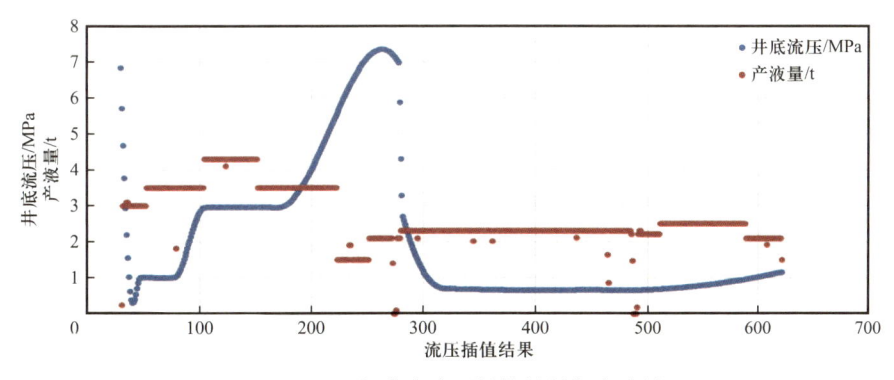

图 7.20 目标井底流压插值结果与产液量

首先根据关井测压数据进行压裂效果反演，然后根据产液量和井底流压，采用图 7.21 所示的两段生产数据进行压裂效果拟合。

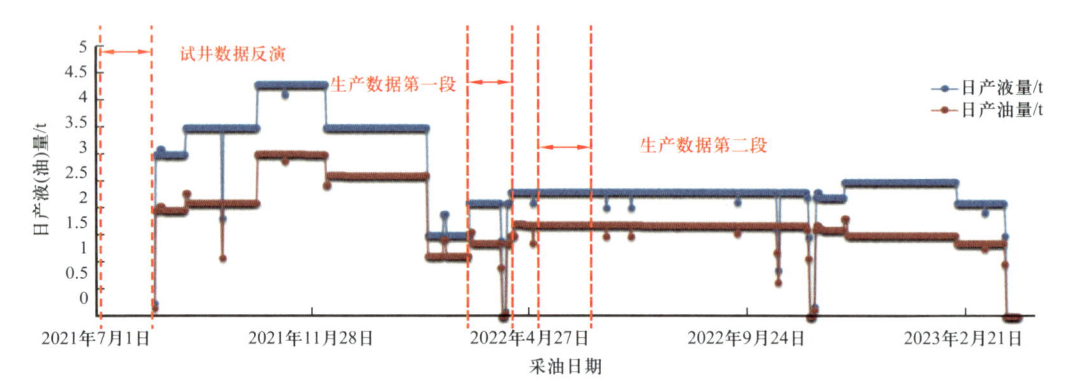

图 7.21 目标井压裂效果评价阶段划分

第一段时间为 1~30 天，通过拟合得到，裂缝半长为 65m，核心区域渗透率为 600mD，SRV 面积为 8736.75m²，外部区域渗透率为 50mD，SRV 面积为 24931.56m²，网格划分和拟合的试井曲线、压力历史图如图 7.22 和图 7.23 所示。

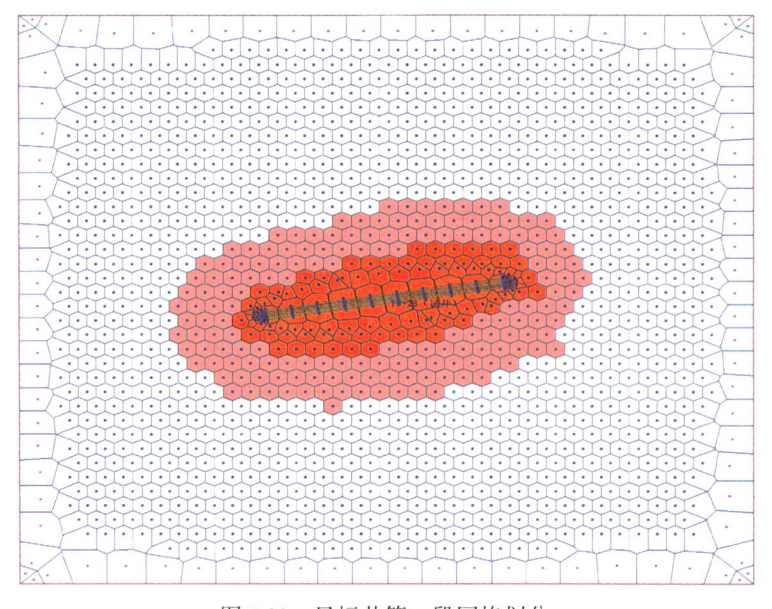

图 7.22 目标井第一段网格划分

第二段时间为 262~278 天，通过拟合得到，裂缝半长为 50m，核心区域渗透率为 200mD，SRV 面积为 6406.38m²，外部区域渗透率为 20mD，SRV 面积为 14455.58m²，网格划分和拟合的压力历史图如图 7.24 和图 7.25 所示。

第三段时间为 285~319 天，通过拟合得到，裂缝半长为 35m，核心区域渗透率为 100mD，SRV 面积为 3511.63m²，外部区域渗透率为 2mD，SRV 面积为 11765.61m²，网格划分和拟合的压力历史图如图 7.26 和图 7.27 所示。

(a) 试井曲线

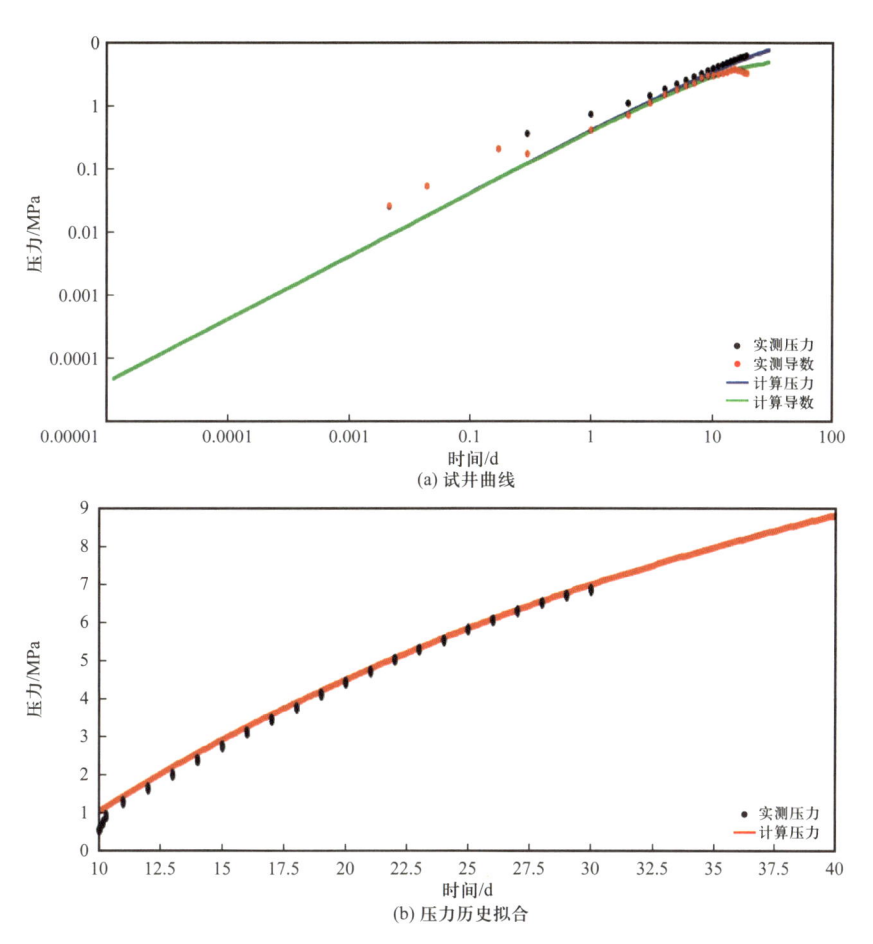

(b) 压力历史拟合

图 7.23 目标井第一段拟合结果

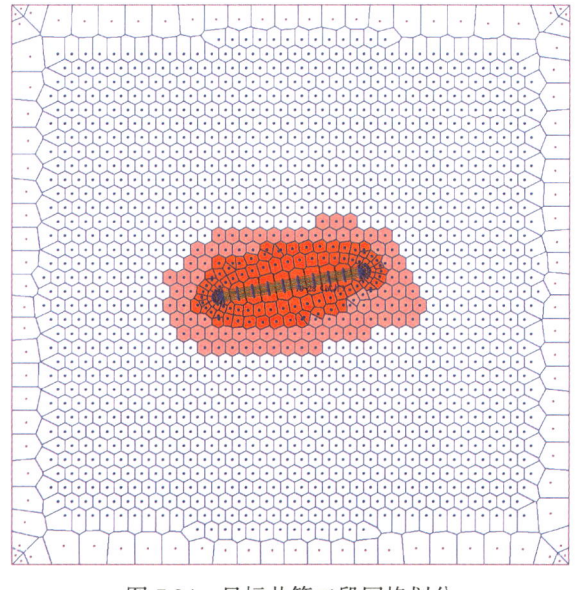

图 7.24 目标井第二段网格划分

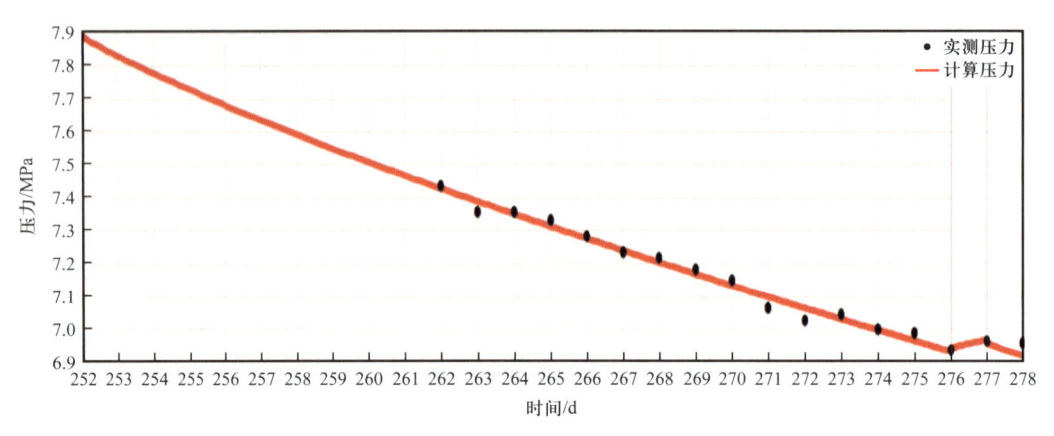

图 7.25　目标井第二段拟合结果

图 7.26　目标井第三段网格划分

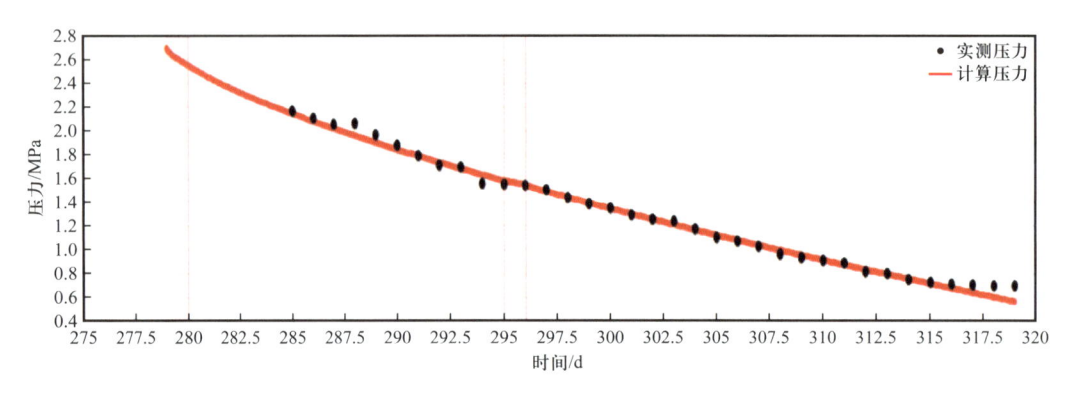

图 7.27　目标井第三段拟合结果

将这三段效果评价参数结果进行总结，得到数据见表 7.3 及图 7.28 所示的储层和裂缝参数变化规律。

表 7.3 目标井压裂效果评价参数汇总

解释参数	时间段		
	1～30 天（试井数据）	262～278 天（生产数据）	285～319 天（生产数据）
裂缝半长 /m	65	50	35
储层渗透率 /mD	0.2	0.2	0.2
核心区域面积 /m²	8736.75	6406.38	3511.63
核心区渗透率 /mD	600	200	100
外部区域面积 /m²	24931.56	14455.58	11765.61
外部区渗透率 /mD	50	20	2
井筒系数 /（m³/MPa）	2	2	2
表皮因子	0.5	1	1

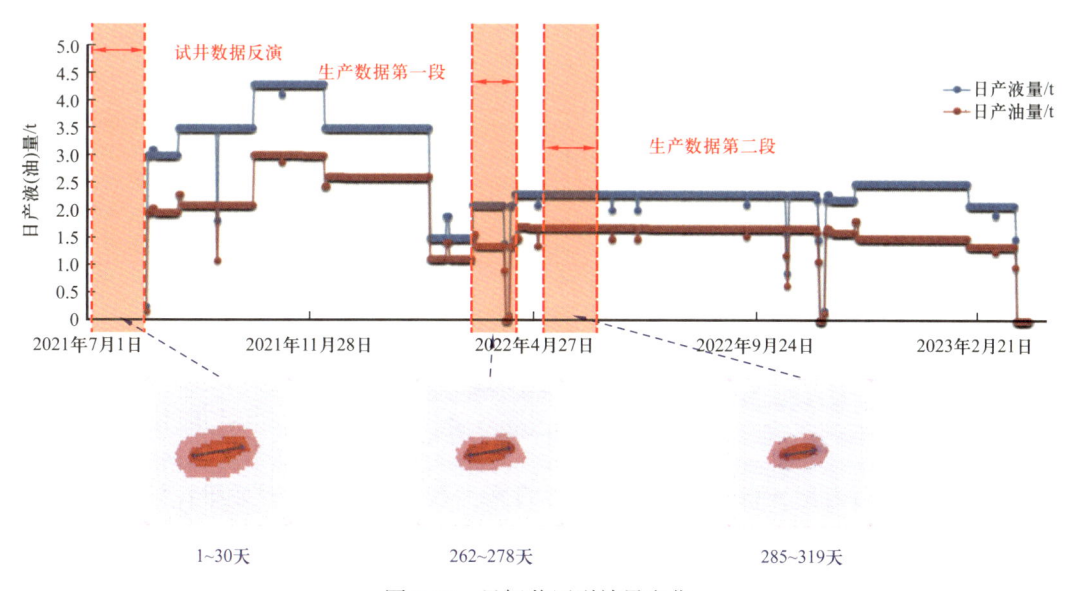

图 7.28 目标井压裂效果变化

由图 7.28 和表 7.3 可以看出，随着生产的进行，裂缝半长，核心和外部区域渗透率、面积都逐渐减小，说明压裂裂缝受到储层应力的影响而逐渐在闭合。核心区域的渗透率减小幅度小于外部区域，在效果评价第三段外部区域渗透率减小为 2mD，说明压裂改造强度越低的区域，受到储层应力的影响越大。通过对不同时间段的试井数据和生产数据进行压裂效果反演，形成了动态压裂效果数值评价方法。

三、产能预测

首先选取目标井 2021 年 7 月 12 日至 2023 年 3 月 31 日的日产液量、日产油量、含水率进行拟合，并预测 2023 年 4 月至 2028 年 1 月的日产液量、日产油量、含水率，拟合和预测结果如图 7.29 所示。

(a) 日产液量拟合和预测

(b) 日产油量拟合和预测

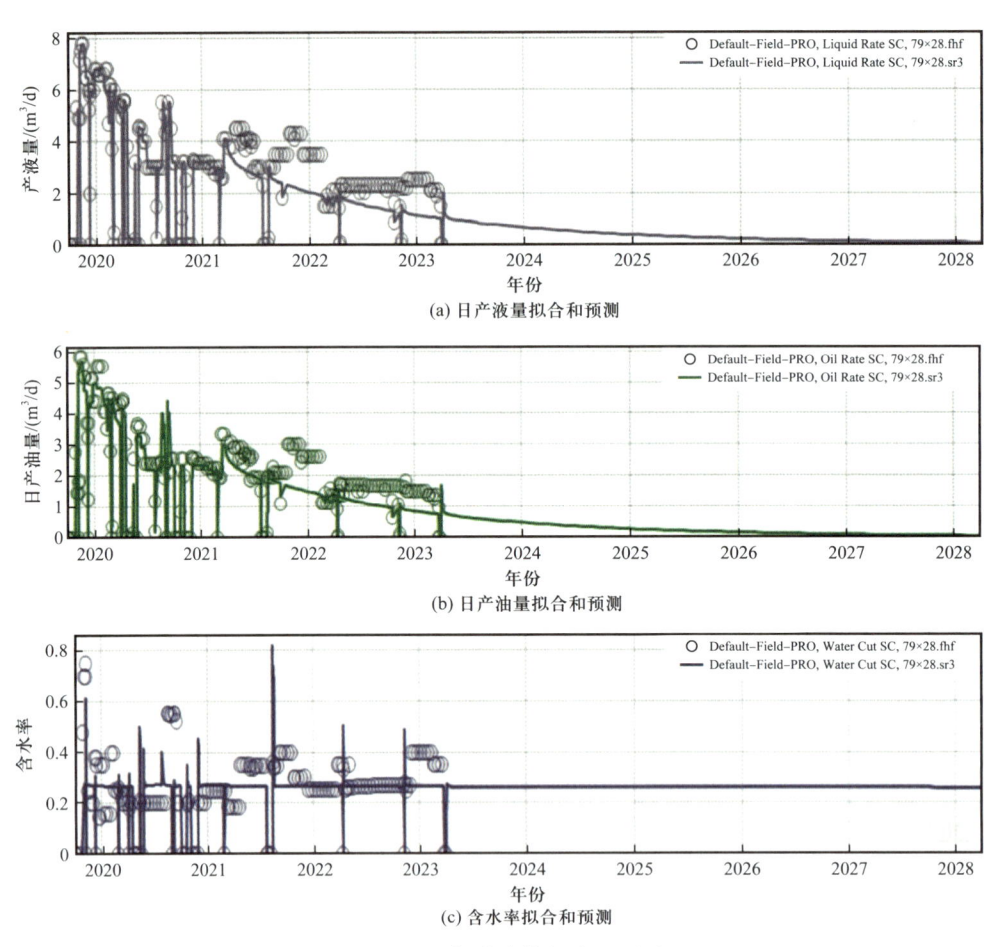

(c) 含水率拟合和预测

图 7.29　目标井产能拟合和预测

由图 7.29 可以看出，目标井日产液量、日产油量、含水率拟合效果比较好，误差控制在 5% 以内，由后面的预测结果可以看出，如果后期不进行增产措施，按照目前的方式进行生产，到 2025 年底左右产量非常低，因此建议在该时间进行相应的增产措施。

第八章 特低渗透—致密油藏直井缝网有效开发技术

本章结合特低渗透—致密油藏储层和开发特点，提出全藏联动开发思想。即用连通系数表征全藏连通的程度，研究衰竭开采条件下和注采井网条件下，井距、排距和注入压差等对全藏联动效果的影响规律。在此基础上，建立以"直井体积压裂"为核心的榆树林两类油藏直井缝网有效开发模式，实现了榆树林油田资源储量规模有效规模动用。

第一节 衰竭式开采与注水驱替开采

衰竭式开采和注水驱替补充地层能量开采是目前低渗透—致密油藏开采的两种主要方式。衰竭式开采利用油藏天然能量采油，原油的开采效果依赖于对储层的改造规模。相比于衰竭式开采，注水开发能够补充地层能量，但在体积压裂油藏注水开发阶段，由于裂缝系统和基质系统在渗流能力上的差异，沿裂缝方向上油井含水上升快，甚至发生暴性水淹，在很短的时间内就进入高含水采油阶段。尽管由于注水开发的高风险性，但是基于注水的地层能量补充方式仍然是不可忽视的技术手段，尤其是我国致密油藏普遍压力系数不高。

为对比不同基质渗透率下，衰竭开采和注水驱替开采效果的适用性，在典型模型基础上，建立了基质渗透率分别为0.4mD、1.0mD、2.0mD、3.0mD的衰竭开采和注水驱替开采模型。两种开采方式下的采出程度分别如图8.1和图8.2所示。

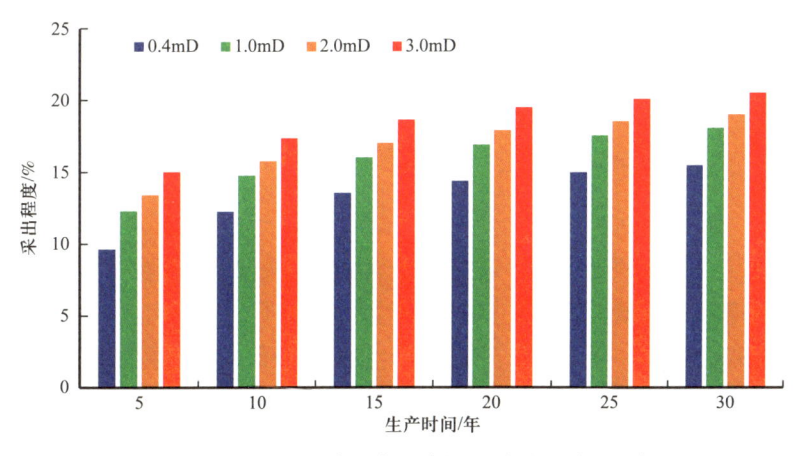

图8.1 不同基质渗透率下衰竭开采时的采出程度

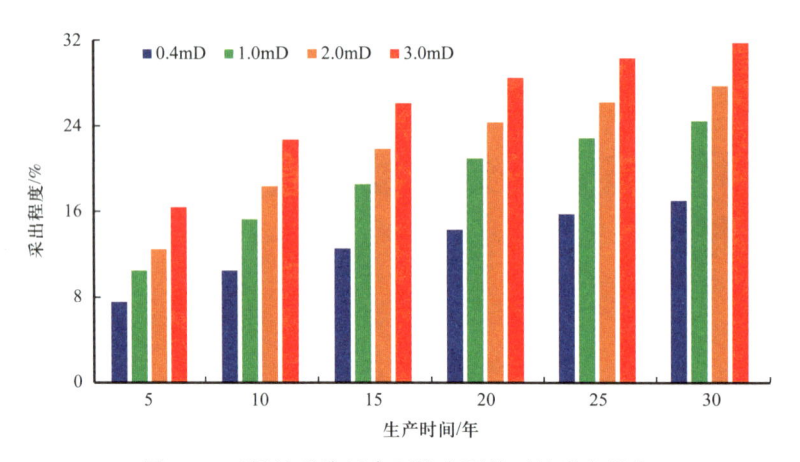

图 8.2 不同基质渗透率下注水驱替时的采出程度

可以看出，随基质渗透率增加，采出程度越大，开采时间越长，越有利于采出程度的提高。不同开采年限下，衰竭开采与水驱开采的采出程度的差值如图 8.3 所示。可以看出，当基质渗透率过低时，注水困难，注水驱替效果有限；当基质渗透率高于 1mD 时，致密油藏注水开采的采出程度均高于衰竭开采。因此，建议基质渗透率在 1mD 之下的储层采用衰竭开采，而基质渗透率高于 1mD 的储层可以采用注水开采。

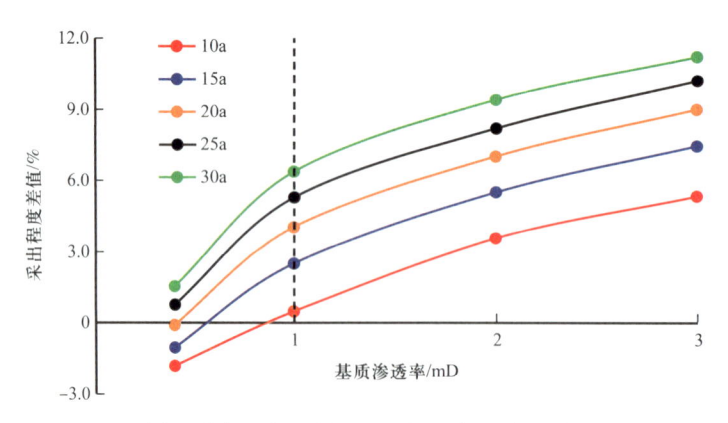

图 8.3 不同基质渗透率下衰竭开采与注水驱替的采出程度差值

第二节 连通程度的表征

特低渗透油藏进行体积压裂后，若依靠天然能量衰竭开采，泄油范围将以生产井为中心随开采时间的增加不断增大。在一定的井网参数条件下，由于启动压力等阻力因素的存在，原油的动用程度存在一个上限，若沿相邻生产井间压力梯度最大的方向，各位置原油饱和度都有所降低，则表明井间区域的原油能得到有效动用，否则无法实现原油的全部有效动用。

与此类似，若采用注水方式开采低渗透—致密油藏，注水井中注入水所波及的范围和生产井周围的泄油面积随注入时间的增加不断增大，在一定的井网参数条件下，若沿注采井间压力梯度最大的方向，原油饱和度都有所变化，表明井间区域的原油能得到有效动用，否则无法实现原油的全部有效动用。

油藏在开采过程中，饱和度场、压力场、渗流场及应力场等都不断发生变化，油藏的"连通程度"表现为油藏中井间原油的动用程度，而含油饱和度场的变化是井间连通性的最直观的表现。因此，定义连通系数对油藏的连通程度进行表征，即连通系数为开采过程中含油饱和度发生变化的孔隙体积占储层孔隙总体积的比例：

$$\eta = \frac{V_c}{V_t} \tag{8.1}$$

式中　η——连通系数；

　　　V_t——模型孔隙总体积；

　　　V_c——含油饱和度发生变化的孔隙总体积，通过统计模拟模型中含油饱和度发生变化的网格得出。

基于数值模拟方法，计算油藏连通系数的流程图如图 8.4 所示。

基于前述分析，当油藏实现全藏联动时，并非油藏中全部区域的含油饱和度均发生变化，当邻井之间压力梯度最大方向上含油饱和度有所下降时，就可以认为已实现了全藏联动。将此值与不同开采条件的连通系数进行比较，即可对全藏联动程度进行判断。

根据前述分析，当基质渗透率小于 1mD 时，宜采用衰竭开采；而基质渗透率高于 1mD 时，注水驱替能取得更好的效果。下面将分别以 0.4mD 和 1mD 为典型基质渗透率，分别对衰竭式开采方式和注水开采方式条件下的全藏联动的影响效果进行分析。

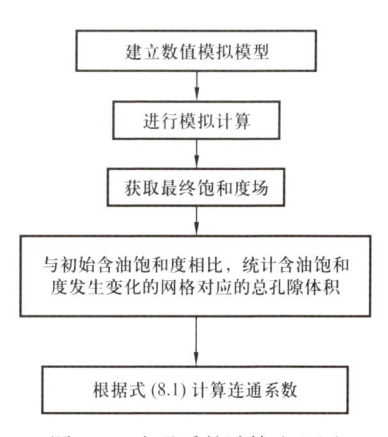

图 8.4　连通系数计算流程图

第三节　衰竭式开采条件下的全藏联动

一、基础模型

在典型模型基础上，建立基质渗透率为 0.4mD 衰竭式开采的模拟模型（图 8.5）。模型共包括 13 口直井，基础井距为 500m，基础排距为 150m，裂缝半长为 125m，储层全部射开，衰竭开采时间为 5 年。

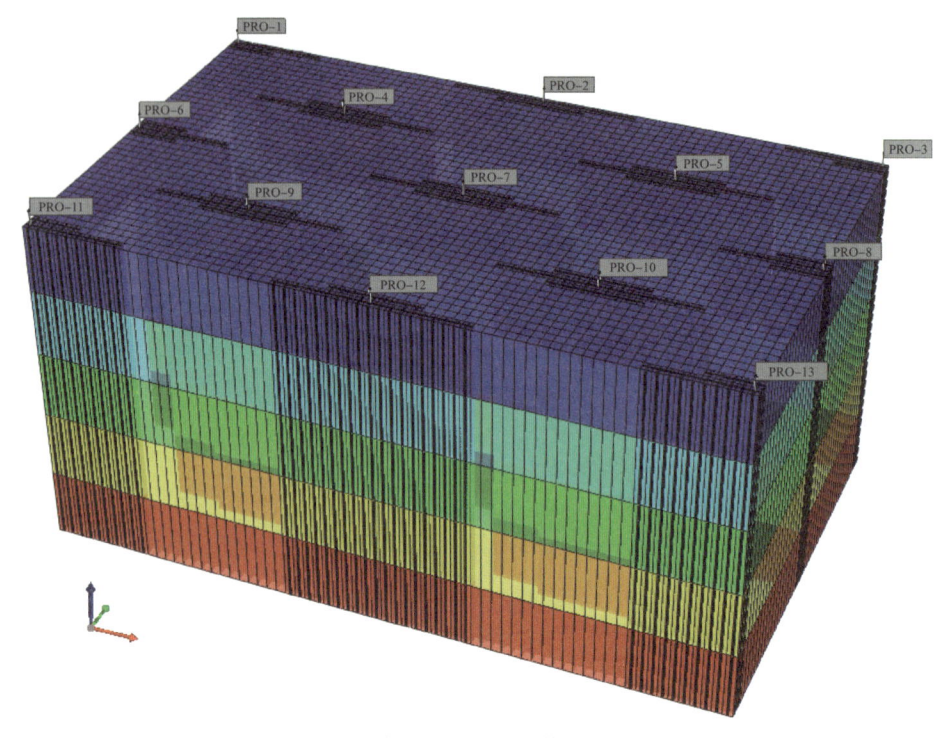

图 8.5　衰竭式开采模拟模型示意图

模拟结束时，不同时间下的连通程度和采出程度分别如图 8.6 和图 8.7 所示，可以看出，随着生产时间增加，泄油范围逐渐变大，井间原油被逐渐动用，油藏的连通系数逐渐变大。不同生产时间下的原油动用范围变化如图 8.8 所示。

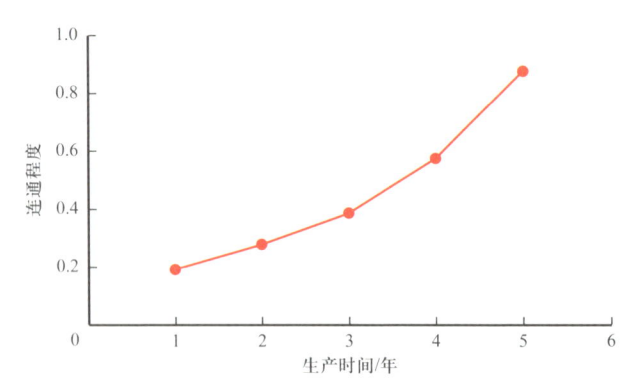

图 8.6　不同生产时间下的连通程度（衰竭式开采）

生产时间下的压力变化如图 8.9 所示，随生产时间增加，储层能量不断消耗，压力水平不断降低，范围不断扩大。

在上述典型模型基础上，分别开展井距和排距对衰竭式开采条件下全藏联动效果的影响规律研究。将不同影响因素下的采出程度与连通系数值绘制于半对数坐标上，如图 8.10 所示。可以看出，当连通程度高于 0.8 时，采出程度有显著增加，因此将联动的界限确定为 0.8，即当有 80% 的孔隙体积中含油饱和度发生下降时，认为此时已实现了全藏联动。

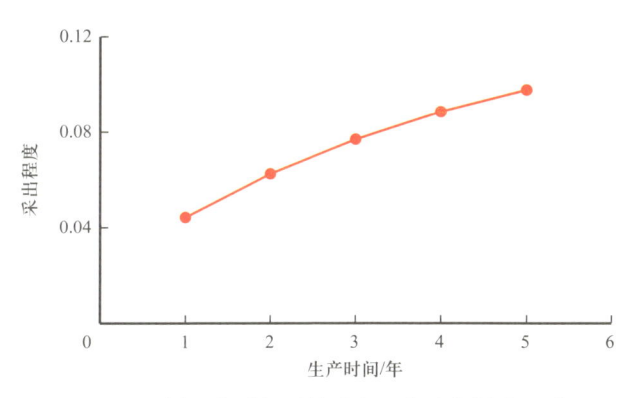

图 8.7 不同生产时间下的采出程度（衰竭式开采）

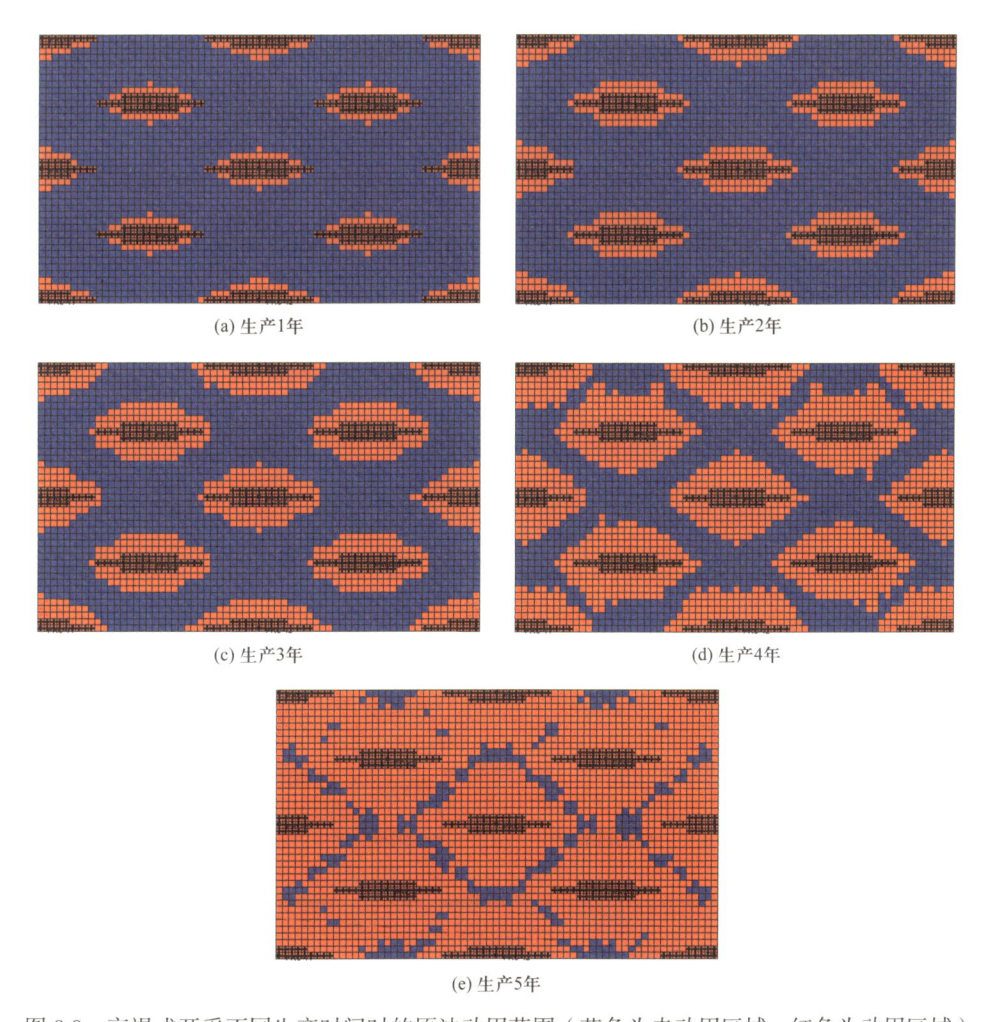

(a) 生产1年

(b) 生产2年

(c) 生产3年

(d) 生产4年

(e) 生产5年

图 8.8 衰竭式开采不同生产时间时的原油动用范围（蓝色为未动用区域；红色为动用区域）

(a) 生产1年

(b) 生产2年

(c) 生产3年

(d) 生产4年

(e) 生产5年

压力/MPa: 6.5　7.6　8.6　9.6　10.7　11.8　12.8　13.8　14.9　15.9　17.0

图 8.9　衰竭式开采不同生产时间时的压力变化

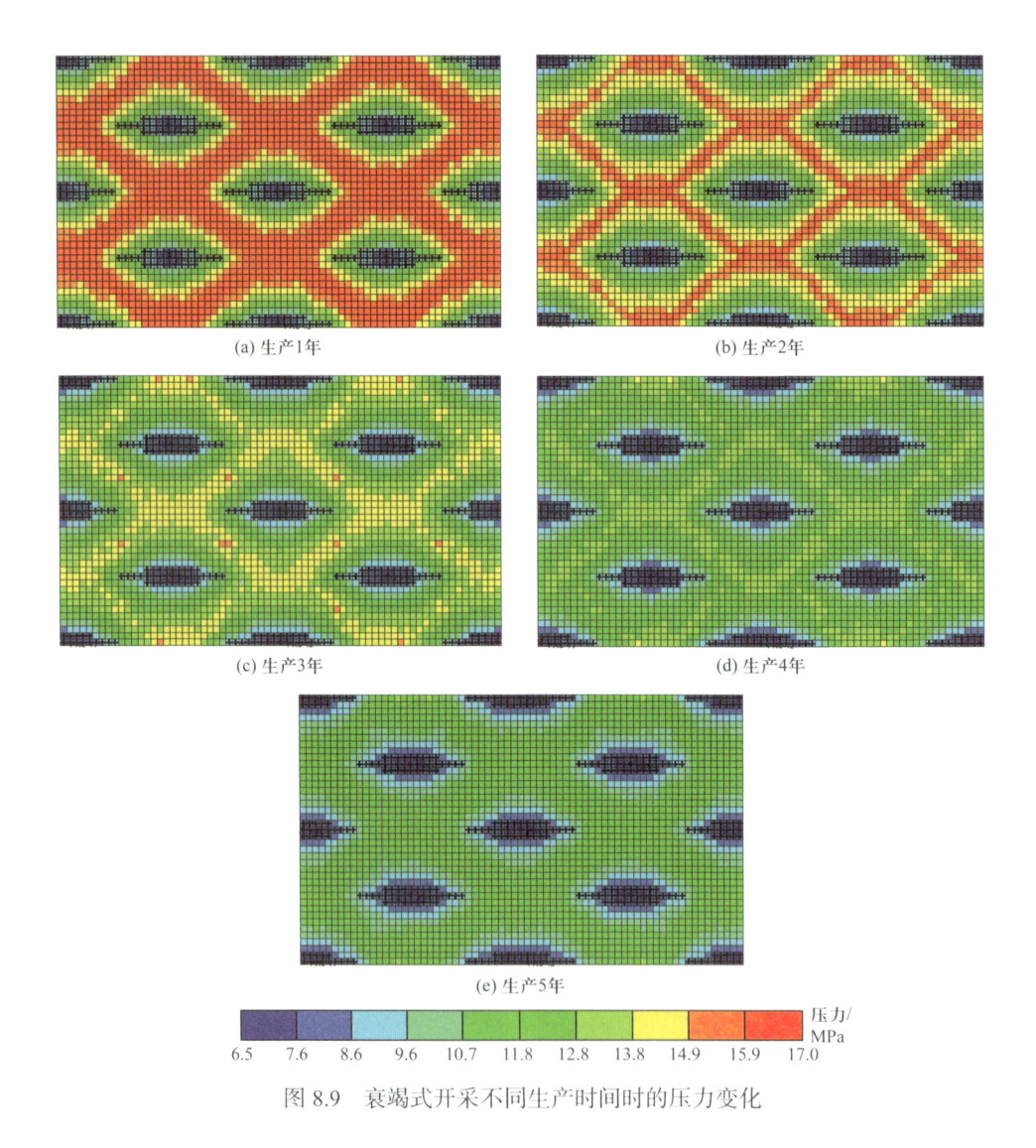

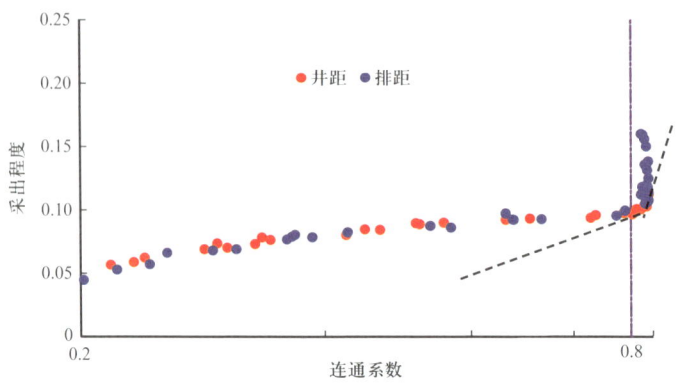

图 8.10　衰竭式开采条件下全藏联动界限确定示意图

二、不同井距下压裂规模的影响

以压裂裂缝的半长表征压裂规模，裂缝的半长越长，压裂的规模越大。在基础模型基础上，保持其他参数不变，建立了不同压裂规模下，不同井距的开采模拟模型，设计方案见表 8.1。

表 8.1 衰竭式开采不同井距下的方案设计

半缝长 /m	井距方案 /m
50	410、440、470、500、530、560、590
80	410、440、470、500、530、560、590
110	410、440、470、500、530、560、590
140	410、440、470、500、530、560、590
170	410、440、470、500、530、560、590
200	410、440、470、500、530、560、590

图 8.11 为不同井距下压裂规模对连通程度的影响。可以看出，随压裂规模（裂缝半长）增加，储层动用范围变大，连通程度增加。一定压裂规模下，井距越小，连通程度越大。

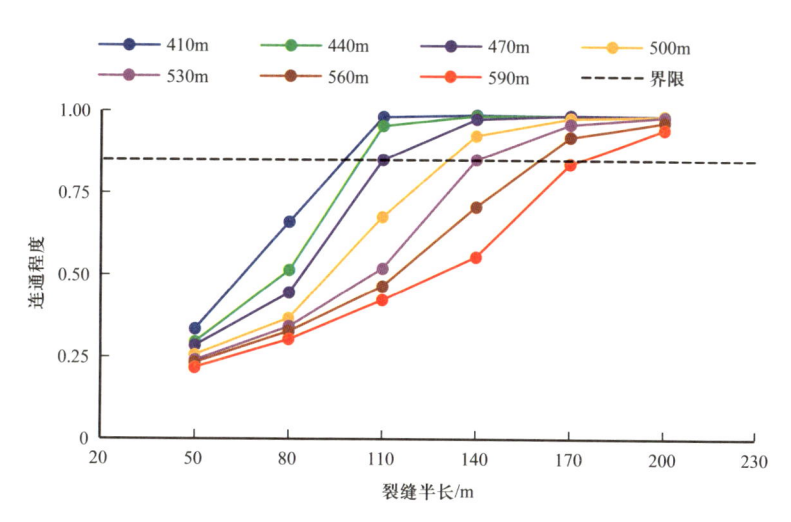

图 8.11 衰竭式开采不同井距下压裂规模对连通程度的影响

图 8.12 为不同井距下压裂规模对采出程度的影响。可以看出，随压裂规模（裂缝半长）增加，储层动用范围变大，采出程度增加。一定压裂规模下，井距越小，采出程度越高。

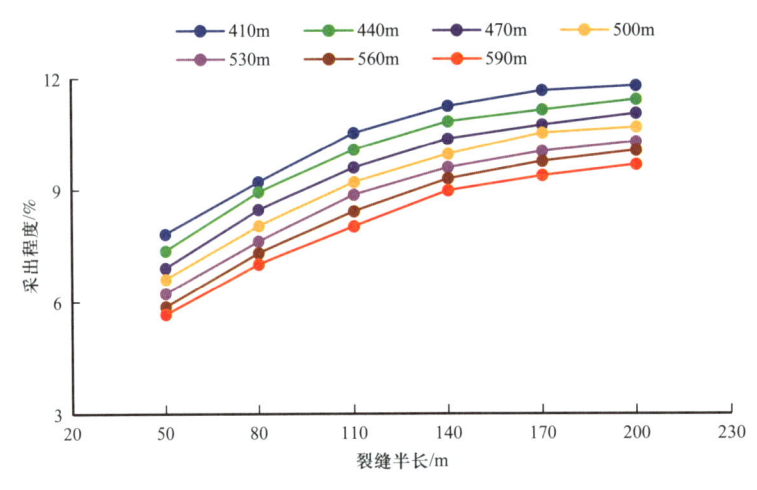

图 8.12 衰竭式开采不同井距下压裂规模对采出程度的影响

三、不同排距下压裂规模的影响

以压裂裂缝的半长表征体积压裂的规模，裂缝的半长越长，压裂的规模越大。在基础模型基础上，保持其他参数不变，建立了不同压裂规模下，不同排距的开采模拟模型，设计方案见表 8.2。

表 8.2 衰竭式开采不同排距下的方案设计

半缝长 /m	排距方案 /m
50	60、90、120、150、180、210
80	60、90、120、150、180、210
110	60、90、120、150、180、210
140	60、90、120、150、180、210
170	60、90、120、150、180、210
200	60、90、120、150、180、210

图 8.13 为不同排距下压裂规模对连通程度的影响。可以看出，随压裂规模（裂缝半长）增加，储层动用范围变大，连通程度增加。一定压裂规模下，排距越小，连通程度越大。

图 8.14 为不同排距下压裂规模对采出程度的影响。可以看出，随压裂规模（裂缝半长）增加，储层动用范围变大，采出程度增加。一定压裂规模下，排距越小，采出程度越高。

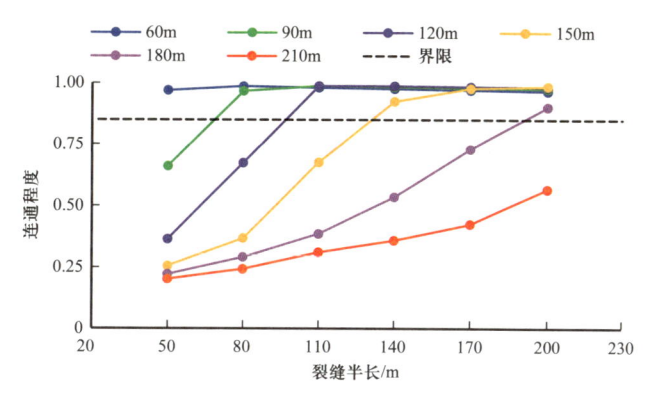

图 8.13　衰竭式开采不同压裂规模下排距对连通程度的影响

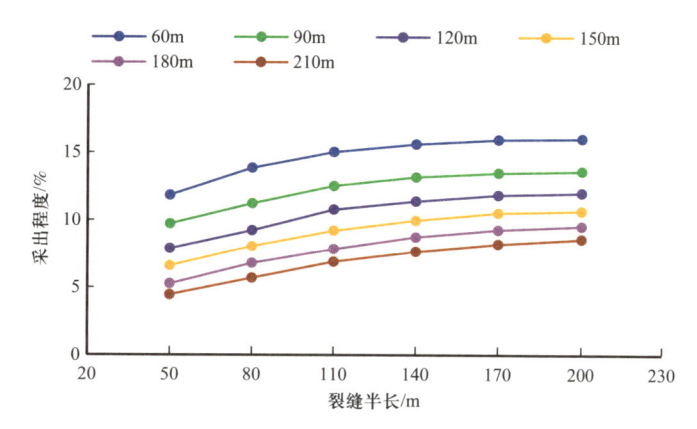

图 8.14　衰竭式开采不同压裂规模下排距对采出程度的影响

第四节　注采井网条件下的全藏联动

一、基础模型

在典型模型基础上，建立基质渗透率为 1mD 的菱形反九点井网下水驱开采的模拟模型，如图 8.15 所示。模型共包括 13 口直井，其中生产井 8 口，注入井 5 口，基础井距为 500m，基础排距为 150m，裂缝半长为 125m，储层全部射开，注水压差为 20MPa，模拟开采时间为 5 年。

模拟结束时，不同时间下的连通程度和采出程度分别如图 8.16 和图 8.17 所示，可以看出，生产井近井地带的泄油范围逐渐变大，注入井周围由于注入水的驱替含油饱和度逐渐下降，井间原油被逐渐动用，油藏的连通程度逐渐变大。不同生产时间下的原油动用范围变化如图 8.18 所示。

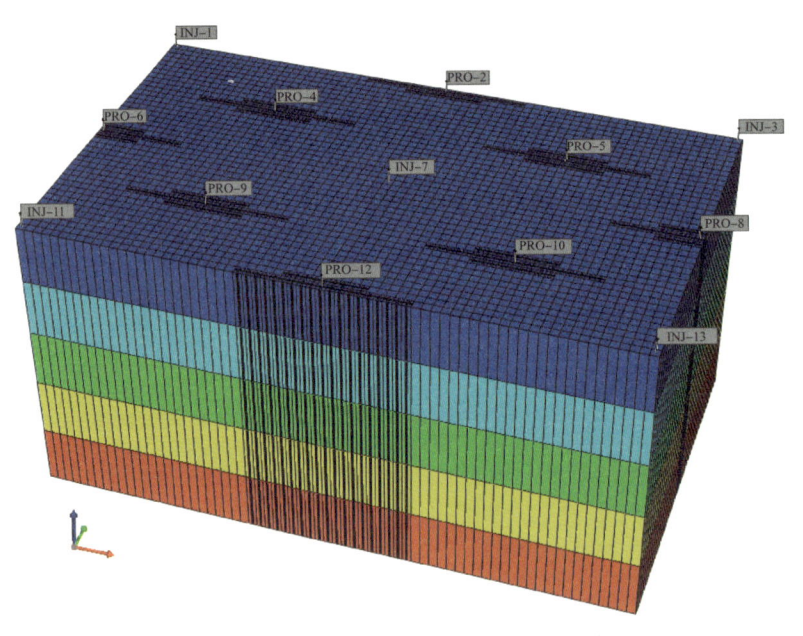

图 8.15　反九点井网水驱开采模拟模型示意图

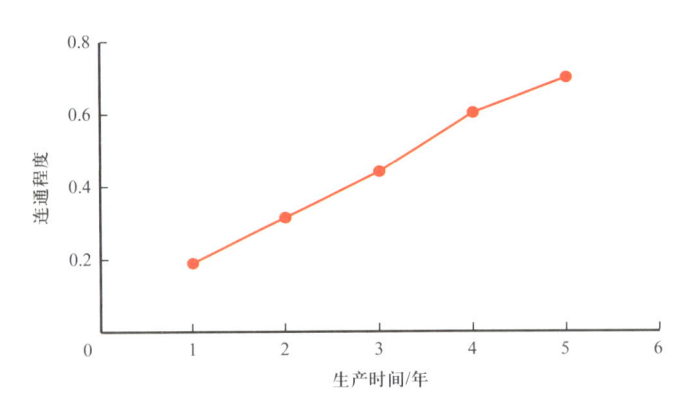

图 8.16　不同生产时间下的连通程度（仅九点井网）

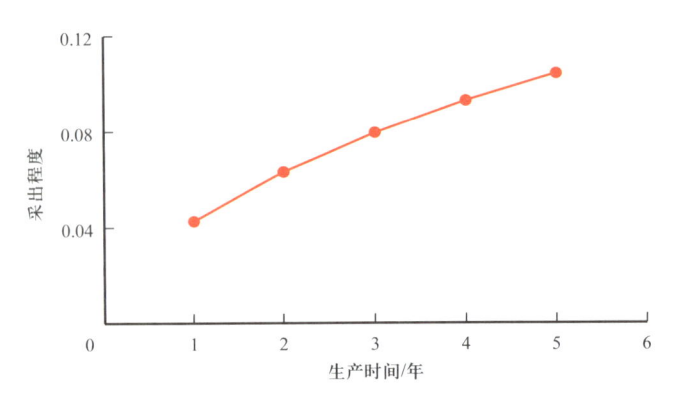

图 8.17　不同生产时间下的采出程度（仅九点井网）

(a) 生产1年

(b) 生产2年

(c) 生产3年

(d) 生产4年

(e) 生产5年

图8.18　仅九点井网不同生产时间时的原油动用范围（蓝色为未动用区域；红色为动用区域）

生产时间下的压力变化如图8.19所示，随生产时间增加，生产井附近储层能量不断消耗，压力水平不断降低，范围不断扩大；而注入井附近，地层压力逐渐上升，高压范围扩大，地层能量得到补充。

在上述典型模型基础上，分别开展井距、排距和注入压差对注采井网条件下全藏联动效果的影响规律研究。将不同影响因素下的采出程度与连通系数值绘制于半对数坐标上，如图8.20所示。可以看出，当连通程度高于0.8时，采出程度显著增加，因此将联动的界限确定为0.8，即当有80%的孔隙体积中含油饱和度发生变化时，认为此时已实现了全藏联动。

(a) 生产1年

(b) 生产2年

(c) 生产3年

(d) 生产4年

(e) 生产5年

压力/MPa
6.5 9.3 12.0 14.8 17.5 20.3 23.0 25.8 28.5 31.3 34.0

图 8.19　仅九点井网不同生产时间时的压力变化

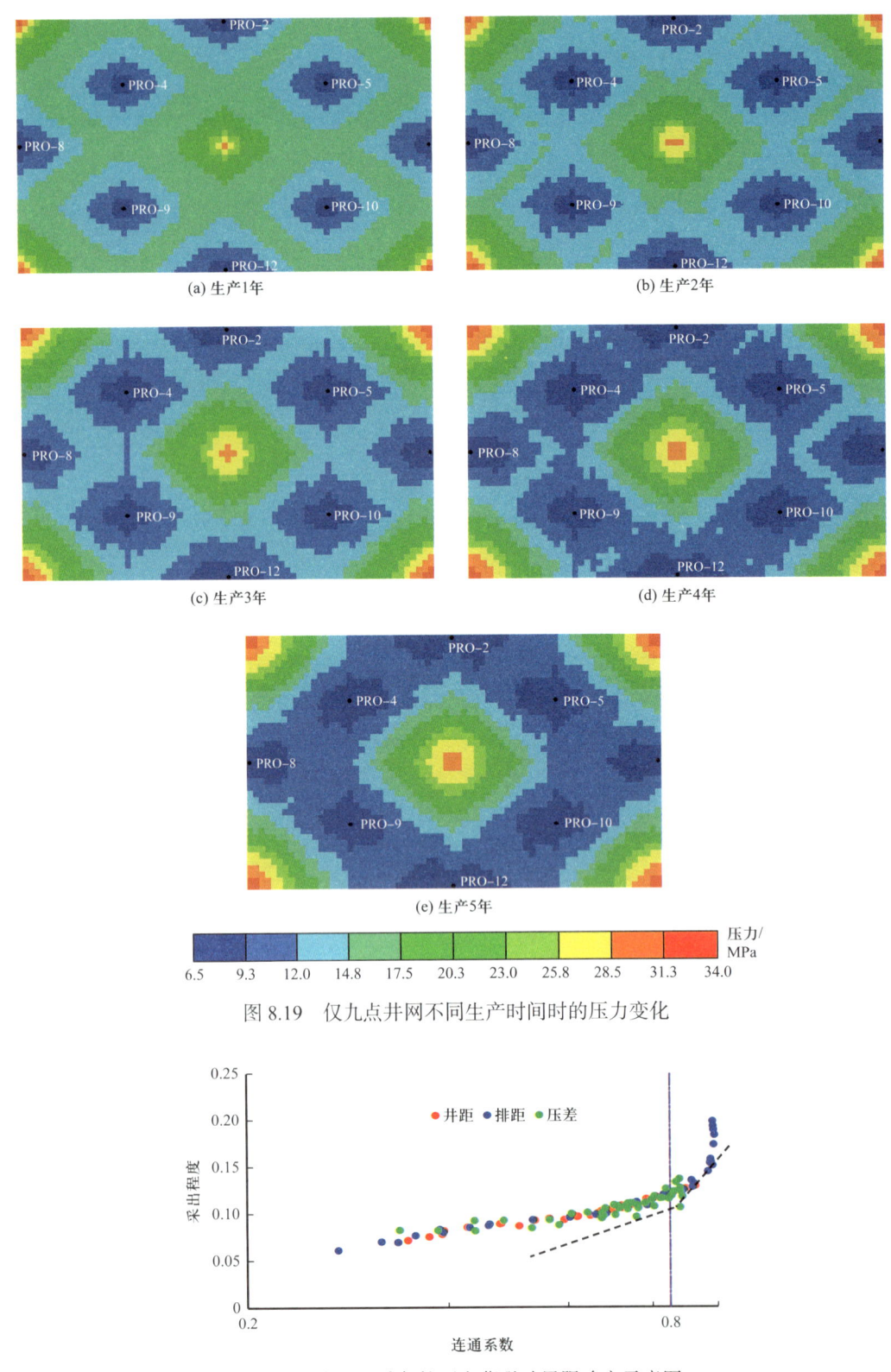

图 8.20　水驱开采条件下全藏联动界限确定示意图

二、不同井距下压裂规模的影响

以压裂裂缝的半长表征体积压裂的规模，裂缝的半长越长，压裂的规模越大。在基础模型基础上，保持其他参数不变，建立了不同压裂规模下，不同井距的开采模拟模型，设计方案见表8.3。

表 8.3 不同压裂规模、不同井距下的方案设计

半缝长 /m	井距方案 /m
50	410、440、470、500、530、560、590
80	410、440、470、500、530、560、590
110	410、440、470、500、530、560、590
140	410、440、470、500、530、560、590
170	410、440、470、500、530、560、590
200	410、440、470、500、530、560、590

图 8.21 为不同井距下压裂规模对连通程度的影响。可以看出，随压裂规模（裂缝半长）增加，储层动用范围变大，连通程度增加。一定压裂规模下，井距越小，连通程度越大。

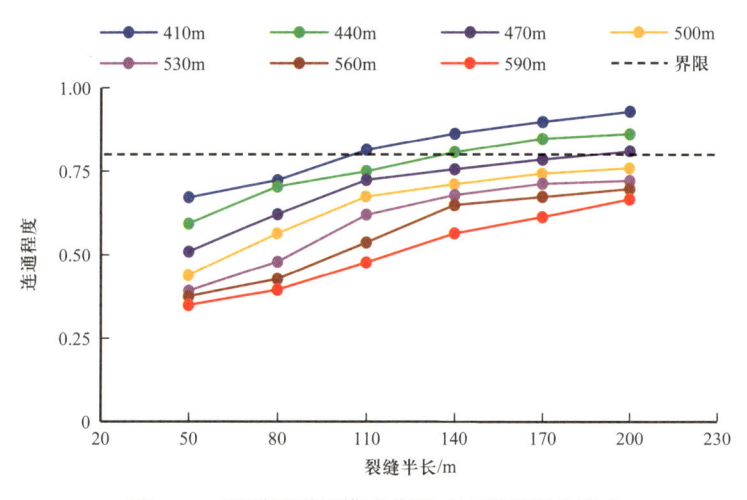

图 8.21 不同压裂规模下井距对连通程度的影响

图 8.22 为不同井距下压裂规模对采出程度的影响。可以看出，随压裂规模（裂缝半长）增加，储层动用范围变大，采出程度增加。一定压裂规模下，井距越小，采出程度越高。

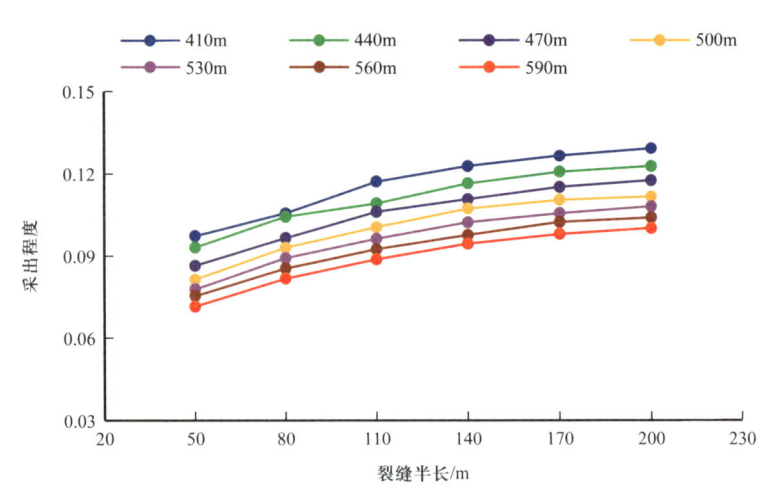

图 8.22 不同压裂规模下井距对采出程度的影响

三、不同排距下压裂规模的影响

以压裂裂缝的半长表征体积压裂的规模，裂缝的半长越长，压裂的规模越大。在基础模型基础上，保持其他参数不变，建立了不同压裂规模下，不同排距的开采模拟模型，设计方案见表 8.4。

表 8.4 不同压裂规模、不同排距下的方案设计

半缝长 /m	排距方案 /m
50	60、90、120、150、180、210
80	60、90、120、150、180、210
110	60、90、120、150、180、210
140	60、90、120、150、180、210
170	60、90、120、150、180、210
200	60、90、120、150、180、210

图 8.23 为不同排距下压裂规模对连通程度的影响。可以看出，随压裂规模（裂缝半长）增加，储层动用范围变大，连通程度增加。一定压裂规模下，排距越小，连通程度越大。

图 8.24 为不同压裂规模下排距对采出程度的影响。可以看出，随压裂规模（裂缝半长）增加，储层动用范围变大，采出程度增加。一定压裂规模下，排距越小，采出程度越高。

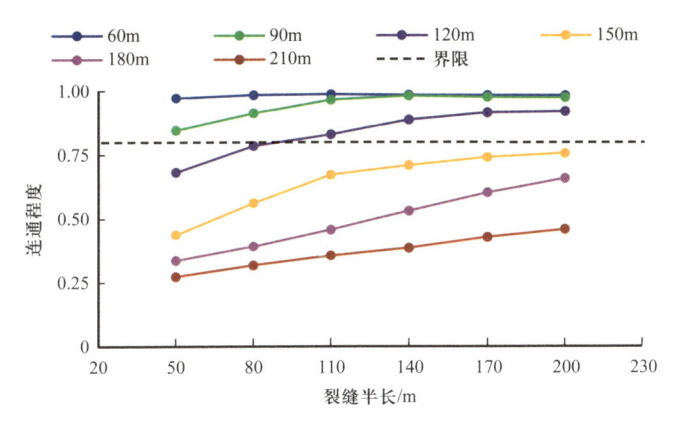

图 8.23　不同压裂规模下排距对连通程度的影响

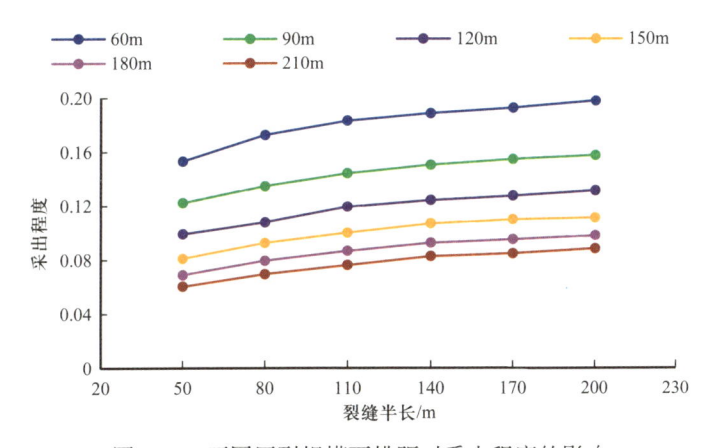

图 8.24　不同压裂规模下排距对采出程度的影响

四、不同注入压差下压裂规模的影响

以压裂裂缝的半长表征体积压裂的规模，裂缝的半长越长，压裂的规模越大。在基础模型基础上，保持其他参数不变，建立了不同压裂规模下，不同注入压差的开采模拟模型，设计方案见表 8.5。

表 8.5　不同压裂规模、不同注入压差下的方案设计

半缝长 /m	注入压差方案 /MPa
50	10、15、20、25、30、35、40
80	10、15、20、25、30、35、40
110	10、15、20、25、30、35、40
140	10、15、20、25、30、35、40
170	10、15、20、25、30、35、40
200	10、15、20、25、30、35、40

图 8.25 为不同压裂规模下注入压差对连通程度的影响。可以看出，随压裂规模（裂缝半长）增加，储层动用范围变大，连通程度增加。一定压裂规模下，注入压差越大，连通程度越大。

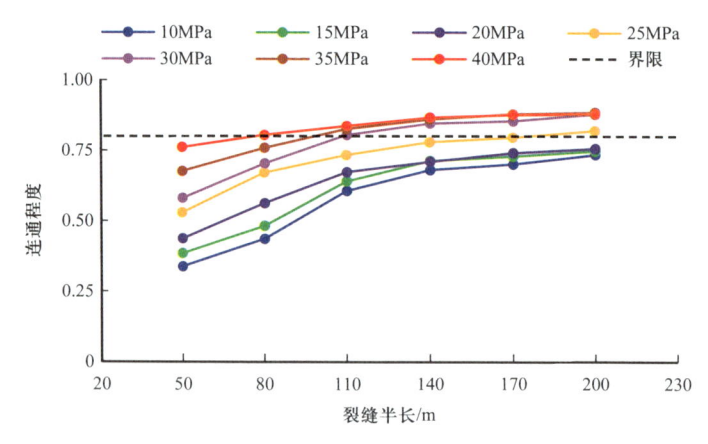

图 8.25　不同压裂规模下注入压差对连通程度的影响

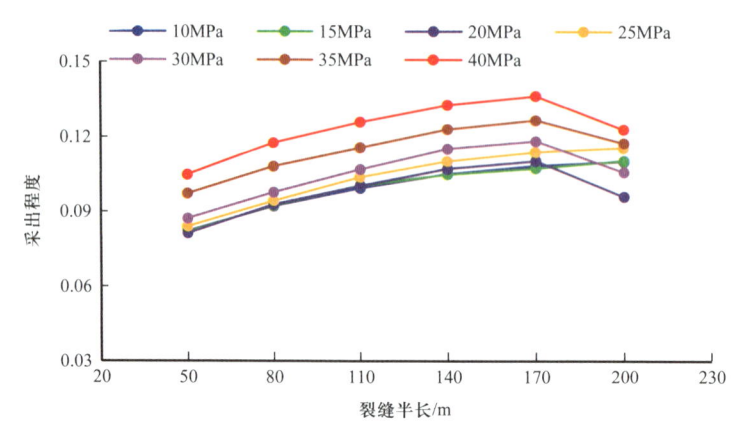

图 8.26 为不同压裂规模下注入压差对采出程度的影响。可以看出，随压裂规模（裂缝半长）增加，储层动用范围变大，采出程度增加。一定压裂规模下，注入压差越大，采出程度越高；但当注入压差过高时，若裂缝规模较大，易造成注入水沿裂缝窜进，从而生产井过早见水，导致采出程度下降。

图 8.26　不同压裂规模下注入压差对采出程度的影响

第五节　现场应用效果

建立了以"直井缝网压裂"为核心的两类特低渗透—致密油藏有效开发模式，实现了榆树林油田两类资源储量规模有效规模动用。

一、直井缝网压裂特低渗透储层二次开发模式

创建了"井网加密—系统提压—缝网压裂"的特低渗透储层二次开发模式，实现了特低渗透储层建立有效驱替压力体系，改善了特低渗透储层的开发效果。

榆树林油田扶杨油层动用地质储量 $8983.9×10^4$ t，其中扶杨三类油层占总储量的74.5%，采出程度仅为6.93%。开发过程呈现的主要矛盾是"注不进、采不出"，无法建立有效驱替关系，为典型的"双低"区块（表8.6）。

表 8.6　榆树林油田扶杨油层地质及开发参数

油层分类	地质参数 储量/10⁴t 地质	可采	孔隙度/%	渗透率/%	含油饱和度/%	开发参数 采油速度/% 地质	可采	采出程度/% 地质	可采
扶杨二类	2289.9	565.8	12.6	3.9	61.5	0.64	2.73	15.98	67.25
扶杨三类	6694	1376.3	11.9	1.7	64	0.29	1.39	6.93	33.16
扶杨合计	8983.9	1942.1	12.2	2.1	62.8	0.39	1.92	9.79	42.71

近几年在榆树林油田通过开展"井网加密—系统提压—适度缝网压裂"等工作，实现了特低渗透油储层建立有效驱替，改善特低渗透油藏开发现状（表8.7）。

表 8.7　榆树林油田特低渗透油储层治理历程

治理目的	治理方式	原理	治理效果
建立有效驱替体系	井网加密	缩短驱替距离完善注采关系	能够一定程度建立驱替体系，初期产量较高，但递减幅度较大
	系统提压	增大驱动压差提高注入能力	地层压力和供液能力得到恢复，但是油井端见效较慢，采油速度较低
	适度规模缝网压裂	实施储层改造提升导流能力	在打牢注水工作的基础上，进一步缩短驱替距离，实现有效驱替

2018年选取树322区块采用"井网加密—系统提压—适度缝网压裂"的开发方式，尝试实现有效驱替。该区块含油面积 $12.70 km^2$，地质储量 $940×10^4$ t，可采储量 $173.9×10^4$ t。构造上属于松辽盆地中央坳陷区三肇凹陷徐家围子向斜东部斜坡，构造形态是一个由东北向西南倾斜的单斜，东北陡、西南缓。区块于1991年5月采用300m×300m正方形反九点井网注水投入开发，2015—2016年对该井区进行了整体大规模加密，井排距由300m缩短至150m，水驱控制程度由61.9%提升至89.2%，投产初期平均单井日产油1.6t，但递减速度较快（图8.27）。

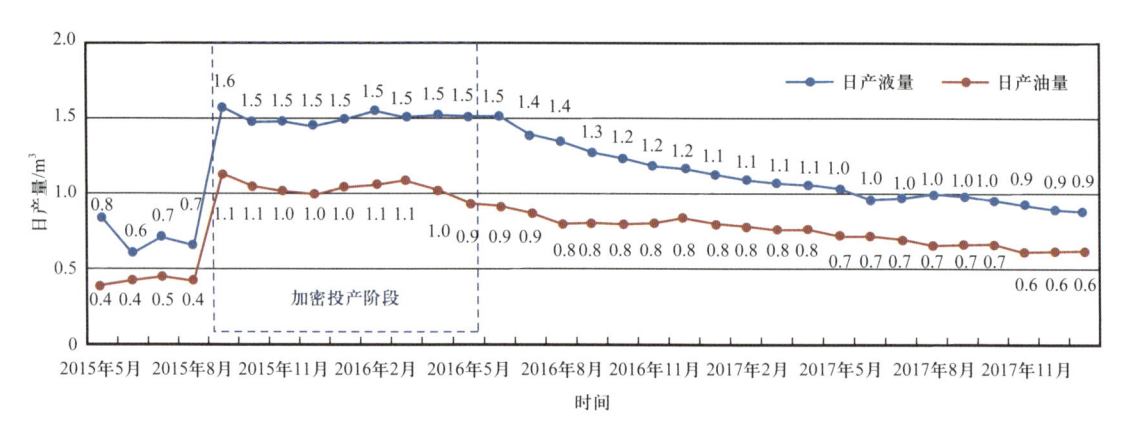

图 8.27　榆树林油田树 322 区块加密情况

为提高油层注入能力，增大驱动压差。2018 年初，对注入状况差的 43 口实施第一批次系统提压改造，系统注入压力由 25MPa 提高到 32MPa，改造初期日注水量由 129m³ 提高至 516m³，改造效果较好，日注入量提高 4.0 倍（图 8.28）。

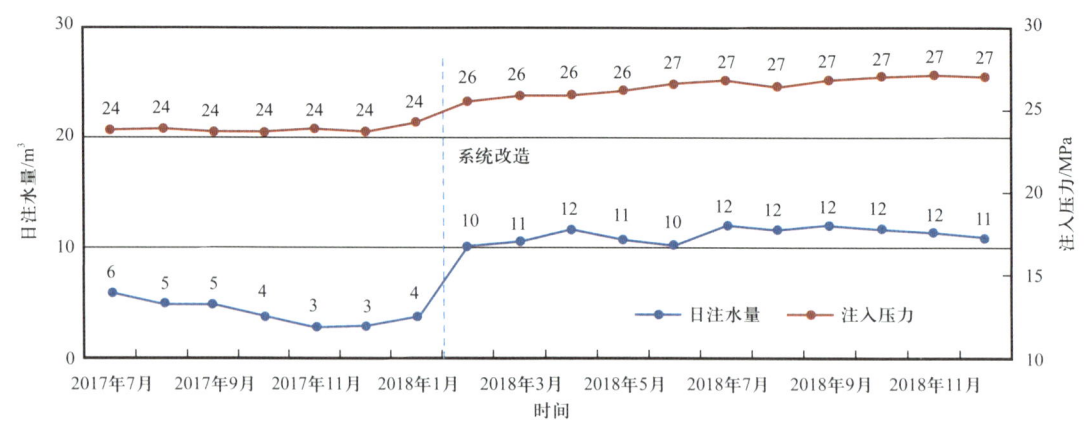

图 8.28　榆树林油田树 322 区块系统改造后平均单井注入情况

2018 年底为改善注入效果，选取 7 口井适度缝网压裂引效。措施后单井日产油量由 1.3t 提升至 4.8t，采油速度由 0.14% 提高到 0.53%，提高 3.7 倍，区块开发效果提升明显，说明"井网加密—系统提压—适度缝网压裂"的开发方式可以有效动用榆树林油田的特低渗透储层。

二、直井缝网压裂弹性开发致密油开发模式

目前，榆树林油田探明未动用致密油储量 1808 万吨，采用常规压裂注水方式开发，受产量低、投资高等因素影响，油价大于 100 美元/桶才能实现经济动用。2017—2018 年，在致密油已开发东 14 区块、树 103 区块，选取 5 口井试验缝网压裂弹性开发，压后初期单井日产油 9t，目前单井已产油 1638t，预测单井可累计产油 3112t，取得较好效果。证明扶杨油层致密油直井缝网压裂弹性开发是可行的。

借鉴致密油已开发区好的做法，2018年优选树79-29区块开展致密油有效开发试验，采取"丛、压、橇、数"一体化开发模式，实现未动用致密油储量经济有效开发，突破了"低产井层无价值、致密油层无效益、成熟探区无潜力"的认识。

树79-29区块目的层为扶杨油层。含油面积6.15km²，地质储量364.25×10⁴t，有效厚度10.6m，孔隙度10.24%，空气渗透率0.66mD，属于致密油储量。采用直井缝网压裂弹性开发，部署150m×450m菱形井网，设计开发井31口（新井28口，代用井3口），开发首钻井2口，预计投产初期单井日产油3.6t。

1. 丛式布井工厂化施工

为提高效益，区块采用丛式大平台设计，实现"钻井、压裂、基建"工厂化施工。区块设计新井30口，根据地面及井位分布情况，设计钻井平台3个，平台井数8-12口。对比直井方式基建，单井投资降低66万元，降幅达到10%，内部收益率提高3.58个百分点。

2. 规模压裂整体改造

为提高产量，区块采用缝网压裂压裂弹性开发。根据目前缝网压裂造缝能力，部署450m×150m菱形井网。设计井位均为油井，完钻后大规模、整体改造。预测投产初期单井日产油3.6t，较常规压裂注水开发提高2.4倍。

3. 橇装注入补充地层能量

致密油区块开发后期，采用注水、注气吞吐等方式补充地层能量进一步提高采收率。吞吐采用橇装注入设备，实施灵活，缩短施工准备周期，并可提高注入设备利用率，保障油藏开发效益最优化。

4. 数字化建设高效管理

进行数字化建设，采集井间生产数据，判断生产状况，数据回传到作业区，提升管理水平；电子巡检，降低用工成本和劳动强度；能耗数据实时监测，拓展节能降耗挖潜空间。

对比直井方式基建，单井投资降低66万元，降幅达到10%，内部收益率提高3.58个百分点。区块采用直井缝网压裂弹性开发部署450m×150m菱形井网，实现全藏联动，预测初期单井日产油3.6t，较常规压裂注水开发提高2.4倍。

参考文献

陈作,薛承瑾,蒋廷学,等,2010.页岩气井体积压裂技术在我国的应用建议[J].天然气工业,30(10):30-32.

姜龙燕,荀小全,王楠,等,2015.致密油藏直井体积压裂非稳态产能评价模型[J].断块油气田,22(1):82-86.

蒋建方,张智勇,胥云,等,2008.液测和气测支撑裂缝导流能力室内实验研究[J].石油钻采工艺,(1):67-70.

雷群,胥云,蒋廷学,等,2009.用于提高低—特低渗透油气藏改造效果的缝网压裂技术[J].石油学报,30(2):237-241.

冷润熙,郭肖,2014.低渗透气藏直井压裂产能评价公式[J].油气藏评价与开发,4(1):21-25.

李道伦,杨景海,查文舒,2011.数值试井若干关键技术研究[C].渗流力学与工程的创新与实践——第十一届全国渗流力学—学术大会论文集.

李道品,2003.低渗透油田高效开发决策论[M].北京:石油工业出版社.

廖新维,陈晓明,赵晓亮,等,2016.低渗油藏体积压裂井压力特征分析[J].科技导报,34(7):117-122.

刘洋,袁学芳,王静波,等,2017.大型岩板酸蚀裂缝导流能力及激光扫描物模试验[J].石油机械,(10):103-110.

刘晓强,郭天魁,李小龙,等,2015.直井短宽缝压裂产能计算[J].断块油气田,22(2):217-220.

刘晓燕,2010.数值试井解释分析软件中的网格选择[J].内蒙古石油化工,36(19):44-45.

彭科翔,李少明,钟成旭,等,2016.页岩压裂裂缝气测导流能力实验研究[J].当代化工,45(11):4.

任龙,2016.致密油藏体积压裂水平井缝网扩展及流固全耦合产能预测[D].青岛:中国石油大学(华东).

苏煜彬,林冠宇,韩悦,2017.致密砂岩储层水力加砂支撑裂缝导流能力[J].大庆石油地质与开发,36(6):6.

孙贺东,欧阳伟平,张冕,等,2018.考虑裂缝变导流能力的致密气井现代产量递减分析[J].石油勘探与开发,45(3):455-463.

滕起,杨正明,刘学伟,等,2013.特低渗透油藏井组开发过程物理模拟[J].深圳大学学报(理工版),(3):299-305.

王欢,计秉玉,廖新维,等,2020.致密油藏体积压裂水平井压力特征[J].断块油气田,27(2):217-223.

王欢,廖新维,赵晓亮,等,2014.气藏储层体积改造模拟技术研究进展[J].特种油气藏,21(2):8-15.

王雷,王琦,2017.页岩气储层水力压裂复杂裂缝导流能力实验研究[J].西安石油大学学报(自然科学版),32(3):73-77.

王海庆,王勤,2012.体积压裂在超低渗油藏的开发应用[J].中国石油和化工标准与质量,32(2):143.

魏明强,2016.页岩气藏压裂水平井数值试井及产量递减分析理论研究[D].成都:西南石油大学.

魏明强,段永刚,方全堂,等,2016.基于物质平衡修正的页岩气藏压裂水平井产量递减分析方法[J].石油学报,37(4):508-515.

温庆志,张士诚,王雷,等,2005.支撑剂嵌入对裂缝长期导流能力的影响研究[J].天然气工业,25(5):65-68.

吴奇,胥云,王晓泉,等,2012.非常规油气藏体积改造技术——内涵、优化设计与实现[J].石油勘探与开发,(3):99-105,2012.

吴奇,胥云,张守良,等,2014.非常规油气藏体积改造技术核心理论与优化设计关键[J].石油学报,

35（4）：706-714.

胥云, 雷群, 陈铭, 等, 2018. 体积改造技术理论研究进展与发展方向［J］. 石油勘探与开发, 45（5）: 874-887.

徐轩, 刘学伟, 杨正明, 等, 2012. 特低渗透砂岩大型露头模型单相渗流特征实验［J］. 石油学报, 33（3）: 453-458.

许恩华, 2018. 基于支持向量回归的油藏瞬态压力拟合［D］. 合肥: 合肥工业大学.

杨景海, 2013. 数值试井解释应用流程及其正确性验证［J］. 油气井测试, 22（1）: 37-40, 77.

杨兆中, 陈倩, 李小刚, 2017. 致密油藏水平井分段多簇压裂产能预测方法［J］. 特种油气藏, 24（4）: 5.

杨正明, 冯骋, 刘学伟, 等, 2013. 超低渗透砂岩平板模型应力敏感性实验［J］. 科技导报, 31（13）: 29-29.

俞绍诚, 1987. 陶粒支撑剂和兰州压裂砂长期裂缝导流能力的评价［J］. 石油钻采工艺, （5）: 93-99.

袁泽波, 2011. 低渗透油藏水平井压后产能评价方法研究［D］. 成都: 西南石油大学.

查文舒, 李道伦, 张龙军, 等, 2013. PEBI网格划分方法研究［J］. 油气井测试, 22（1）: 23-26, 30, 76.

朱维耀, 邓佳, 杨宝华, 等, 2014. 页岩气致密储层渗流模型及压裂直井产能分析［J］. 力学与实践, 36（2）: 156-160.

祝浪涛, 廖新维, 赵晓亮, 等, 2017. 致密油藏直井体积压裂压力分析模型［J］. 大庆石油地质与开发, 36（6）: 146-153.

ALI D, 2004. Analysis of Off-Balance Fracture Extension and Fall-Off Pressures［C］. Spe Internetional Symposium and Exhibitionon Formation Damage Control.

Cipolla, Craig, 2009. Modeling Production and Evaluating Fracture Performance in Unconventional Gas Reservoirs［J］. Journal of Petroleum Technology, 61（9）: 84-90.

Cong L U, Jianchun G, Wenyao W, et al, 2008. 支撑剂嵌入及对裂缝导流能力损害的实验［J］. Natural Gas Industry, 28（2）: 99-101.

Daneshy, Ali A, 2003. Off-Balance Growth: A New Concept in Hydraulic Fracturing［J］. Journal of Petroleum Technology, 55（4）: 78-85.

Doe T, Lacazette A, Dershowitz W, et al, 2013. Evaluating the Effect of Natural Fractures on Production from Hydraulically Fractured Wells Using Discrete Fracture Network Models［C］.

Du C, Zhang X, Zhan L, et al, 2010. Modeling Hydraulic Fracturing Induced Fracture Networks in Shale Gas Reservoirs as a Dual Porosity System［C］.

Fisher M K, Heinze J R, Harris C D, et al, 2004. Optimizing Horizontal Completion Techniques in the Barnett Shale Using Microseismic Fracture Mapping［C］.

Fisher M K, Wright C A, Davidson B M, et al, 2005. Integrating Fracture Mapping Technologies To Improve Stimulations in the Barnett Shale［J］. Spe Production and Facilities, 20（2）: 85-93.

Gang Z, 2012. A Simplified Engineering Model Integrated Stimulated Reservoir Volume（SRV）and Tight Formation Characterization With Multistage Fractured Horizontal Wells［M］. A Simplified Engineering Model Integrated Stimulated Reservoir Volume（SRV）and Tight Formation Characterization With Multistage Fractured Horizontal Wells.

Glass O, 1985. Generalized Minimum Misciblity Pressure Correlation［J］. SPEJ, 25（6）: 927-934.

Holm L. M, V. A. Josendal, 1974. Mechanisms of Oil Displacement By Carbon Dioxide［J］." Journal of Petroleum Technology, （26）: 1427-1438.

Johnson J P, Pollin J S, 1981. Measurement and corralation of CO_2 miscibility pressure［C］//SPE/DOE enhanced oil recovery symposium. Society of Petroleum Engineers.

Lolon E, Cipolla C, Weijers L, et al, 2009. Evaluating horizontal well placement and hydraulic fracture spacing/conductivity in the Bakken Formation, North Dakota [C]. Society of Petroleum Engineers.

Mayerhofer M J, Lolon E, Warpinski N R, et al, 2010. What Is Stimulated Reservoir Volume? [J]. Spe Production & Operations, 25(1): 89-98.

Mayerhofer M, Lolon E, Youngblood J, et al, 2006. Integration of Microseismic-Fracture-Mapping Results With Numerical Fracture Network Production Modeling in the Barnett Shale [C].

Nobakht M, Clarkson C R, Kaviani D, 2011. New type curves for analyzing horizontal well with multiple fractures in shale gas reservoirs [J]. Journal of Natural Gas Science and Engineering, 10(1): 99-112.

None, 1975. Hydraulic fracture propagation in the presence of planes of weakness. Meeting [J]. International Journal of Rock Mechanics and Mining Sciences and Geomechanics Abstracts, 12(8): 107.

Sennhauser E S, Wang S J, Liu M X, 2011. A Practical Numerical Model to Optimize the Productivity of Multistage Fractured Horizontal Wells in the Cardium Tight Oil Resource [M]. A Practical Numerical Model to Optimize the Productivity of Multistage Fractured Horizontal Wells in the Cardium Tight Oil Resource.

Teklu T W, Akinboyewa J, Alharthy N, et al, 2013. Pressure and Rate Analysis of Fractured Low Permeability Gas Reservoirs: Numerical and Analytical Dual-Porosity Models [C]. Society of Petroleum Engineers.

Warpinski N R, 1993. 'Case Study of Hydraulic Fracture Experiments at the Multiwell Experiment Site, Piceance Basin, Colorado, USA', in Rock testing and site characterization Elsevier, pp. 811-837.

Warren J E, Root P J, 1963. The Behavior of Naturally Fractured Reservoirs [J]. Society of Petroleum Engineers Journal, 3(3): 245-255.

Yellig, W.F., Metcalfe, R.S, 1980. Determination and Prediction of CO_2 Minimum Miscibility Pressures [J]. Journal of Petroleum Technology, 32(1).

Yuan H, Johns R T, Egwuenu A M, et al, 2004. Improved MMP Correlations for CO_2 floods using analytical gas flooding theory [C]//SPE/DOE symposium on improved oil recovery. Society of Petroleum Engineers.

Zhang L, Li D, Li L, et al, 2014. Development of a new compositional model with multi-component sorption isotherm and slip flow in tight gas reservoirs [J]. Journal of Natural Gas Science and Engineering, 21: 1061-1072.

Zhang L, Li D, Zha W, et al, 2014. Generation and application of adaptive PEBI grid for numerical well testing (NWT) [C].